CSS3+DIV 网页样式与布局
（全案例微课版）

刘　辉　编著

清华大学出版社

北　京

内 容 简 介

本书是针对零基础读者编写的网页样式与布局入门教材。本书侧重案例实训，并提供扫码微课来讲解当前的热点案例。

本书分为24章，内容包括网页设计需要学什么、网页实现技术HTML5、初始CSS3层叠样式表、CSS3选择器的应用及特性、使用CSS3设计字体与文本样式、使用CSS3设计图片与边框样式、使用CSS3控制网页背景样式、使用CSS3定义链接与鼠标样式、使用CSS3设计表格样式、使用CSS3设计表单样式、使用CSS3设计列表与菜单样式、使用CSS3滤镜设计网页图片特效、使用CSS3设计动画效果、使用CSS3中的盒子模型、CSS3+DIV布局的浮动与定位、使用CSS3布局网页版式、设计可响应式的移动网页、使用JavaScript控制CSS3样式、使用CSS设计XML 文档样式、流行的响应式开发框架Bootstrap以及4个热点综合项目。

本书通过精选热点案例，让初学者快速掌握网页样式与布局的开发技术。通过微信扫码看视频，读者可以随时在移动端观看案例对应的视频操作。

图书在版编目(CIP)数据

CSS3+DIV网页样式与布局：全案例微课版 / 刘辉编著. —北京：清华大学出版社，2021.5
ISBN 978-7-302-56869-8

Ⅰ.①C… Ⅱ.①刘… Ⅲ.①网页制作工具 Ⅳ.①TP393.092.2

中国版本图书馆 CIP 数据核字（2020）第 226277 号

责任编辑：张彦青
封面设计：李 坤
责任校对：吴春华
责任印制：杨 艳

出版发行：清华大学出版社
    网　　址： http://www.tup.com.cn，http://www.wqbook.com
    地　　址： 北京清华大学学研大厦 A 座　　　　**邮　　编：** 100084
    社 总 机： 010-62770175　　　　　　　　　**邮　　购：** 010-62786544
    投稿与读者服务： 010-62776969，c-service@tup.tsinghua.edu.cn
    质 量 反 馈： 010-62772015，zhiliang@tup.tsinghua.edu.cn
印 装 者： 大厂回族自治县彩虹印刷有限公司
经　　销： 全国新华书店
开　　本： 185mm×260mm　　**印　　张：** 25.5　　**字　　数：** 620 千字
版　　次： 2021 年 5 月第 1 版　　**印　　次：** 2021 年 5 月第 1 次印刷
定　　价： 89.00 元

产品编号：087779-01

前　　言

为什么要写这样一本书

伴随着 Web 2.0 潮流的盛行，传统的表格布局模式正逐渐被网页标准化 CSS 的设计方式取代，对最新 CSS3+DIV 布局的学习也成为网页设计师的必修功课。对于初学者来说，实用性强和易于操作是目前最大的需求。本书面向想学习网页样式和布局的初学者，可以让初学者入门后快速提高实战水平。通过本书的案例实训，大学生可以很快地掌握流行的网页样式和布局方法，提高职业化能力，从而帮助解决公司与学生的双重需求问题。

本书特色

零基础、入门级的讲解

无论您是否从事计算机相关行业，也无论您是否接触过网页样式和布局，都能从本书中找到最佳起点。

实用、专业的范例和项目

本书在编排上紧密结合深入学习网页样式和布局开发的过程，从网页样式和布局的基本概念开始，逐步带领读者学习网页样式和布局开发的各种应用技巧，侧重实战技能，使用简单易懂的实际案例进行分析和操作指导，让读者学起来简明轻松，操作起来有章可循。

随时随地学习

本书提供了微课视频，通过手机扫码即可观看，随时随地解决学习中的困惑。

全程同步教学录像

教学录像涵盖本书所有知识点，详细讲解每个实例及项目的制作过程及技术关键点，可以比看书更轻松地掌握书中所有的网页制作和设计知识，而且扩展的讲解部分可以使您得到比书中更多的收获。

超多容量王牌资源

赠送大量王牌资源，包括实例源代码、教学幻灯片、本书精品教学视频、88 个实用的网页模板、12 部网页开发必备参考手册、HTML5 标签速查手册、精选的 JavaScript 实例、CSS3 属性速查表、JavaScript 函数速查手册、CSS+DIV 布局赏析案例、精彩网站配色方案赏析、网页样式与布局案例赏析、Web 前端工程师常见面试题等。

读者对象

本书是一本完整介绍网页样式和布局开发技术的教程，内容丰富、条理清晰、实用性强，适合以下读者学习使用。

- 零基础的网页样式和布局自学者。
- 希望快速、全面掌握网页样式和布局的人员。
- 高等院校或培训机构的老师和学生。
- 参加毕业设计的学生。

如何获取本书配套资料和帮助

为帮助读者高效、快捷地学习本书知识点，我们不但为读者准备了与本书知识点有关的配套素材文件，而且设计并制作了精品视频教学课程，读者在学习本书的过程中，使用手机浏览器、QQ 或者微信的扫一扫功能，扫描各标题下的二维码，可以在打开的视频播放页面中在线观看视频课程，也可以下载并保存到手机中离线观看。

创作团队

本书由刘辉编著，参加编写的人员还有刘春茂、李艳恩和张华。在编写本书的过程中，我们虽竭尽所能将最好的讲解呈现给读者，但难免有疏漏和不妥之处，敬请读者不吝指正。

编者

案例源代码

精美幻灯片

王牌资源

目　录

第1章 网页设计需要学什么

本章导读

要想设计一个有吸引力的网页，不仅需要设计师的创意，还需要专业的知识。本章介绍设计一个网页需要学习的专业知识。

知识导图

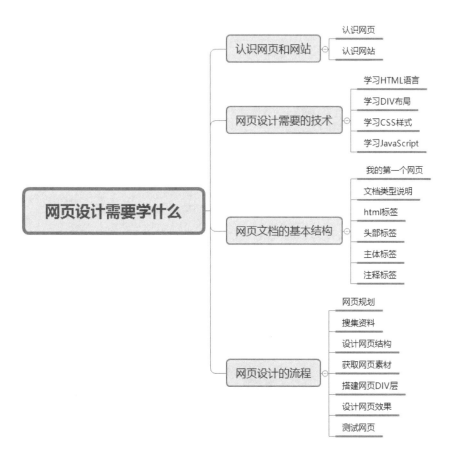

1.1 认识网页和网站

现在，网站已经成为越来越重要的信息发布途径。拥有自己的网站，可以说是每个网页创作者的梦想。要学习网站建设，首先要了解它们的相关概念。

1.1.1 认识网页

网页是 Internet 中最基本的信息单位，是把文字、图形、声音及动画等各种多媒体信息相互链接起来而构成的一种信息表达方式。

通常情况下，网页中有文字和图像等基本信息，有些网页中还有声音、动画和视频等多媒体内容。网页一般由站标、导航栏、广告栏、信息区和版权区等部分组成，如图 1-1 所示。

图 1-1　网页的结构

在访问一个网站时，首先看到的网页一般称为该网站的首页。有些网站的首页具有欢迎访问者的作用。有些首页只是网站的开场页，单击页面上的文字或图片，即可打开网站主页，而首页也随之关闭。如图 1-2 所示为网站的首页。

图 1-2　网站的首页

网站主页与首页的区别在于：主页设有网站的导航栏，是所有网页的链接中心。但多数网站的首页与主页为同一个页面，即省略首页而直接显示主页，在这种情况下，它们指的是同一个页面，如图 1-3 所示。

图 1-3　网站主页与首页合二为一

1.1.2　认识网站

网站就是在 Internet 上通过超级链接的形式构成的相关网页的集合。简单地说，网站是一种通信工具，人们可以通过网页浏览器来访问网站，获取自己需要的资源或享受网络提供的服务。例如，人们可以通过天猫网站查找自己需要的信息，如图 1-4 所示。

图 1-4　天猫网站的首页

1.2　网页设计需要的技术

设计和开发网页需要掌握的技术非常多，不过对于初学者来说，首先需要掌握如下几项基本技术。

1.2.1　HTML

HTML（Hypertext Marked Language），即超文本标记语言，目前常用的版本是 HTML5，它是一种用来制作超文本文档的简单标记语言，专门用来编写网页文档。这种文档被浏览器解析之后，呈现出来的就是网页效果。如图 1-5 所示为淘宝网的首页。

图 1-5　淘宝网首页

如果没有浏览器的解析，我们所看到的网页文档将由大量的 HTML 标签和文本信息组成，这样不符合浏览与阅读的需要。如图 1-6 所示为淘宝网首页的部分 HTML 网页源代码。

图 1-6　HTML 网页源代码

学习 HTML，就是学习 HTML 中各种标签的应用，熟练掌握这些标签可以有效地组织网页内容。例如，使用 <title> 标签定义网页标题，使用 <h1>、<h2>、<h3> 标签等定义文档标题，使用 <p> 标签定义段落文本，使用 <img> 标签插入图像，使用 <ul>、<ol> 标签定义列表样式，使用 <table> 标签定义表格等。

1.2.2 DIV 布局

DIV 是 <div> 标签的习惯性称呼，<div> 标签是一个区块容器标签，在 <div></div> 标签中可以放置 HTML 元素，例如段落 <p>、标题 <h1>、表格 <table>、图片 <img> 和表单等。由于设计师主要使用 <div> 标签构建网页结构，使用 CSS 设计网页样式，因此，也把网页设计简称为 DIV+CSS 布局。

形象地讲，在 HTML 网页文件中，DIV 就相当于一个"圈地者"，它将网页分成若干个小区域，而不同的区域会显示不同的内容，如标题栏、广告位、导航条、新闻列表、正文显示区域、版权信息区域等。这些区域一般是通过 <div> 标签进行分隔的。

如图 1-7 所示的"手机数码"区域，就是先用 DIV 圈出一块地方，然后放置"手机数码"的分类信息，其他区域也是这样来放置网页元素的，最后放在一起就整合出了一个完美的网页了。

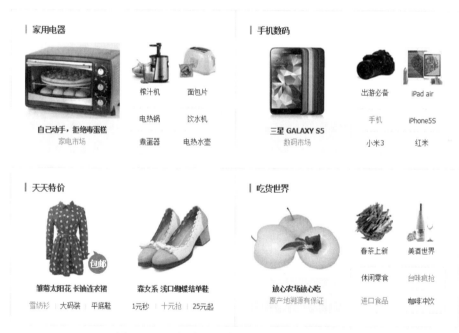

图 1-7 网页上的"手机数码"区域及其他区域

1.2.3 CSS 样式

CSS 与 HTML 一样，是一种描述性语言，网页设计者要想给浏览者呈现出一个丰富多彩的网页效果，就需要掌握使用 CSS 显示 HTML 标签的方法。例如，如何使用 CSS 控制网页对象的样式，以及如何使用 CSS 进行页面排版等。当一个网页缺少 CSS 时，页面会变得不适合阅读和欣赏。如图 1-8 所示是禁用 CSS 样式后淘宝网首页的显示效果。

图 1-8　禁用 CSS 样式后淘宝网首页显示的效果

可以说，在网页设计的过程中，CSS 扮演了一个"美术家"的角色，对于初学者来说，需要了解 CSS 的基本用法，灵活使用 CSS 选择器，熟练掌握 CSS 不同类型的属性并能够正确设置 CSS 属性值，这样才能制作出适合阅读和欣赏的精美网页。如图 1-9 所示就是淘宝网首页的 CSS 样式表。

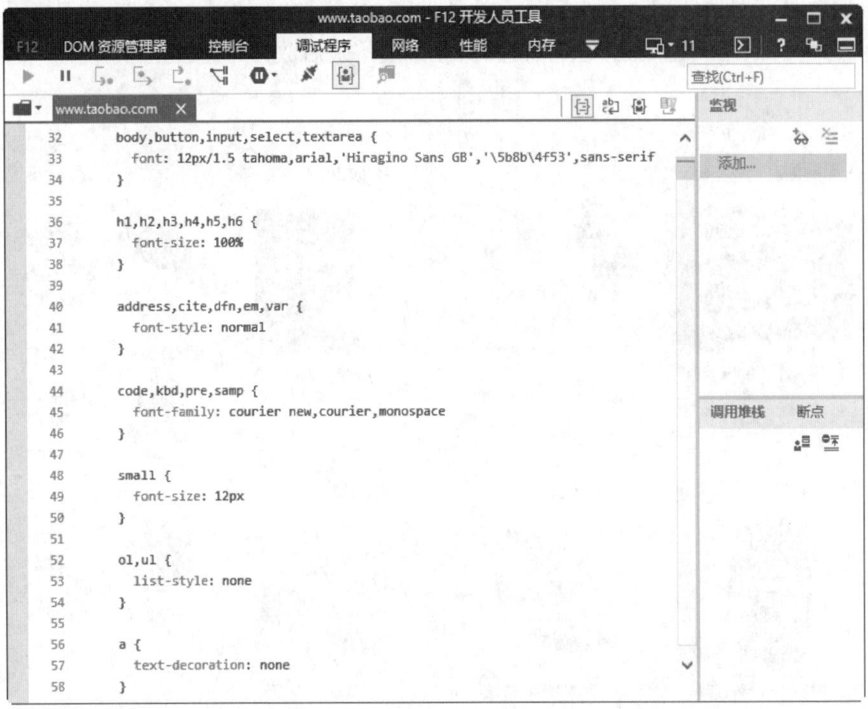

图 1-9　使用 CSS 定义网页样式

> **提示**：CSS 样式一般是作用在 DIV 上的，它需要与 DIV 一起构成网页上的一个模块，而网页又是由多个 DIV 构成的，因此，从狭义上讲，HTML+DIV+CSS 就能构成一个网站。

1.2.4　脚本语言 JavaScript

JavaScript 是一种脚本语言，也是网页设计人员必学的编程工具，使用 JavaScript 可以很容易地制作出很多网页动画效果，如自动切换图片、漂亮的时钟、广告效果的跑马灯等，还可以为页面添加交互式行为、实现页面智能化响应等。如图 1-10 所示，网页中的广告图片会自动切换，而且单击图片下方的长方形形状，广告也会切换，这样显得网页动感十足，视觉体验比较好。

图 1-10　网页里的广告图片效果

1.3　网页文档的基本结构

搭建良好的网页结构是 CSS 布局的基础，一个结构简单、条理清晰的网页可以让后期排版更加轻松，维护起来也比较简单。

1.3.1　制作第一个网页

一个完整的 HTML5 文档必须包含以下几个部分：一个文档类型说明；一个用 <html> 定义的文档容器；一个用 <head> 定义的各项声明的文档头部和一个由 <body> 定义的文档主体部分。

实例 1：编写一个简单的 HTML5 文件

下面是一个简单的 HTML5 文件，使用了尽量少的 HTML 标签。它演示了一个简单的网页应该包含的内容，以及 body 内容是如何在浏览器中显示的。

新建文本文件，输入下面的代码：

```
<!DOCTYPE html>
<html>
<head>
<title>一个简单的网页包含内容<title>
</head>
<body>
    <h1>我的第一个网页文档</h1>
    <p>HTML文档必须包含三个部分</p>
    <ul>
        <li>html——网页包含框</li>
        <li>head——头部区域</li>
        <li>body——主体内容</li>
```

```
    </ul>
</body>
</html>
```

保存文本文件，命名为 test，设置扩展名为 .html。使用浏览器打开这个文件，可以看到如图 1-11 所示的预览效果。

图 1-11　网页预览效果

1.3.2　文档类型说明

基于 HTML5 设计准则中的"化繁为简"原则，Web 页面的文档类型说明（DOCTYPE）被极大地简化了。

HTML 文档头部的类型说明代码如下：

```
<!DOCTYPE html PUBLIC "-//W3C//DTD XHTML 1.0 Transitional//EN"
"http://www.w3.org/TR/xhtml1/DTD/xhtml1-transitional.dtd">
```

可以看到，这段代码既麻烦又难记，HTML5 对文档类型说明进行了简化，简单到 15 个字符就可以了，代码如下：

```
<!DOCTYPE html>
```

> **注意**：文档类型说明必须在网页文件的第一行。即使是注释，也不能放在 <!DOCTYPE html> 的上面，否则将视为错误的注释方式。

1.3.3　html 标签

<html></html> 标签说明本页面是用 HTML 编写的，使浏览器软件能够准确无误地解释和显示。html 标签代表文档的开始，由于 HTML5 语言语法的松散特性，该标记可以省略，但是为了使之符合 Web 标准和体现文档的完整性，养成良好的编写习惯，这里建议不要省略该标记。

html 标签以 <html> 开头，以 </html> 结尾，文档的所有内容书写在开头和结尾的中间部分。语法格式如下：

```
<html>
...
</html>
```

1.3.4　头部标签

头部标签 <head> 用于说明文档头部的相关信息，位于文档的头部，并且要先于 <body> 出现。HTML 文档的头部区域，一般包括网页标题、基础信息和元信息等。

HTML 的头部信息以 <head> 开始，以 </head> 结束，语法格式如下：

```
<head>
...
</head>
```

> **提示**：<head> 标签的作用范围是整篇文档，在 HTML 头部定义的内容往往不会在网页上直接显示。

1.3.5　主体标签

网页所要显示的内容都放在网页的主体标签 <body> 内，这部分是 HTML 文件的重点，包括网页的背景设置、文字属性设置和链接设置等。语法格式如下：

```
<body>
    …
    </body>
```

> **注意**：在构建 HTML 结构时，标记不允许交叉出现，否则会造成错误。例如，在下面的代码中，<body> 开始标记出现在 <head> 标记内。

```
<html>                              </head>
<head>                              </body>
<title>html标记</title>            </html>
<body>
```

上述代码中的第 4 行 <body> 开始标记和第 5 行的 </head> 结束标记出现了交叉，这是错误的。

1.3.6　注释标签

注释是在 HTML 代码中插入的描述性文本，用来解释该代码或提示其他信息。注释只出现在代码中，浏览器对注释代码不进行解释，并且在浏览器的页面中不显示。在 HTML 源代码中适当地插入注释语句是一种非常好的习惯。对于设计者日后的代码修改、维护工作很有好处。另外，如果将代码交给其他设计者，其他人也能很快读懂前者所撰写的内容。

语法：

```
<!--注释的内容-->
```

注释语句元素由前后两半部分组成，前半部分由一个左尖括号、一个半角感叹号和两个连字符组成，后半部分由两个连字符和一个右尖括号组成。

```
<html>                              <!-- 这里是标题-->
<head>                              <h1>网页</h1>
<title>标记测试</title>            </body>
</head>                             </html>
<body>
```

页面注释不但可以对 HTML 中的一行或多行代码进行解释说明，而且可能注释掉这些代码。如果不希望某些 HTML 代码在浏览器中显示，可以将这部分内容放在 <!-- 和 --> 之间，例如，修改上述代码，如下所示：

```
<html>                              <!—
<head>                              <h1>网页</h1>
<title>标记测试</title>            -->
</head>                             </body>
<body>                              </html>
```

修改后的代码，将 <h1> 标记作为注释内容处理，在浏览器中将不会显示这部分内容。

1.4　网页设计的流程

对于一个网页来说，除了内容外，还要对其布局进行整体规划设计。要设计出一个精美的网页，前期的规划是必不可少的。

1.4.1　网站规划

规划站点就像设计师设计大楼一样，图纸设计好了，才能建成一座漂亮的楼房。规划站点就是对站点中所使用的素材和资料进行管理和规划，对网站栏目的设置、颜色的搭配、版面的设计、文字图片的运用等进行规划。

一般情况下，将站点中所用的图片和按钮等图形元素放在 Images 文件夹中，HTML 文件放在根目录下，而动画和视频等放在 Flash 文件夹中。对站点中的素材进行详细的规划，可方便日后的管理。

1.4.2　搜集资料

确定了网站风格和布局后，就要开始搜集素材了。常言道："巧妇难为无米之炊"，要让自己的网站有声有色、能吸引人，就要尽量搜集素材，包括文字、图片、音频、动画及视频等，搜集到的素材越充分，制作网站就越容易。素材既可以从图书、报刊、光盘中寻找，也可以从网上搜集，还可以自己制作，然后在搜集到的素材中选出制作网页所需的素材。图 1-12 就是百度图库里面的精彩图片。

图 1-12　搜索素材图片

在搜集图片素材时，一定要注意图片的大小，因为在网络中传输时，图片越小，传输的速度就越快，所以应尽量搜集小而精美的图片。

1.4.3　设计网页结构

设计网页是一个复杂而细致的过程，一定要按照先大后小、先简单后复杂的顺序来制作。所谓先大后小，就是在设计网页时，先把大的结构设计好，然后逐步完善小的结构设计。所谓先简单后复杂，就是先设计出简单的内容，然后设计复杂的内容，以便出现问题能及时修改。使用 Photoshop 可以设计网页的整体效果，如图 1-13 所示，就是使用 Photoshop 制作的网页效果。

图 1-13　网页整体效果图

1.4.4　获取网页素材

在得到网页的整体效果后，还需要通过切图，得到网页素材文件，最常用的切图工具还是 Photoshop，在掌握切图原则后，就可以动手实际操作了。

切图并保存素材文件的操作步骤如下。

01 打开 Photoshop 软件，在工作界面中选择【文件】→【打开】菜单命令，在打开的对话框中选择制作好的网页整体效果图，如图 1-14 所示。

02 在工具箱中单击【切片工具】按钮，根据需要在网页中切割图片，如图 1-15 所示。

图 1-14　打开网页效果图

图 1-15　开始进行切片

03 选择【文件】→【存储为 Web 所用格式】菜单命令，打开【存储为 Web 和设备所用格式】对话框，在其中选中所有切片图像，如图 1-16 所示。

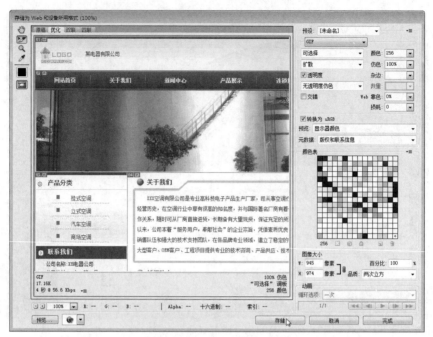

图 1-16　【存储为 Web 和设备所用格式】对话框

04 单击【存储】按钮，即可打开【将优化结果存储为】对话框，单击【切片】右侧的下三角按钮，从弹出的下拉列表中选择【所有切片】选项，如图 1-17 所示。

05 单击【保存】按钮，即可保存所有切片图像，如图 1-18 所示。

图 1-17　【将优化结果存储为】对话框

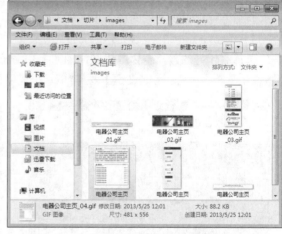

图 1-18　保存的切片图像

1.4.5　搭建网页 DIV 层

开发网站的首要任务就是搭建网页 DIV 层，搭建 DIV 的方法是在 HTML 里的 body 部分，先放一些空白的 DIV 层，说明某个位置应该放某个特定的模块。如图 1-19 所示，我们通过 Photoshop 得到网页的整体效果后，就可以在 HTML 页面中，用 DIV 搭建起其中的"产品分类""联系我们""友情链接"等模块，最后在 DIV 层中添加相应的内容就可以实现效果了。

图 1-19　DIV 效果演示

1.4.6　设计网页效果

搭建好网页的 DIV 层后，就可以通过 HTML 标签来定义页面的效果了。在搭建的过程中，需要使用 CSS 来定义样式，用 JavaScript 来定义动态的效果。

CSS 的作用主要是定义网页中的各个部分以及元素的样式，比如图片的大小、文字的显示方式、边框的样式等。

JavaScript 的作用主要是定义网页的动态效果，通过 JavaScript 的设置，可以使网页变得更加灵活，亲切，能够吸引更多的眼球。如图 1-20 所示，在页面中添加了 JavaScript 效果，实现的效果就是图片自动循环切换。

图 1-20　添加 JavaScript 效果

1.4.7　测试网页

网页制作完毕后，上传网站之前，要在浏览器中逐一对网页进行测试，发现问题要及时修改，然后上传。

1. 文字、图片的测试

网页的主要元素就是文字与图片，在网页中，适当的图片和动画既能起到广告宣传的作用，又能起到美化页面的功能。测试的内容主要包括以下几个部分。

（1）要确保图形有明确的用途，图片或动画条理清晰，以免浪费传输时间。

（2）所有页面字体的风格是否一致，以及文字表述信息是否有误。

（3）背景颜色是否与字体颜色和前景颜色匹配。

（4）图片的大小和质量也是一个很重要的因素，一般采用 JPG 或 GIF 压缩。

2. 测试链接

一个网页中一般存在多个超级链接，测试链接的主要内容可分为三个方面。

（1）测试所有链接是否按设想的那样确实链接到了该链接的页面。

（2）测试所链接的页面是否存在。

（3）保证 Web 应用系统上没有孤立的页面，所谓孤立页面是指没有链接指向该页面，只有知道正确的 URL 地址才能访问。

3. 浏览器兼容性测试

浏览器是 Web 客户端最核心的构件，来自不同厂商的浏览器对 Java、JavaScript、ActiveX、 plug-ins 或不同的 HTML 规格有不同的支持。例如，ActiveX 是 Microsoft 的产品，是为 Internet Explorer 而设计的，JavaScript 是 Netscape 的产品，Java 是 Sun 的产品等。另外，框架和层次结构风格在不同的浏览器中也有不同的显示，甚至根本不显示。不同的浏览器对安全性和 Java 的设置也不一样。

测试浏览器兼容性的一个方法是创建一个兼容性矩阵。在这个矩阵中，测试不同厂商、不同版本的浏览器对某些构件和设置的适应性。

第2章　网页实现技术——HTML5

📖 **本章导读**

　　HTML5 是制作网页的超文本标记语言，包含多种标签，标签不区分大小写，大部分标签是成对出现的。用 HTML5 编写的超文本文档被称为 HTML 文档，它能在各种浏览器上独立运行。本章就来介绍网页实现技术——HTML5 的应用，通过本章的学习，读者可以更加全面地了解 HTML5 中标签的使用方法与技巧。

📖 **知识导图**

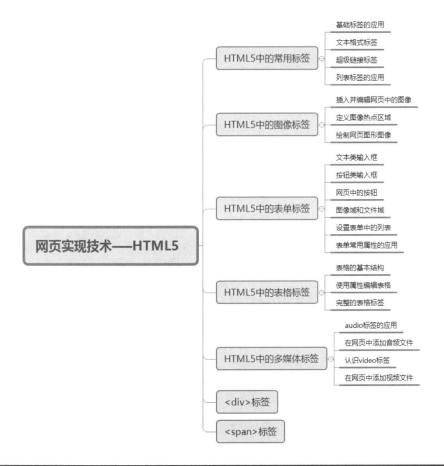

2.1 HTML5 中的常用标签

<html>、<head>、<body> 标签是构成 HTML 文档的 3 个不可缺少的标签，但除了这 3 个基本标签之外，还有其他一些常用标签，例如字符标签、超链接标签和列表标签等。

2.1.1 基础标签的应用

利用 HTML5 中的标签可以实现网页的简单设计，其中包括一些基础标签，如表 2-1 所示。

表 2-1　基础标签

标　签	描　述
<!DOCTYPE>	定义文档类型
<html>	定义一个 HTML 文档
<title>	为文档定义一个标题
<body>	定义文档的主体
<h1> to <h6>	定义 HTML 标题
<p>	定义一个段落
 	定义简单的折行
<hr>	定义水平线
<!--...-->	定义一个注释

下面利用 HTML5 基础标签实现一首古诗的混排。这里用到了一个 align 属性，该属性可以设置标题的对齐方式。语法格式如下：

```
<h1 align="对齐方式">文本内容</h1>
```

这里的对齐方式包括 left（文字左对齐）、center（文字居中对齐）、right（文字右对齐）。需要注意的是对齐方式一定要添加双引号。

实例 1：混合排版一首古诗

本实例通过 align="center" 来实现标题的居中效果，通过 align="right" 来实现标题的靠右效果，具体代码如下：

```
<!DOCTYPE html>
<html>
<head>
    <!--指定页头信息-->
    <title>古诗混排</title>
</head>
<body>
```

```
<!--显示古诗名称-->
<h2 align="center">望雪</h2>
<hr>
<!--显示作者信息-->
<h5 align="right">唐代：李世民</h5>
<!--显示古诗内容-->
<p style="font-size:18pt" align =
"center">冻云宵遍岭，素雪晓凝华。<br/>
    入牖千重碎，迎风一半斜。<br/>
不妆空散粉，无树独飘花。<br/>
萦空惭夕照，破彩谢晨霞。<br/>
</body>
</html>
```

在浏览器中浏览的效果如图 2-1 所示，实现了古诗的排序，符合阅读的习惯。

图 2-1　混合排版古诗页面效果

2.1.2 文本格式标签

在 HTML5 文档中，不管其内容如何变化，文字始终是最小的单位。文本标签通常用来指定文字的显示方式和布局方式。常用的文本格式标签如表 2-2 所示。

表 2-2 常用的文本标签

标 签	描 述	标 签	描 述
\<address>	定义文档作者或拥有者的联系信息	\<pre>	定义预格式文本
\<b>	定义粗体文本	\<progress>	定义运行中的任务进度（进程）
\<bdo>	定义文本的方向	\<s>	定义加删除线的文本
\<blockquote>	定义块引用	\<small>	定义小号文本
\<del>	定义被删除文本	\<strong>	定义语气更为强烈的强调文本
\<em>	定义强调文本	\<sub>	定义下标文本
\<i>	定义斜体文本	\<sup>	定义上标文本
\<kbd>	定义键盘文本	\<time>	定义一个日期 / 时间
\<mark>	定义带有记号的文本	\<u>	定义下划线文本

▌实例 2：文字的粗体、斜体和下划线效果

下面综合应用 \<b> 标签、\<em> 标签、\<strong> 标签、\<i> 标签和 \<u> 标签来设置文字的粗体、斜体和下划线显示效果，这里还使用了 font-size 属性来设置文字的大小。

```
<!DOCTYPE html>
<html>
<head>
<title>文字的粗体、斜体和下划线</title>
</head>
<body>
<!--显示粗体文字效果-->
<p><b>吴兴自东晋为善地，号为山水清远。其民足于鱼稻蒲莲之利，寡求而不争。宾客非特有事于其地者不至焉。</b></p>
<!--显示强调文字效果-->
<p style="font-size:18pt"><em>故凡守郡者，率以风流啸咏、投壶饮酒为事。</em></p>
<!--显示加强调文字效果-->
<p><strong>自莘老之至，而岁适大水，上田皆不登，湖人大饥，将相率亡去。</strong></p>
<!--显示斜体字效果-->
<p style="font-size:18pt"><i>莘老大
```

振廪劝分，躬自抚循劳来，出于至诚。富有余者，皆争出谷以佐官，所活至不可胜计。</i></p>

```
<!--显示下划线效果-->
<p><u>当是时，朝廷方更化立法，使者旁午，
以为莘老当日夜治文书，赴期会，不能复雍容自得如
故事。</u>。</p>
</body>
</html>
```

在浏览器中浏览的效果如图 2-2 所示，实现了文字的粗体、斜体和下划线效果。

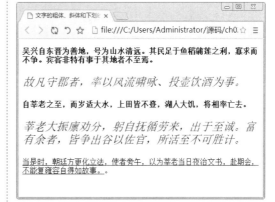

图 2-2 文字的粗体、斜体和下划线的预览效果

2.1.3 超级链接标签

链接是指从一个网页指向一个目标的链接关系。这个目标可以是另一个网页，也可以是本网页的不同位置，还可以是一个图片、一个电子邮件地址、一个文件，甚至是一个应用程序。而在一个网页中作为超链接的对象，可以是一段文本或者一个图片。如表 2-3 所示为

HTML5 中用于设置超链接的标签。

表 2-3　HTML5 中常用的超链接标签

标　签	描　述	标　签	描　述
<a>	定义一个链接	<main>	定义文档的主体部分
<link>	定义文档与外部资源的关系	<nav>	定义导航链接

一个链接的基本格式如下：

```
<a HREF="资源地址">热点（链接文字或图片）</a>
```

标签 <a> 表示一个链接的开始，</a> 表示链接的结束；描述标记（属性）href 定义了这个链接的目标；通过单击热点，就可以到达指定的网页，如 <a href="http://www.sohu.com">搜狐 </a>。

按照链接路径的不同，网页中的超链接一般分为 3 种类型：内部链接、锚点链接和外部链接。外部链接表示不同网站网页之间的链接，内部链接表示同一个网站之间的网页链接。内部链接的链接资源的地址可以使用绝对路径或相对路径。锚点链接通常指同一文档内的链接。

如果按照使用对象的不同，网页中的链接又可以分为：文本链接、图像链接、E-mail 链接、多媒体文件链接和空链接等。

实例 3：通过链接实现商城导航效果

```
<!DOCTYPE html>
<html>
<head>
<title>超链接</title>
</head>
<body>
<a href="#">首页</a>  
 
<a href="links.html" target="_
blank">手机数码</a>   
<a href="links.html"target="_
blank">家用电器</a>   
<a href="links.html"target="_
blank">母婴玩具</a>
<a href="http://www.baidu.
com"target="_blank">百度搜索</a><br/>
<img src="pic/shop.jpg" alt="广告图">
```

```
</body>
</html>
```

在浏览器中浏览的效果如图 2-3 所示。

图 2-3　添加超链接

> **注意：** 如果链接为外部链接，则链接地址前的 http:// 不可省略，否则链接会出现错误提示。

2.1.4　列表标签的应用

使用列表标签，可以在网页中以列表的形式排列文本元素，列表有三种：有序列表、无序列表和自定义列表。HTML5 中常用的列表标签如表 2-4 所示。

表 2-4　列表标签

标　签	描　　述	标　签	描　　述
`<ul>`	定义一个无序列表	`<dt>`	定义一个定义列表中的项目
`<ol>`	定义一个有序列表	`<dd>`	定义列表中项目的描述
`<li>`	定义一个列表项	`<menu>`	定义菜单列表
`<dl>`	定义一个定义列表	`<command>`	定义用户可能调用的命令（比如单选按钮、复选框或按钮）

　　网页中的列表可以有序地编排一些信息资源，使其结构化和条理化，以便浏览者能更加快捷地获得相应信息。

实例 4：创建嵌套列表

　　本实例使用 `<ol>` 标签和 `<ul>` 标签，设计嵌套列表的样式。

```
<!doctype html>
<html>
<head>
<title>无序列表和有序列表嵌套</title>
</head>
<body>
<ul>
        <li ><a href="#">课程销售排行
榜</a>
            <ol >
                <li><a href="#">
Python爬虫智能训练营</a></li>
                <li><a href="#">
网站前端开发训练营</a></li>
                <li><a href="#">
PHP网站开发训练营</a></li>
                <li><a href="#">
网络安全对抗训练营</a></li>
            </ol>
        </li>
        <li ><a href="#">学生区
域分布</a>
            <ul>
                <li><a href="#">
北京</a></li>
```

```
                <li><a href="#">
上海</a></li>
                <li><a href="#">
广州</a></li>
                <li><a href="#">
郑州</a></li>
            </ul>
        </li>
    </ul>
</body>
</html>
```

　　在浏览器中浏览的效果如图 2-4 所示。嵌套列表是网页中常用的元素，通过重复使用 `<ol>` 标签和 `<ul>` 标签，可以实现无序列表和有序列表的嵌套。

图 2-4　自定义网页列表

2.2　HTML5 中的图像标签

　　图像是网页中不可或缺的一个元素，在 HTML5 里，专门提供了一些用来处理图像的标签，如表 2-5 所示。

表 2-5　HTML5 中的图像标签

标　签	描　　述
`<img>`	定义图像
`<map>`	定义图像映射

续表

标　签	描　述
\<area>	定义图像地图内部的区域
\<canvas>	通过脚本（通常是 JavaScript）来绘制图形（比如图表和其他图像）
\<figcaption>	\<figcaption> 标签为 \<figure> 元素定义标题
\<figure>	figure 标签用于对元素进行组合

2.2.1　插入并编辑网页中的图像

图像可以美化网页，插入图像使用单标签 \<img>。\<img> 标签的属性及描述如表 2-6 所示。

表 2-6　\<img> 标签的属性及描述

属　性	值	描　述
alt	text	定义有关图形的简短的描述
src	URL	要显示的图像的 URL
height	pixels %	定义图像的高度
ismap	URL	把图像定义为服务器端的图像映射
usemap	URL	定义作为客户端图像映射的一幅图像。请参阅 \<map> 和 \<area> 标签，了解其工作原理
vspace	pixels	定义图像顶部和底部的空白
width	pixels %	设置图像的宽度

实例 5：在网页中插入图像并设置提示文字效果

```
<!DOCTYPE html>
<html >
<head>
<title>网页中插入图像</title>
</head>
<body>
<h2 align="center">象棋的来源</h2>
<p>    中国象棋是起源
于中国的一种棋戏，象棋的"象"是一个人，相传象
是舜的弟弟，他喜欢打打杀杀，他发明了一种用来模
拟战争的游戏，因为是他发明的，很自然地把这种游
戏叫作"象棋"。到了秦朝末年西汉开国，韩信把象
棋进行一番大改，有了楚河汉界，有了王不见王，名
字还叫作"象棋"，然后经过后世的不断修正，一直
到宋朝，把红棋的"卒"改为"兵"；黑棋的"仕"
改为"士"，"相"改为"象"，象棋的样子基本完
善。棋盘里的河界，又名"楚河汉界"。</p>
    <!--插入象棋的游戏图片，并且设置替换文字
和提示文字-->
    <img src="pic/xiangqis.gif" alt="象棋
游戏" title="象棋游戏是中华民族的文化瑰宝">
    <img src="pic/xiangqi.gif" alt="象棋
游戏" title="象棋游戏是中华民族的文化瑰宝">
    </body>
    </html>
```

在浏览器中浏览的效果如图 2-5 所示。用户将鼠标放在图片上，即可看到提示文字。

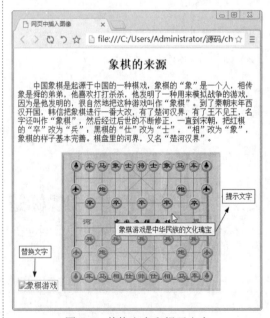

图 2-5　替换文字和提示文字

> **注意**：随着互联网技术的发展，网速已经不是制约因素，因此一般都能成功下载图像。但在百度、Google 等大搜索引擎中，搜索图片没有文字方便，如果给图片添加适当提示，可以方便搜索引擎的检索。

2.2.2 定义图像热点区域

在 HTML5 中，可以为图像创建 3 种类型的热点区域：矩形、圆形和多边形。创建热点区域使用标签 <map> 和 <area>。

设置图像热点链接大致可以分为两个步骤。

1. 设置映射图像

要想建立图片热点区域，必须先插入图片。注意，图片必须增加 usemap 属性，说明该图像是热区映射图像，属性值必须以"#"开头，然后加上名字。具体语法格式如下：

```
<img src="图片地址" usemap="#热点图像名称">
```

2. 定义热点区域图像和热点区域链接

定义热点区域图像和热点区域链接的语法格式如下：

```
<map id="#热点图像名称">
    <area shape="热点形状1" coords="热点坐标1" href="链接地址1">
    <area shape="热点形状2" coords="热点坐标2" href="链接地址2">
</map>
```

<map> 标签只有一个属性 id，其作用是为区域命名，其设置值必须与 <img> 标签的 usemap 属性值相同。

<area> 标签主要是定义热点区域的形状及超链接，它有 3 个必需的属性。

（1）shape 属性：控制划分区域的形状。其取值有 3 个，分别是 rect（矩形）、circle（圆形）和 poly（多边形）。

（2）coords 属性：控制区域的划分坐标。如果 shape 属性取值为 rect，那么 coords 的设置值分别为矩形的左上角 x、y 坐标点和右下角 x、y 坐标点，单位为像素。如果 shape 属性取值为 circle，那么 coords 的设置值分别为圆形圆心 x、y 坐标点和半径值，单位为像素。如果 shape 属性取值为 poly，那么 coords 的设置值分别为矩形的各个点 x、y 坐标，单位为像素。

（3）href 属性：为区域设置超链接的目标。设置值为"#"时，表示为空链接。

▌实例 6：添加图像热点链接

```
<!DOCTYPE html>
<html>
<head>
<title>创建热点区域</title>
</head>
<body>
<img src="pic/daohang.jpg" usemap=
"#Map">
    <map name="Map">
        <area shape="rect" coords=
"30,106,220,363" href="pic/r1.jpg"/>
        <area shape="rect" coords=
"234,106,416,359" href="pic/r2.jpg"/>
        <area shape="rect" coords=
"439,103,618,365" href="pic/r3.jpg"/>
        <area shape="rect" coords=
"643,107,817,366" href="pic/r4.jpg"/>
        <area shape="rect" coords=
"837,105,1018,363" href="pic/r5.jpg"/>
    </map>
</body>
</html>
```

在浏览器中浏览的效果如图 2-6 所示。

单击不同的热点区域，将跳转到不同的页面。例如，这里单击"超美女装"区域，跳转页面效果如图 2-7 所示。

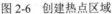

图 2-6　创建热点区域　　　　　　　　　图 2-7　热点区域的链接页面

在创建图像热点区域时，比较复杂的操作是定义坐标，初学者往往难以控制。目前比较好的解决方法是使用可视化软件手动绘制热点区域，例如这里使用 Dreamweaver 软件绘制需要的区域，如图 2-8 所示。

图 2-8　使用 Dreamweaver 软件绘制热点区域

2.2.3　绘制网页图形图像

canvas 标签是一个矩形区域，包含两个属性 width 和 height，分别表示矩形区域的宽度和高度，这两个属性都是可选的，并且都可以通过 CSS 来定义，其默认值是 300px 和 150px。canvas 在网页中的常用形式如下：

```
<canvas id="myCanvas" width="300" height="200"
    style="border:1px solid #c3c3c3;">
    您的浏览器不支持 canvas！
</canvas>
```

上面的示例代码中，id 表示画布对象名称，width 和 height 分别表示宽度和高度。最初的画布是不可见的，此处为了观察这个矩形区域，这里使用 CSS 样式，即 style 标记。style 表示画布的样式。如果浏览器不支持画布标记，会显示提示信息。

画布 canvas 本身不具有绘制图形的功能，它只是一个容器，用户可以在容器中绘制图形。既然 canvas 画布元素放好了，就可以使用脚本语言 JavaScript 在网页上绘制图形了。画布 canvas 还有一项功能就是可以引入图像，可以用于图片合成或者制作背景等。

HTML5 Canvas API 支持图片平铺，此时需要调用 createPattern 函数，即调用 createPattern

函数来替代先前的 drawImage 函数。函数 createPattern 的语法格式如下：

```
createPattern(image,type)
```

其中，image 表示要绘制的图像，type 表示平铺的类型，其具体含义如表 2-7 所示。

表 2-7　type 的参数

参 数 值	说　　明	参 数 值	说　　明
no-repeat	不平铺	repeat-y	纵方向平铺
repeat-x	横方向平铺	repeat	全方向平铺

实例 7：在 canvas 画布中引入图像并平铺

```html
<!DOCTYPE html>
<html>
<head>
<title>绘制图像平铺</title>
</head>
<body onload="draw('canvas');">
<h1>图形平铺</h1>
<canvas id="canvas" width="800"
height="600"></canvas>
        您的浏览器不支持 canvas!
</canvas>
<script type="text/javascript">
    function draw(id){
    var canvas =document.getElementById
(id);
        if(canvas==null){
            return false;
        }
        var context = canvas.getContext
('2d');
        context.fillStyle = "#eeeeff";
        context.fillRect(0,0,800,600);
        image = new Image();
        image.src = "pic/02.jpg";
        image.onload = function(){
        var ptrn = context.createPattern
(image,'repeat');
        context.fillStyle = ptrn;
        context.fillRect(0,0,800,600);
        }
    }
</script>
</body>
</html>
```

上面的代码中，用 fillRect 创建了一个宽度为 800、高度为 600，左上角坐标位置为（0,0）的矩形，然后创建了一个 Image 对象，src 表示链接一个图像源，然后使用 createPattern 绘制一个图像，其方式是完全平铺，并将这个图像作为一个模式填充到矩形中。最后绘制这个矩形，此矩形的大小完全覆盖原来的图形。

在浏览器中浏览的效果如图 2-9 所示，在显示页面上绘制了一个图像，其图像以平铺的方式充满整个矩形。

图 2-9　图像平铺

2.3　HTML5 中的表单标签

在网页中，表单的作用比较重要，主要负责采集浏览者的相关数据。常见的表单有登录表、调查表和留言表等。在 HTML5 中，表单拥有多个新的表单输入类型，这些新特性提供了更好的输入控制和验证。如表 2-8 所示为 HTML5 中常用的一些表单标签。

表 2-8　HTML5 中常用的表单标签

标　签	描　述	标　签	描　述
<form>	定义一个 HTML 表单，用于用户输入	<label>	定义 input 元素的标注
<input>	定义一个输入控件	<fieldset>	定义围绕表单中元素的边框

续表

CSS3+DIV 网页样式与布局（全案例微课版）

标　签	描　述	标　签	描　述
\<textarea>	定义多行的文本输入控件	\<legend>	定义 fieldset 元素的标题
\<button>	定义按钮	\<datalist>	规定了 input 元素可能的选项列表
\<select>	定义选择列表（下拉列表）	\<keygen>	规定用于表单的密钥对生成器字段
\<optgroup>	定义选择列表中相关选项的组合	\	定义一个计算的结果
\<option>	定义选择列表中的选项		

2.3.1　文本类输入框

表单中的文本框有 3 种，分别是单行文本框、多行文本框和密码输入框。不同的文本框对应的属性值也不同。

1. 单行与多行文本框

（1）单行文本框 text：单行文本框是一种让访问者自己输入内容的表单对象，通常被用来填写单个字或者简短的回答，例如用户姓名和地址等。代码格式如下：

```
<input type="text" name="..." size="..." maxlength="..." value="...">
```

其中，type="text" 定义单行文本输入框；name 属性定义文本框的名称，要保证数据的准确采集，必须定义一个独一无二的名称；size 属性定义文本框的宽度，单位是单个字符宽度；maxlength 属性定义最多输入的字符数；value 属性定义文本框的初始值。

（2）多行文本框 textarea：主要用于输入较长的文本信息。代码格式如下：

```
<textarea name="..." cols="..." rows="..." wrap="..."></textarea>
```

其中，name 属性定义多行文本框的名称，要保证数据的准确采集，必须定义一个独一无二的名称；cols 属性定义多行文本框的宽度，单位是单个字符宽度；rows 属性定义多行文本框的高度，单位是单个字符宽度；wrap 属性定义输入内容大于文本域时的显示方式。

▌实例 8：创建单行与多行文本框

```
<!DOCTYPE html>
<html>
<head><title>输入用户的姓名</title></head>
<body>
<form>
请输入您的姓名：
<input type="text" name="yourname"
size="20" maxlength="15">
<br/>
请输入您的地址：
<input type="text" name="youradr"
size="20" maxlength="15">
<br/>
请输入您学习HTML5网页设计时最大的困难是
什么？<br/>
<textarea name="yourworks" cols
```

```
="50" rows = "5"></textarea>
<br/>
</form>
</body>
</html>
```

在浏览器中浏览的效果如图 2-10 所示，可以看到两个单行文本输入框和一个多行文本框。

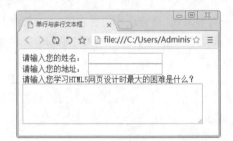

图 2-10　单行文本与多行文本输入框

2. 密码输入框 password

密码输入框是一种特殊的文本域，主要用于输入一些保密信息。当网页浏览者输入文本时，显示的是黑点或者其他符号，这样就增加了输入文本的安全性。代码格式如下：

```
<input type="password" name="..." size="..." maxlength="...">
```

其中 type="password" 定义密码框；name 属性定义密码框的名称，要保证唯一性；size 属性定义密码框的宽度，单位是单个字符宽度；maxlength 属性定义最多输入的字符数。

实例 9：创建包含密码域的账号登录页面

```
<!DOCTYPE html>
<html>
<head><title>输入用户姓名和密码
</title></head>
<body>
<form>
<h3>网站会员登录<h3>
账号：
<input type="text" name="yourname">
<br/>
密码：
<input type="password" name=
"yourpw"><br/>
</form>
</body>
</html>
```

在浏览器中浏览的效果如图 2-11 所示。输入用户名和密码时，可以看到密码以黑点的形式显示。

图 2-11　密码输入框

2.3.2　按钮类输入框

在设计调查问卷或商城购物页面时，经常会用到单选按钮和复选框。

（1）单选按钮 radio：主要用于让网页浏览者在一组选项里选择一项。代码格式如下：

```
<input type="radio" name="" value="">
```

其中，type="radio" 定义单选按钮，name 属性定义单选按钮的名称，单选按钮都是以组为单位使用的，在同一组中的单选项都使用同一个名称；value 属性定义单选按钮的值，在同一组中，它们的域值不能相同。

（2）复选框 checkbox：可以让网页浏览者在一组选项里同时选择多个选项。每个复选框都是一个独立的元素，都必须有一个唯一的名称。代码格式如下：

```
<input type="checkbox" name="" value="">
```

其中，type="checkbox" 定义复选框；name 属性定义复选框的名称，同一组中的复选框都必须用同一个名称；value 属性定义复选框的值。

实例 10：创建大学生技能需求问卷调查页面

```
<!DOCTYPE html>
<html>
<head>
```

```
<title>问卷调查页面</title>
</head>
<body>
<form>
<h1>大学生技能需求问卷调查</h1>
请选择您感兴趣的技能：
<br/>
```

```
<input type="radio" name="book"
value="Book1">网站开发技能<br/>
<input type="radio" name="book"
value="Book2">美工设计技能<br/>
<input type="radio" name="book"
value="Book3">网络安全技能<br/>
<input type="radio" name="book"
value="Book4">人工智能技能<br/>
<input type="radio" name="book"
value="Book5">编程开发技能<br/>
请选择您需要购买的图书：<br/>
<input type="checkbox" name="book"
value="Book1"> HTML5 Web开发（全案例微课
版）<br/>
<input type="checkbox" name="book"
value="Book2"> HTML5+CSS3+JavaScript网站
开发（全案例微课版）<br/>
<input type="checkbox" name="book"
value="Book3"> SQL Server数据库应用（全案
例微课版）<br/>
<input type="checkbox" name="book"
value="Book4"> PHP动态网站开发（全案例微课
版）<br/>
<input type="checkbox" name="book"
value="Book5" checked> MySQL数据库应用（全
案例微课版）<br/>
</form>
```

```
</body>
</html>
```

在浏览器中预览效果如图 2-12 所示，即可以看到 5 个单选按钮与 5 个复选框，用户只能选择其中一个单选按钮，对于复选框，则可以选择多个。

图 2-12　单选按钮与复选框

2.3.3　网页中的按钮

网页中的按钮按功能通常可以分为普通按钮、提交按钮和重置按钮。

（1）普通按钮用来控制其他定义了处理脚本的处理工作。代码格式如下：

```
<input type="button" name="..." value="..." onClick="...">
```

其中，type="button" 定义为普通按钮；name 属性定义普通按钮的名称；value 属性定义按钮的显示文字；onClick 属性表示单击行为，也可以是其他的事件，通过指定脚本函数来定义按钮的行为。

（2）提交按钮用来将输入的信息提交到服务器。代码格式如下：

```
<input type="submit" name="..." value="...">
```

其中，type="submit" 定义为提交按钮；name 属性定义提交按钮的名称；value 属性定义按钮的显示文字。通过提交按钮，可以将表单里的信息提交给表单所指向的文件。

（3）重置按钮又称为复位按钮，用来重置表单中输入的信息。代码格式如下：

```
<input type="reset" name="..." value="...">
```

其中，type="reset" 定义复位按钮；name 属性定义复位按钮的名称；value 属性定义按钮的显示文字。

实例 11：通过普通按钮实现文本的复制和粘贴效果

```
<!DOCTYPE html>
<html>
<head>
<title>网页中按钮的功能</title>
</head>
<body>
<form>
单击"复制后粘贴"按钮，实现文本的复制和
粘贴：
<br/>
我喜欢的图书：<input type="text"
id="field1" value="HTML5 Web开发">
<br/>
我购买的图书：<input type="text"
id="field2">
<br/>
<input type="button" name="..."
value="复制后粘贴" onClick="document
.getElementById('field2').
value=document
.getElementById('field1').value">
<br/>
单击"提交"按钮，将表单里的信息提交给表
单所指向的文件：
<input type="submit" value="提交">
<br/>
单击"重置"按钮，实现将表单中的数据清空：
<br/>
<input type="reset" value="重置">
</form>
</body>
</html>
```

在浏览器中浏览的效果如图 2-13 所示。单击"复制后粘贴"按钮，即可实现将第一个文本框中的内容复制，然后粘贴到第二个文本框中。单击"提交"按钮，可以将表单信息发送给指定文件；单击"重置"按钮，可以清空表单中的信息，如图 2-14 所示。

图 2-13　单击按钮后的粘贴效果

图 2-14　清空表单信息

2.3.4　图像域和文件域

为了丰富表单中的元素，可以使用图像域，从而解决表单中按钮比较单调，与页面内容不协调的问题。如果需要上传文件，往往需要通过文件域来完成。

1. 图像域 image

在设计网页表单时，为了让按钮和表单的整体效果比较一致，有时候需要在"提交"按钮上添加图片，使该图片具有按钮的功能，此时可以通过图像域来完成。语法格式如下：

```
<input type="image" src="图片的地址" name="代表的按键" >
```

其中，src 用于设置图片的地址；name 用于设置代表的按键，比如 submit 或 button 等，默认值为 button。

2. 文件域 file

使用 file 属性实现文件上传框。语法格式如下：

```
<input type="image" accept=" " name="  "size=" " maxlength=" ">。
```

其中，type="file" 定义为文件上传框；accept 用于设置文件的类别，可以省略；name 属性为文件上传框的名称；size 属性定义文件上传框的宽度，单位是单个字符宽度；maxlength 属性定义最多输入的字符数。

实例 12：创建实名认证页面

```
<!doctype html>
<html>
<head>
<title>文件和图像域</title>
</head>
<body>
<div>
<h2 align="center">银行系统实名认证</h2>
<form>
<h3>请上传您的身份证正面图片：</h3>
<!--两个文件域-->
<input type="file">
<h3>请上传您的身份证背面图片：</h3>
<input type="file"><br/><br/>
<!--图像域-->
<input type="image" src="pic/anniu.
jpg" >
</form>
</div>
```

```
</body>
</html>
```

在浏览器中浏览的效果如图 2-15 所示。单击【选择文件】按钮，即可选择需要上传的图片文件。

图 2-15　银行系统实名认证页面

2.3.5　设置表单中的列表

列表框主要用于在有限的空间里设置多个选项。列表框既可以用作单选，也可以用作复选。代码格式如下：

```
<select name="..." size="..." multiple>
<option value="..." selected>
...
</option>
...
</select>
```

其中，size 属性定义列表框的行数；name 属性定义列表框的名称；multiple 属性表示可以多选，如果不设置本属性，则只能单选；value 属性定义列表项的值；selected 属性表示默认已经选中本选项。

实例 13：创建报名学生信息调查表页面

```
<!DOCTYPE html>
<html>
<head>
<title>报名学生信息调查表</title>
</head>
<body>
<form>
<h2 align=" center">报名学生信息调查表
</h2>
<p>1．请选择您目前的学历：</p><br/>
```

```
<!--下拉菜单实现学历选择-->
<select>
<option>初中</option>
<option>高中</option>
<option>大专</option>
<option>本科</option>
<option>研究生</option>
</select><br/>
<div align=" right">
<p>2．请选择您感兴趣的技术方向：</
p><br/>
<!--下拉菜单中显示3个选项-->
```

```
    <select name="book" size = "3"
multiple>
    <option value="Book1">网站编程
    <option value="Book2">办公软件
    <option value="Book3">设计软件
    <option value="Book4">网络管理
    <option value="Book5">网络安全</
select>
    </div>
    </form>
    </body>
    </html>
```

图 2-16　列表框的效果

在浏览器中浏览的效果如图 2-16 所示。可以看到列表框中显示了 3 个选项，用户可以按住 Ctrl 键，选择多个选项。

2.3.6　表单常用属性的应用

除了上述基本表单标签外，HTML5 表单中还有一些高级属性，如表 2-9 所示。下面学习这些属性的使用方法。

表 2-9　表单常用的属性

属 性 名	说　明
url 属性	用于说明网站网址。显示为一个文本字段输入 URL 地址
email 属性	用于让浏览者输入 E-mail 地址
date 和 time 属性	用于输入日期和时间
number 属性	提供了一个输入数字的输入类型
range 属性	显示为一个滑条控件
required 属性	规定必须在提交之前填写输入域（不能为空）

▍实例 14：使用属性创建一个信息统计表

```
<!DOCTYPE html>
<html>
<head>
<title> 使用表单属性</title>
</head>
<body>
<form>
<br/>
请输入购物网站的网址:
<input type="url" name="userurl"/>
<br/>
<br/>
请输入您的邮箱地址:
<input type="email" name="user_
email"/>
<br/>
<br/>
请选择购买商品的日期:
<br/>
```

```
    <input type="date" name="user_
date"/>
    <br/>
    <br/>
此网站我曾经来
    <input type="number" name="shuzi"/>
次了哦!
    <br/>
    <br/>
购买次数公布了! 我的购买次数为:
    <br/>
    <br/>
    <br/>
    <input type="range" name="ran"
min="1" max="16"/>
    <br/>
下面是输入用户登录信息
    <br/>
用户名称
    <input type="text" name="user"
required="required">
```

```
<br/>
用户密码
<input type="password" name="
password" required="required">
<br/>
<input type="submit" value="登录">
</form>
</body>
</html>
```

在浏览器中浏览的效果如图 2-17 所示。
根据提示在各个文本框中输入内容。

图 2-17　使用表单属性

2.4　HTML5 中的表格标签

HTML 中的表格不但可以清晰地显示数据，而且可以用于页面布局。
HTML 中的表格类似于 Word 软件中的表格，尤其是使用网页制作工具，操作
很相似。HTML 是使用相关标签来制作表格的，如表 2-10 所示。

表 2-10　表格标签

标　　签	描　　述	标　　签	标　　签
`<caption>`	定义表格标题	`<thead>`	定义表格中的表头内容
`<table>`	定义一个表格	`<tbody>`	定义表格中的主体内容
`<th>`	定义表格中的表头单元格	`<tfoot>`	定义表格中的表注内容（脚注）
`<tr>`	定义表格中的行	`<col>`	定义表格中一个或多个列的属性值
`<td>`	定义表格中的单元	`<colgroup>`	定义表格中供格式化的列组

2.4.1　表格的基本结构

使用表格显示数据，可以更直观和清晰。在
HTML 文档中，表格主要用于显示数据，表格一般由行、
列和单元格组成，如图 2-18 所示。

在 HTML5 中，最基本的表格，必须包含一对
`<table></table>` 标签、一对或几对 `<tr></tr>` 标签以及
一对或几对 `<td></td>` 标签。一对 `<table></table>` 标
签定义一个表格，一对 `<tr></tr>` 标签定义一行，一对

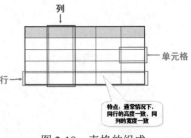

图 2-18　表格的组成

`<td></td>` 标签定义一个单元格。有时，为了方便表述表格，还需要在表格的上面加上标题。

实例 15：通过表格标签，编写公司销售表

```
<!DOCTYPE html>
<html>
<head>
<title>公司销售表</title>
```

```
</head>
<body>
<!--<table>为表格标签-->
<table border="2">
<caption>产品销售统计表</caption>
    <!--<tr>为行标签-->
```

```
<tr>
    <!--<td>为表头标签-->
    <th>姓名</th>
    <th>月份</th>
    <th>销售额</th>
</tr>
<tr>
    <!--<td>为单元格-->
    <td>刘玉</td>
    <td>1月份</td>
    <td>32万</td>
</tr>
<tr>
    <!--<td>为单元格-->
    <td>张平</td>
    <td>1月份</td>
    <td>36万</td>
</tr>
<tr>
    <!--<td>为单元格-->
```

```
    <td>胡明</td>
    <td>1月份</td>
    <td>18万</td>
</tr>
</table>
</body>
</html>
```

运行效果如图 2-19 所示。

图 2-19　公司销售表

2.4.2　使用属性编辑表格

创建好表格之后，还可以编辑表格，包括设置表格的边框类型、设置表格的表头、合并单元格等。用于编辑表格的属性如表 2-11 所示。

表 2-11　编辑表格的属性

属　性	说　明	属　性	说　明
border	边框宽度，边框值必须大于 1 像素才有效	width	表格宽度
bgcolor	表格背景色	height	表格高度
align	设置对齐方式，默认是左对齐	colspan	列合并标记
cellpadding	设置单元格边框和内部内容之间的间隔	rowspan	行合并标记
cellspacing	设置单元格之间的间隔		

1. 合并单元格

在实际应用中，有时需要将某些单元格进行合并，以符合内容安排的需要。在 HTML 中，合并的方向有两种，一种是上下合并，一种是左右合并，这两种合并方式只需要使用 td 标签的 colspan 属性和 rowspan 属性即可。

colspan 属性用于左右单元格的合并，格式如下：

```
<td colspan="数值">单元格内容</td>
```

其中，colspan 属性的取值为数值型整数数据，代表几个单元格进行左右合并。

rowspan 属性用于上下单元格的合并，格式如下：

```
<td rowspan="数值">单元格内容</td>
```

其中，rowspan 属性的取值为数值型整数数据，代表几个单元格进行上下合并。

实例 16：设计婚礼流程安排表

```
<!DOCTYPE html>
<html>
<head>
<title>婚礼流程安排表</title>
</head>
<body>
<h1 align="center">婚礼流程安排表</h1>
<!--<table>为表格标签-->
<table align="center" border="1px"
cellpadding="12%" >
    <!--婚礼流程安排表日期-->
    <tr bgcolor="#A5AFEDD">
        <th></th>
        <th>时间</th>
        <th>日程</th>
        <th>地点</th>
    </tr>
    <!--婚礼流程安排表内容-->
    <tr align="center">
        <!--使用rowspan属性进行列合并
-->
        <td bgcolor="#FCD1CC" rowspan=
"2">上午</td>
        <td bgcolor="#FCD1CC">7:00--
8:30</td>
        <td>新郎新娘化妆定妆</td>
        <td>婚纱影楼</td>
    </tr>
    <!--婚礼流程安排表内容-->
    <tr align="center">
        <td bgcolor="#FCD1CC">8:30--
10:30</td>
        <td>新郎根据指导接亲</td>
        <td>酒店1楼</td>
    </tr>
```

```
    <!--婚礼流程安排表内容-->
    <tr align="center">
        <!--使用rowspan属性进行列合并
-->
        <td bgcolor="#FCD1CC" rowspan=
"2">下午</td>
        <td bgcolor="#FCD1CC">
12:30--14:00</td>
        <td>婚礼和就餐</td>
        <td>酒店2楼</td>
    </tr>
    <!--婚礼流程安排表内容-->
    <tr align="center">
        <td bgcolor="#FCD1CC">14:00--
16:00</td>
        <td>清点物品后离开酒店</td>
        <td>酒店2楼</td>
    </tr>
</table>
</body>
</html>
```

运行效果如图 2-20 所示。

图 2-20　婚礼流程安排表

2. 表格的分组

如果需要分组，可以通过 <colgroup> 标签来完成。该标签的语法格式如下：

```
<colgroup>
    <col style="background-color: 颜色值">
    <col style="background-color: 颜色值">
    <col style="background-color: 颜色值">
</colgroup>
```

<colgroup> 标签可以控制表格列的样式，其中 <col> 标签控制具体列的样式。

实例 17：设计企业客户联系表

```
<!DOCTYPE html>
<html>
<head>
<title>企业客户联系表</title>
</head>
<body>
<h1 align="center">企业客户联系表</h1>
```

```
    <!--<table>为表格标签-->
    <table align="center" border="1px"
cellpadding="12%" >
    <!--<table>为表格标签-->
    <table align="center" border="1px"
cellpadding="12%" >
        <!--使用<colgroup>标签进行表格分组
控制-->
        <colgroup>
```

```
                <col style="background-color:
#FFD9EC">
                <col style="background-color:
#B8B8DC">
                <col style="background-color:
#BBFFBB">
                <col style="background-color:
#B9B9FF">
        </colgroup>
        <tr>
            <th>区域</th>
            <th>加盟商</th>
            <th>加盟时间</th>
            <th>联系电话</th>
        </tr>

        <tr align="center">
            <td>华北区域</td>
            <td>王蒙</td>
            <td>2019年9月</td>
            <td>123XXXXXXXX</td>
        </tr>

        <tr align="center">
            <td>华中区域</td>
            <td>王小名</td>
            <td>2019年1月</td>
            <td>100XXXXXXXX</td>
```

```
        </tr>

        <tr align="center">
            <td>西北区域</td>
            <td>张小明</td>
            <td>2012年9月</td>
            <td>111XXXXXXXX</td>
        </tr>

</table>
</body>
</html>
```

运行效果如图 2-21 所示。

图 2-21　企业客户联系表

2.4.3　完整的表格标签

为了让表格的结构更清晰，以及配合后面学习的 CSS 样式，更方便地制作各种样式的表格，表格中还会出现表头、主体、脚注等。按照表格结构，可以把表格的行分组，称为"行组"。不同的行组具有不同的意义。行组分为 3 类——"表头""主体"和"脚注"。三者相应的 HTML 标签依次为 <thead>、<tbody> 和 <tfoot>。

此外，在表格中还有两个标签：标签 <caption> 表示表格的标题；在一行中，除了用 <td> 标签表示一个单元格以外，还可以使用 <th> 表示该单元格是这一行的"行头"。

实例 18：使用完整的表格标签设计学生成绩单

```
<!DOCTYPE html>
<html>
<head>
<title>完整的表格标签</title>
<style>
tfoot{
background-color:#FF3;
}
</style>
</head>
<body>
<table border="1">
  <caption>学生成绩单</caption>
  <thead>
```

```
    <tr>
        <th>姓名</th><th>性别</th><th>
成绩</th>
    </tr>
  </thead>
    <tfoot>
    <tr>
            <td>平均分</td><td
colspan="2">540</td>
    </tr>
  </tfoot>
    <tbody>
    <tr>
        <td>张三</td><td>男</td><td>560</td>
    </tr>
    <tr>
```

```
    <td>李四</td><td>男</td><td>520</td>
      </tr>
    </tbody>
  </table>
  </body>
</html>
```

从上面的代码中可以发现，使用 <caption> 标签定义了表格标题，<thead>、<tbody> 和 <tfoot> 标签对表格进行了分组。在 <thead> 部分使用 <th> 标签代替 <td> 标签定义单元格，

<th> 标签定义的单元格内容默认加粗显示。网页的浏览效果如图 2-22 所示。

图 2-22　完整的表格结构

> **注意**：<caption> 标签必须紧随 <table> 标签之后。

2.5　HTML5 中的多媒体标签

在 HTML5 版本出现之前，要想在网页中展示多媒体，大多数情况下需要用到 Flash。这就需要浏览器安装相应的插件，而且加载多媒体的速度也不快。HTML5 新增了音频和视频的标签，从而解决了上述问题，如表 2-12 所示。

表 2-12　HTML5 中的多媒体标签

标　签	说　明
<audio>	定义声音，比如音乐或其他音频流
<source>	定义 media 元素（<video> 和 <audio>）的媒体资源
<track>	为媒体（<video> 和 <audio>）元素定义外部文本轨道
<video>	定义一个音频或者视频

2.5.1　audio 标签的应用

audio 标签主要用于定义播放声音文件或者音频流的标准。它支持 3 种音频格式，分别为 Ogg、MP3 和 WAV。

如果需要在 HTML5 网页中播放音频，输入的基本格式如下：

```
<audio src="song.mp3" controls="controls"></audio>
```

> **提示**：src 属性规定要播放的音频的地址，controls 属性用于添加播放、暂停和音量控件。

另外，在 <audio> 和 </audio> 之间插入的内容是供不支持 audio 元素的浏览器显示的。

实例 19：认识 audio 标签

```
<!DOCTYPE html>
<html>
<head>
<title>audio</title>
<head>
```

```
<body>
<audio src="song.mp3" controls=
"controls">
        您的浏览器不支持audio标签!
</audio>
</body>
</html>
```

如果用户的浏览器版本不支持 audio 标签，浏览效果如图 2-23 所示，IE 11.0 以前的浏览器版本不支持 audio 标签。

对于支持 audio 标签的浏览器，运行效果如图 2-24 所示，可以看到加载的音频控制条并听到声音，此时用户还可以控制音量的大小。

图 2-23　不支持 audio 标签的效果　　　　图 2-24　支持 audio 标签的效果

audio 标签的常见属性和含义如表 2-13 所示。

表 2-13　audio 标签的常见属性

属　性	值	含　义
autoplay	autoplay(自动播放)	如果出现该属性，则音频在就绪后马上播放
controls	controls(控制)	如果出现该属性，则向用户显示控件，比如播放按钮
loop	loop(循环)	如果出现该属性，则每当音频结束时重新开始播放
preload	preload(加载)	如果出现该属性，则音频在页面加载时进行加载，并预备播放。如果使用 autoplay，则忽略该属性
src	url(地址)	要播放的音频的 URL 地址

另外，audio 标签可以通过 source 属性添加多个音频文件，具体格式如下：

```
<audio controls="controls">
    <source src="123.ogg" type="audio/ogg">
    <source src="123.mp3" type="audio/mpeg">
</audio>
```

2.5.2　在网页中添加音频文件

当在网页中添加音频文件时，用户可以根据自己的需要，添加不同类型的音频文件，如添加自动播放的音频文件、添加带有控件的音频文件、添加循环播放的音频文件、添加预播放的音频文件等。

1. 添加自动播放的音频文件

autoplay 属性规定一旦音频就绪，马上就开始播放。如果设置了该属性，音频将自动播放。下面就是在网页中添加自动播放音频文件的相关代码：

```
<audio controls="controls" autoplay="autoplay">
<source src="song.mp3">
```

2. 添加带有控件的音频文件

controls 属性规定浏览器应该为音频提供播放控件。其中浏览器控件应该包括播放、暂停、定位、音量、全屏切换等。

添加带有控件的音频文件的代码如下：

```
<audio controls="controls">
<source src="song.mp3">
```

3. 添加循环播放的音频文件

loop 属性规定当音频播放结束后将重新开始播放。如果设置了该属性，则音频将循环播放。添加循环播放的音频文件的代码如下：

```
<audio controls="controls" loop="loop">
<source src="song.mp3">
```

4. 添加预播放的音频文件

preload 属性规定是否在页面加载后载入音频。如果设置了 autoplay 属性，则忽略该属性。preload 属性的值可能有三种，分别如下。

- auto：当页面加载后载入整个音频。
- meta：当页面加载后只载入元数据。
- none：当页面加载后不载入音频。

添加预播放的音频文件的代码如下：

```
<audio controls="controls" preload="auto">
<source src="song.mp3">
```

实例 20：创建一个带有控件、自动播放并循环播放音频的文件

```
<!DOCTYPE html>
<html>
<head>
<title>audio</title>
<head>
<body>
    <audio src="song.mp3"controls=
"controls" autoplay="autoplay" loop=
"loop">
        您的浏览器不支持audio标签!
```

```
</audio>
</body>
</html>
```

运行效果如图 2-25 所示。音频文件会自动播放，播放完成后会自动循环播放。

图 2-25　带有控件、自动播放并循环播放的效果

2.5.3　认识 video 标签

video 标签主要用于定义播放视频文件或者视频流的标准。它支持 3 种视频格式，分别为 Ogg、WebM 和 MPEG 4。

如果需要在 HTML5 网页中播放视频，输入的基本格式如下：

```
<video src="123.mp4" controls="controls">...</video>
```

其中，在 <video> 与 </video> 之间插入的内容是供不支持 video 元素的浏览器显示的。

实例 21：认识 video 标签

```
<!DOCTYPE html>
<html>
<head>
<title>video</title>
```

```
<head>
<body>
    <video src="fengjing.mp4"
controls="controls">
        您的浏览器不支持video标签!
    </video>
```

```
</body>
</html>
```

如果用户的浏览器是 IE 11.0 以前的版本，运行效果如图 2-26 所示，可见 IE 11.0 以前的浏览器版本不支持 video 标签。

图 2-26　不支持 video 标签的效果

如果浏览器支持 video 标签，运行效果如图 2-27 所示，可以看到加载的视频控制条

界面。单击"播放"按钮，即可查看视频的内容，同时还可以调整音量的大小。

图 2-27　支持 video 标签的效果

video 标签的常见属性和含义如表 2-14 所示。

表 2-14　video 标签的常见属性和含义

属　　性	值	含　　义
autoplay	autoplay	视频就绪后马上播放
controls	controls	向用户显示控件，比如播放按钮
loop	loop	每当视频结束时重新开始播放
preload	preload	视频在页面加载时进行加载，并预备播放。如果使用 autoplay，则忽略该属性
src	url	要播放的视频的 URL
width	宽度值	设置视频播放器的宽度
height	高度值	设置视频播放器的高度
poster	url	当视频未响应或缓冲不足时，该属性值链接到一个图像。该图像将以一定比例被显示出来

由表 2-14 可知，用户可以自定义视频文件显示的大小。例如，如果想让视频以 320×240 像素大小显示，可以加入 width 和 height 属性。具体格式如下：

```
<video width="320" height="240" controls src="movie.mp4"></video>
```

另外，video 标签可以通过 source 属性添加多个视频文件，具体格式如下：

```
<video controls="controls">
<source src="123.ogg" type="video/ogg">
<source src="123.mp4" type="video/mp4">
</video>
```

2.5.4　在网页中添加视频文件

当在网页中添加视频文件时，用户可以根据自己的需要添加不同类型的视频文件，如添加自动播放的视频文件、添加带有控件的视频文件、添加循环播放的视频文件等，另外，还可以设置视频文件的高度和宽度。

1. 添加自动播放的视频文件

autoplay 属性规定一旦视频就绪马上开始播放。如果设置了该属性，视频将自动播放。添加自动播放的视频文件的代码如下：

```
<video controls="controls" autoplay="autoplay">
    <source src="movie.mp4">
</video>
```

2. 添加带有控件的视频文件

controls 属性规定浏览器应该为视频提供播放控件。浏览器控件应该包括播放、暂停、定位、音量、全屏切换等。

添加带有控件的视频文件的代码如下：

```
<video controls="controls" controls="controls">
    <source src="movie.mp4">
</video>
```

3. 添加循环播放的视频文件

loop 属性规定当视频结束后将重新开始播放。如果设置该属性，则视频将循环播放。

添加循环播放的视频文件的代码如下：

```
<video controls="controls" loop="loop">
    <source src="movie.mp4">
</video>
```

4. 添加预播放的视频文件

preload 属性规定是否在页面加载后载入视频。如果设置了 autoplay 属性，则忽略该属性。preload 属性的值有三种，分别说明如下。

- auto：当页面加载后载入整个视频。
- meta：当页面加载后只载入元数据。
- none：当页面加载后不载入视频。

添加预播放的视频文件的代码如下：

```
<video controls="controls" preload="auto">
<source src="movie.mp4">
```

5. 设置视频文件的高度与宽度

使用 width 和 height 属性可以设置视频文件的显示宽度与高度，单位是像素。

> **提示：** 规定视频的高度和宽度是一个好习惯。如果设置这些属性，在页面加载时会为视频预留出空间。如果没有设置这些属性，那么浏览器就无法预先确定视频的尺寸，这样就无法为视频保留合适的空间。结果是，在页面加载的过程中，其布局也会产生变化。

实例 22：创建一个自动播放并循环播放视频的文件

```
<!DOCTYPE html>
<html>
<head>
<title>video</title>
<head>
<body>
    <video width="430" height="260"
src="fengjing.mp4" controls="controls"
autoplay="autoplay" loop="loop">
        您的浏览器不支持video标签!
</video>
</body>
</html>
```

运行效果如图 2-28 所示。网页中加载了

视频播放控件，视频的显示大小为 430×260 像素。视频文件会自动播放，播放完成后会自动循环播放。

图 2-28　指定循环播放的视频

> **注意**：切勿通过 height 和 width 属性来缩放视频。通过 height 和 width 属性来缩小视频时，用户仍会下载原始的视频（即使在页面上看起来它较小）。正确的方法是在网页上使用该视频前，用软件对视频进行压缩。

2.6　\<div\> 标签

\<div\> 标签是一个区块容器标签，在 \<div\>\</div\> 标签中可以放置其他的 HTML 元素，如段落 \<p\>、标题 \<h1\>、表格 \<table\>、图片 \<img\> 和表单等。然后使用 CSS3 相关属性将 div 容器标签中的元素作为一个独立对象进行修饰。这样就不会影响其他 HTML 元素。

在使用 \<div\> 标签之前，需要了解 \<div\> 标签的属性。语法格式如下：

```
<div id="value" align="value" class="value" style="value">
    这是div标签包含的内容。
</div>
```

其中，id 为 \<div\> 标签的名称，常与 CSS 样式相结合，实现对网页中元素样式的控制；align 用于控制 \<div\> 标签中元素的对齐方式，主要包括 left（左对齐）、right（右对齐）和 center（居中对齐）；class 用于控制 \<div\> 标签中元素的样式，其值为 CSS 样式中的 class 选择符；style 用于控制 \<div\> 标签中元素的样式，其值为 CSS 属性值，各属性之间用分号分隔。

实例 23：使用 \<div\> 标签发布高科技产品

```
<!DOCTYPE html>
<html>
<head>
<title>发布高科技产品</title>
</head>
<!--插入背景图片-->
```

```
<body style="background-image:
url(pic/chanpin.jpg) ">
    <br/><br/><br/><br/>
    <!--使用div标签进行分组-->
    <div>
    <h1>   产品发布</h1>
    <hr/>
        <h5>产品名称：安科丽智能化扫地机器人
</h5>
        <h5>发布日期：2020年12月12日</h5>
```

```
</div>
<br/>
<!--使用div标签进行分组-->
<div>
    <h1>产品介绍</h1>
    <hr/>
    <h5>  安科丽智能化扫地
机器人的机身为自动化技术的可移动装置，有集尘盒
的真空吸尘装置，配合机身设定控制路径，在室内反
复行走，如:沿边清扫、集中清扫、随机清扫、直线
清扫等路径打扫，并辅以边刷、中央主刷旋转、抹布
等方式，加强打扫效果，以完成拟人化居家清洁效
果。</h5>
    </div>
    </body>
    </html>
```

运行效果如图 2-29 所示。

图 2-29　产品发布页面

2.7 ＜span＞ 标签

对于初学者而言，常常混淆 ＜div＞ 和 ＜span＞ 两个标签，因为大部分 ＜div＞ 标签都可以使用 ＜span＞ 标签代替，并且其运行效果完全一样。

＜span＞ 标签是行内标签，＜span＞ 标签的前后内容不会换行。而 ＜span＞ 标签包含的元素会自动换行。＜div＞ 标签可以包含 ＜span＞ 标签，但 ＜span＞ 标签一般不包含 ＜div＞ 标签。

▌实例 24：分析 ＜div＞ 标签和 ＜span＞ 标签的区别

```
<!DOCTYPE html>
<html>
<head>
<title>div与span的区别</title>
</head>
<body>
    <p>使用div标签会自动换行：</p>
    <div><b>金谷年年，乱生春色谁为主。</b>
</div>
    <div><b>馀花落处。满地和烟雨。</b></
div>
    <div><b>又是离歌，一阕长亭暮。</b></
div>
    <p>使用span标签不会自动换行：</p>
    <span style="color:red"><b>怀君属
秋夜，</b></span>
    <span style="color:blue"><b>散步咏
凉天。</b></span>
    <span style="color:red"><b>空山松
子落，幽人应未眠。</b></span>
    </body>
    </html>
```

运行效果如图 2-30 所示。可以看到 ＜div＞ 所包含的元素，会自动换行，而对于 ＜span＞ 标签，3 个 HTML 元素在同一行显示。

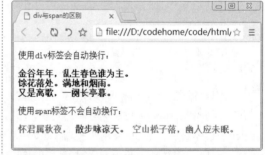

图 2-30　使用 ＜div＞ 标签和 ＜span＞ 标签的区别

在网页设计中，对于较大的块可以使用 ＜div＞ 完成，而对于具有独特样式的单独的 HTML 元素，可以使用 ＜span＞ 标签完成。

2.8 新手常见疑难问题

疑问 1：HTML 文档页面上边总是留出一段空白，这是为什么？

答：body 标签默认有上边距，设置这个值的属性 topmargin=0 就可以了。有时还需要设置 leftmargin、rightmargin 和 bottommargin 属性值。

疑问 2：使用 \<thead\>、\<tbody\> 和 \<tfoot\> 标签对行进行分组的意义何在？

答：在 HTML 文档中增加 \<thead\>、\<tbody\> 和 \<tfoot\> 标签虽然从外观上不能看出任何变化，但是它们却能使文档的结构更加清晰。使用 \<thead\>、\<tbody\> 和 \<tfoot\> 标签除了使文档更加清晰外，还有一个更重要的意义，就是方便使用 CSS 样式对表格的各个部分进行修饰，从而制作出更炫的表格。

疑问 3：在 HTML5 网页中添加 MP4 格式的视频文件，为什么在不同的浏览器中视频控件显示的外观不同？

答：在 HTML5 中规定用 controls 属性来控制视频文件的播放、暂停、停止和调节音量的操作。controls 是一个布尔属性，一旦添加了此属性，等于告诉浏览器需要显示播放控件并允许用户进行操作。

因为浏览器负责解释内置视频控件的外观，所以在不同的浏览器中，将会显示不同的视频控件外观。

2.9 实战技能训练营

实战 1：编写一个计算机报价表的页面

利用所学的表格知识，制作一个笔记本电脑报价表。这里利用 caption 标签制作表格的标题，用 \<th\> 代替 \<td\> 作

为标题行单元格。可以将图片放在单元格内，即在 \<td\> 标签内使用 \<img\> 标签，在浏览器中浏览的效果如图 2-31 所示。

图 2-31　计算机报价表的页面

实战 2：编写一个多功能的视频播放效果的页面

综合使用视频播放时所用的方法和多媒体的属性，在播放视频文件时，包括播放、暂停、停止、加速播放、减速播放和正常速度，并显示播放的时间。运行结果如图 2-32 所示。

图 2-32　多功能的视频播放效果

第3章 初始CSS3层叠样式表

本章导读

　　一个精美的网页仅通过 HTML 是很难实现的，因为 HTML 仅仅定义了网页结构，对于文本与图片样式并没有过多的涉及。这就需要一种技术对页面布局、字体、颜色、背景和其他图文效果的实现提供更加精确的控制，这种技术就是 CSS，目前常用的版本为 CSS3。

知识导图

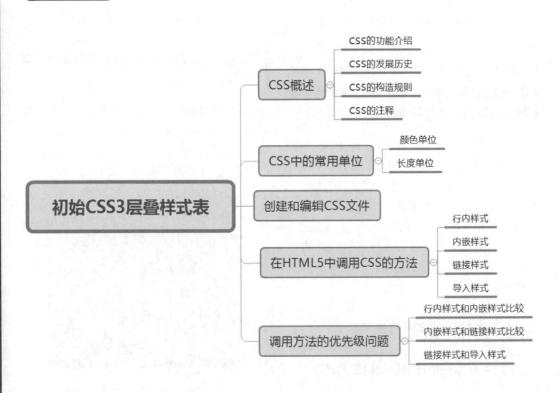

3.1 CSS 概述

CSS 指层叠样式表（Cascading Style Sheets），对于设计者来说，CSS 是一个非常灵活的工具，使用户不必再把复杂的样式定义编写在文档结构中，而将有关文档的样式内容全部脱离出来。这样做的最大优势就是在后期维护中只需要修改代码即可。

3.1.1 CSS 的功能介绍

随着 Internet 的不断发展，用户对页面效果的诉求越来越强烈，只依赖 HTML 这种结构化标签实现样式已经不能满足网页设计者的需要。其表现有以下几个方面。

（1）维护困难，为了修改某个特殊标签格式，需要花费很多时间，尤其对整个网站而言，后期修改和维护成本较高。

（2）标签不足，HTML 本身标签很少，很多标签都是为网页内容服务的，而关于内容样式标签，例如文字间距、段落缩进等很难在 HTML 中找到。

（3）网页过于臃肿，由于没有统一对各种风格样式进行控制，HTML 页面往往体积过大，会占用很多宝贵的宽带。

（4）定位困难，在整体布局页面时，HTML 对于各个模块的位置调整显得捉襟见肘，过多的 table 标签将会导致页面过于复杂和后期维护困难。

在这种情况下，就需要寻找一种可以将结构化标签与丰富的页面表现相结合的技术。CSS 样式技术就产生了。

CSS（Cascading Style Sheet）也可以称为 CSS 样式表或样式表，其文件扩展名为 .css。CSS 是用于增强或控制网页样式，并允许将样式信息与网页内容分离的一种标签性语言。

引用样式表的目的是将"网页结构代码"和"网页样式风格代码"分开，从而使网页设计者可以对网页布局进行更多的控制。利用样式表，可以将整个站点的所有网页都指向某个 CSS 文件，设计者只需要修改 CSS 文件中的某一行，整个网页上对应的样式就会随之发生改变。

3.1.2 CSS 的发展历史

CSS 是万维网联盟（W3C）这个非营利的标准化联盟，在 1996 年制定并发布的一个网页排版样式标准，即层叠样式表，用来对 HTML 有限的表现功能进行补充。

随着 CSS 的广泛应用，CSS 技术越来越成熟。CSS 现在有三个不同层次的标准，CSS1、CSS2 和 CSS3。

CSS1（CSS Level 1）是 CSS 的第一层次标准，它正式发布于 1996 年 12 月 17 日，后于 1999 年 1 月 11 日进行了修改。该标准提供了简单的样式表机制，使网页制作者可以通过附属的样式对 HTML 文档的表现进行描述。

CSS2（CSS Level 2）于 1998 年 5 月 12 日被正式作为标准发布，CSS2 基于 CSS1，包含 CSS1 的所有特色和功能，并在多个领域进行了完善，通过把表现样式文档和文档内容进行分离。CSS2 支持多媒体样式表，使得我们能够根据不同的输出设备给文档制定不同的表现形式。

2001 年 5 月 23 日，W3C 完成了 CSS 的工作草案，在该草案中制定了 CSS 的发展路线图，详细列出了所有模块，并计划在未来逐步进行规范。在以后的时间，W3C 逐渐发布了不同模块。

CSS1 主要定义了网页的基本属性，如字体、颜色、空白边等。CSS2 在此基础上添加了一些高级功能，如浮动和定位；以及一些高级的选择器，如子选择器、相邻选择器和通用选择器等。CSS3 开始遵循模块化开发，这将有助于理清模块化规范之间的不同关系，减少完整文件的大小。以前的规范是一个完整的模块，既庞大又复杂，所以，新的 CSS3 规范将其分为多个模块。

3.1.3　CSS 的构造规则

CSS 样式表是由若干条样式规则组成的，这些规则可以应用到不同的元素或文档，来定义它们显示的外观。

每条样式规则由三部分构成：选择符（selector）、属性（properties）和属性值（value），基本格式如下：

```
selector{property: value}
```

（1）selector：选择符可以采用多种形式，既可以是文档中的 HTML 标签，例如 <body>、<table>、<p> 等，也可以是 XML 文档中的标签。

（2）property：属性是选择符指定的标签所包含的属性。

（3）value：指定了属性的值。如果定义选择符的多个属性，则属性和属性值为一组，组与组之间用分号（;）隔开。基本格式如下：

```
selector{property1: value1; property2: value2; ...}
```

例如，下面就给出一条样式规则：

```
p{color: red}
```

该样式规则的选择符是 p，即为段落标签 <p> 提供样式，color 为指定文字颜色属性，red 为属性值。此样式表示标签 <p> 指定的段落文字为红色。

如果要为段落设置多种样式，可以使用如下语句：

```
p{font-family:"隶书"; color:red; font-size:40px; font-weight:bold}
```

3.1.4　CSS 的注释

CSS 注释可以帮助用户对自己写的 CSS 文件进行说明，如说明某段 CSS 代码所作用的地方、功能、样式等，以便以后维护时具有一看即懂的方便性，同时在团队开发网页的时候，合理适当的注释有利于团队看懂 CSS 样式对应于 html 的哪个部分，以便快速地开发 div css 网页。

CSS 的注释样式如下：

```
./* body定义*/
.body{ text-align:center; margin:0 auto;}
```

```
/*头部css定义*/
.#header{ width:960px; height:120px;}
```

3.2　CSS 中的常用单位

CSS 中常用的单位包括颜色单位与长度单位两种，利用这些单位可以完成网页元素的搭配与网页布局的设定，如网页图片颜色的搭配、网页表格长度的设定等。

3.2.1　颜色单位

在 CSS 中设置颜色的方法有很多，如命名颜色、RGB 颜色、十六进制颜色、网络安全色，相较于以前版本，CSS 新增了 HSL 色彩模式、HSLA 色彩模式、RGBA 色彩模式。

1. 命名颜色

在 CSS 中可以直接用英文单词命名与之相应的颜色，这种方法的优点是简单、直接、容易掌握。此处预设了 16 种颜色以及这 16 种颜色的衍生色，这 16 种颜色是 CSS 规范推荐的，而且一些主流的浏览器都能够识别它们，如表 3-1 所示。

表 3-1　CSS 推荐颜色

颜　色	名　称	颜　色	名　称
aqua	水绿	black	黑
blue	蓝	fuchsia	紫红
gray	灰	green	绿
lime	浅绿	maroon	褐
navy	深蓝	olive	橄榄
purple	紫	red	红
silver	银	teal	深青
white	白	yellow	黄

这些颜色最初来源于基本的 Windows VGA 颜色，而且浏览器还可以识别这些颜色。例如，在 CSS 定义字体颜色时，便可以直接使用这些颜色的名称。

```
p{color:red}
```

直接使用颜色的名称，简单、直接而且不容易忘记。但是，除了这 16 种颜色外，还可以使用其他 CSS 预定义颜色。多数浏览器大约能够识别 140 多种颜色名，其中包括这 16 种颜色，例如，orange、PaleGreen 等。

> **提示**：在不同的浏览器中，命名颜色的种类也不同，即使使用了相同的颜色名，它们的颜色也可能存在差异，所以，虽然每一种浏览器都命名了大量的颜色，但是这些颜色大多数在其他浏览器上却无法识别，而真正通用的标准颜色只有 16 种。

2. RGB 颜色

如果要使用十进制表示颜色，则需要使用 RGB 颜色。用十进制表示颜色，最大值为 255，最小值为 0。要使用 RGB 颜色，必须使用 rgb(R,G,B)，其中 R、G、B 分别表示红、绿、蓝的十进制值，通过这三个值的变化结合，便可以形成不同的颜色。例如，rgb(255,0,0) 表示红色，rgb(0,255,0) 表示绿色，rgb(0,0,255) 则表示蓝色。黑色表示为 rbg(0,0,0)，白色可以表示为 rgb(255,255,255)。

RGB 的设置方法一般分为两种：百分比设置和直接用数值设置，例如为 p 标签设置颜色，有两种方法：

```
p{color:rgb(123,0,25)}
p{color:rgb(45%,0%,25%)}
```

这两种方法里，都是用三个值表示"红""绿"和"蓝"三种颜色。这三种基本色的取值范围都是 0 ~ 255。通过定义这三种基本色分量，可以定义出各种各样的颜色。

3. 十六进制颜色

当然，除了 CSS 预定义的颜色外，设计者为了使页面色彩更加丰富，还可以使用十六进制颜色和 RGB 颜色。十六进制颜色的基本格式为 #RRGGBB，其中 R 表示红色，G 表示绿色，B 表示蓝色。而 RR、GG、BB 的最大值为 FF，表示十进制中的 255，最小值为 00，表示十进制中的 0。例如，#FF0000 表示红色，#00FF00 表示绿色，#0000FF 表示蓝色，#000000 表示黑色，#FFFFFF 表示白色，而其他颜色则是通过这三种基本色的不同组合而形成的。例如，#FFFF00 表示黄色，#FF00FF 表示紫红色。

对于浏览器不能识别的颜色名称，就可以使用十六进制值或 RGB 值。如表 3-2 所示，列出了几种常见的预定义颜色值的十六进制值和 RGB 值。

表 3-2　颜色对照表

颜 色 名	十六进制值	RGB 值
红色	#FF0000	rgb(255,0,0)
橙色	#FF6600	rgb(255,102,0)
黄色	#FFFF00	rgb(255,255,0)
绿色	#00FF00	rgb(0,255,0)
蓝色	#0000FF	rgb(0,0,255)
紫色	#800080	rgb(128,0,128)
紫红色	#FF00FF	rgb(255,0,255)
水绿色	#00FFFF	rgb(0,255,255)
灰色	#808080	rgb(128,128,128)
褐色	#800000	rgb(128,0,0)
橄榄色	#808000	rgb(128,128,0)
深蓝色	#000080	rgb(0,0,128)
银色	#C0C0C0	rgb(192,192,192)
深青色	#008080	rgb(0,128,128)
白色	#FFFFFF	rgb(255,255,255)
黑色	#000000	rgb(0,0,0)

4. HSL 色彩模式

CSS 新增加了 HSL 颜色表现方式。HSL 色彩模式是工业界的一种颜色标准，它通过改变色调 (H)、饱和度 (S)、亮度 (L) 三个颜色通道来获得各种颜色。这个标准几乎包括人类视力可以感知的所有颜色，在屏幕上可以重现 16 777 216 种颜色，是目前运用最广的颜色系统之一。

在 CSS3 中，HSL 色彩模式的表示语法如下：

```
hsl(<length> , <percentage> , <percentage>)
```

hsl() 函数的三个参数如表 3-3 所示。

表 3-3　HSL 函数的参数

参　　数	说　　明
length	表示色调（Hue）。Hue 衍生于色盘，取值可以为任意数值，其中 0（或 360，或 -360）表示红色，60 表示黄色，120 表示绿色，180 表示青色，240 表示蓝色，300 表示洋红，当然也可以设置其他数值来确定不同的颜色
percentage	表示饱和度（Saturation），即颜色的深浅程度和鲜艳程度。取值为 0% 到 100% 之间的值，其中 0% 表示灰度，即没有使用该颜色；100% 的饱和度最高，即颜色最鲜艳
percentage	表示亮度（Lightness），取值为 0% 到 100%，其中 0% 最暗，显示为黑色，50% 表示均值，100% 最亮，显示为白色

其使用示例如下：

```
p{color:hsl(0,80%,80%);}
p{color:hsl(80,80%,80%);}
```

5. HSLA 色彩模式

HSLA 也是 CSS 新增的颜色模式，HSLA 色彩模式是 HSL 色彩模式的扩展，在色相、饱和度、亮度三要素的基础上增加了不透明度参数。使用 HSLA 色彩模式，设计师能够更灵活地设计不同的透明效果。其语法格式如下：

```
hsla(<length> , <percentage> , <percentage> , <opacity>)
```

其中，前 3 个参数与 hsl() 函数的参数的意义和用法相同，第 4 个参数 <opacity> 表示不透明度，取值在 0 到 1 之间。

使用示例如下：

```
p{color:hsla(0,80%,80%,0.9);}
```

6. RGBA 色彩模式

RGBA 也是 CSS 新增的颜色模式，RGBA 色彩模式是 RGB 色彩模式的扩展，在红、绿、蓝三原色的基础上增加了不透明度参数。其语法格式如下：

```
rgba(r, g , b , <opacity>)
```

其中，r、g、b 分别表示红色、绿色和蓝色三种原色所占的比重。r、g、b 的值可以是正整数或者百分数，正整数的取值范围为 0 ～ 255，百分数的取值范围为 0.0% ～ 100.0%，超出范围的数值将被截至其最接近的取值极限。注意，并非所有浏览器都支持使用百分数值。第四个参数 <opacity> 表示不透明度，取值在 0 到 1 之间。

使用示例如下：

```
p{color:rgba(0,23,123,0.9);}
```

3.2.2　长度单位

为保证页面元素能够在浏览器中完全显示，又要布局合理，就需要设定元素间的间距及元素本身的边界等，这都离不开长度单位的使用。在 CSS 中，长度单位可以被分为两类：绝对单位和相对单位。

1. 绝对单位

绝对单位用于设定绝对位置。主要有下列五种绝对单位。

（1）英寸（in）。

英寸在国内设计中，使用比较少，它主要是国外常用的量度单位。1 英寸等于 2.54 厘米，而 1 厘米等于 0.394 英寸。

（2）厘米（cm）。

厘米是常用的长度单位，可以用来设定距离比较大的页面元素框。

（3）毫米（mm）。

毫米可以用来比较精确地设定页面元素的距离或大小。10 毫米等于 1 厘米。

（4）磅（pt）。

磅一般用来设定文字的大小。它是标准的印刷量度，广泛应用于打印机、文字程序等。72 磅等于 1 英寸，也就是说等于 2.54 厘米。另外，英寸、厘米和毫米也可以用来设定文字的大小。

（5）pica（pc）。

pica 是一种印刷量度。1pica 等于 12 磅，该单位也不经常使用。

2. 相对单位

相对单位是指在量度时需要参照其他页面元素的单位值。使用相对单位所量度的实际距离可能会随着这些单位值的改变而改变。CSS 提供了三种相对单位：em、ex 和 px。

（1）em。

在 CSS 中，em 用于给定字体的 font-size 值。例如，一个元素字体大小为 12pt，那么 1em 就是 12pt，如果该元素字体大小改为 15pt，则 1em 就是 15pt。简单来说，无论字体大小是多少，1em 总是字体的大小值。em 的值总是随着字体大小的变化而变化。

例如，分别设定页面元素 h1、h2 和 p 的字体大小为 20pt、15pt 和 10pt，各元素的左边距为 1em，样式规则如下：

```
h1{font-size:20pt}
h2{font-size:15pt}
p{font-size:10pt}
h1,h2,p{margin-left:1em}
```

对于 h1，1em 等于 20pt；对于 h2，1em 等于 15pt；对于 p，1em 等于 10pt，所以 em 的值会随着相应元素字体大小的变化而变化。

另外，em 值有时还相对于其上级元素的字体大小变化。例如，上级元素字体大小为 20pt，设定其子元素字体大小为 0.5em，则子元素显示出的字体大小为 10pt。

（2）ex。

ex 是以给定字体的小写字母 "x" 的高度为基准的，对于不同的字体来说，小写字母 "x" 的高度是不同的，所以 ex 单位的基准也不同。

（3）px。

px 也叫像素，这是目前使用最为广泛的一种单位，1px 也就是屏幕上的一个小方格，这个通常是看不出来的。由于显示器有多种尺寸，每个小方格的大小有所差异，所以像素单位的标准也不一样。通常情况下，浏览器会用显示器的像素值来做标准。

3.3　创建和编辑 CSS 文件

CSS 文件是纯文本格式文件，在编辑 CSS 时，可以使用一些简单的纯文本编辑工具，例如记事本，也可以选择专业的 CSS 编辑工具 WebStorm。

使用记事本编写 CSS 文件比较简单。首先需要打开一个记事本，然后在里面输入相应的 CSS 代码，然后保存为 .css 格式的文件即可。

WebStorm 是一款前端页面开发工具。该工具的主要优势是有智能提示、智能补齐代码、代码格式化显示、联想查询和代码调试等。对于初学者而言，WebStorm 不仅功能强大，而且非常容易上手操作，被广大前端开发者誉为 Web 前端开发神器。

下面以 WebStorm 英文版为例进行讲解。首先打开浏览器，输入网址 https://www.jetbrains.com/webstorm/download/#section=windows，进入 WebStorm 官网下载页面，如图 3-1 所示。单击 Download 按钮，即可开始下载 WebStorm 安装程序。

图 3-1　WebStorm 官网下载页面

下载完成后，即可进行安装，具体操作步骤如下。

01 双击下载的安装文件，进入安装 WebStorm 的欢迎界面，如图 3-2 所示。

02 单击 next 按钮，进入选择安装路径界面，单击 Browse... 按钮，即可选择新的安装路径，这里采用默认的安装路径，如图 3-3 所示。

图 3-2　欢迎界面

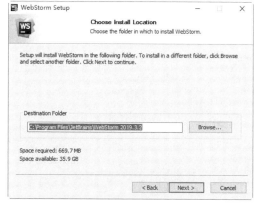

图 3-3　选择安装路径界面

03 单击 next 按钮，进入选择安装选项界面，选中所有的复选框，如图 3-4 所示。

04 单击 next 按钮，进入选择开始菜单文件夹界面，默认为 JetBrains，如图 3-5 所示。

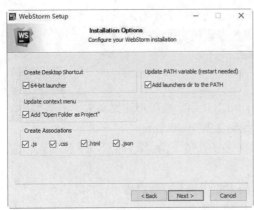

图 3-4　选择安装选项界面

图 3-5　选择开始菜单文件夹界面

05 单击 Install 按钮，开始安装软件并显示安装的进度，如图 3-6 所示。

06 安装完成后，单击 Finish 按钮，如图 3-7 所示。

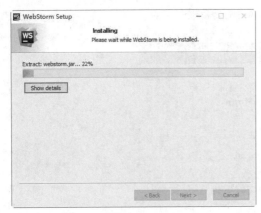

图 3-6　开始安装 WebStorm

图 3-7　WebStorm 安装完成

在 WebStorm 中编写 CSS 文件的操作步骤如下。

01 单击 Windows 桌面上的"开始"按钮，选择"所有程序"→ JeBrains WebStorm 2019 命令，打开 WebStorm 欢迎界面，如图 3-8 所示。

02 单击 Create New Project 按钮，打开 New Project 对话框，在 Location 文本框中输入工程存放的路径，也可以单击 按钮选择路径，如图 3-9 所示。

图 3-8　WebStorm 欢迎界面

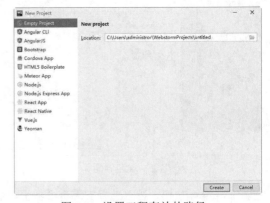

图 3-9　设置工程存放的路径

03 单击 Create 按钮，进入 WebStorm 主界面，选择 File → New → Stylesheet 命令，如图 3-10 所示。

04 打开 New Stylesheet 对话框，输入文件名称为 mytest.css，选择文件类型为 CSS File，如图 3-11 所示。

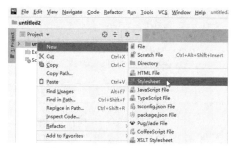

图 3-10　创建一个 CSS 文件

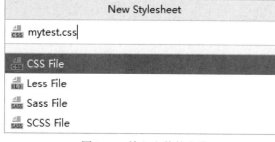

图 3-11　输入文件的名称

05 按 Enter 键即可查看新建的 CSS 文件，接着就可以编辑 CSS 文件，如图 3-12 所示。

图 3-12　输入 CSS 的内容

3.4　在 HTML5 中调用 CSS 的方法

CSS 样式表能很好地控制页面显示，以达到分离网页内容和样式代码的目的。CSS 样式表可以控制 HTML 页面的样式效果，通常包括行内样式、内嵌样式、链接样式和导入样式。

3.4.1　行内样式

行内样式是所有样式中比较简单、直观的方法，就是直接把 CSS 代码添加到 HTML 的标签中，即作为 HTML 标签的属性标签存在。通过这种方法，可以很简单地对某个元素单独定义样式。

使用行内样式方法是直接在 HTML 标签中使用 style 属性，该属性的内容就是 CSS 的属性和值。例如：

```
<p style="color:red">段落样式</p>
```

▌实例 1：使用行内样式

```
<!DOCTYPE html>
<html>
<head>
<title>行内样式</title>
</head>
<body>
```

```
    <p style="color:red;font-size:20px;
text-decoration:underline;text-align:
center">此段落使用行内样式修饰</p>
    <p style="color:black;font-size:
30px;font-style:italic">群山万壑赴荆门，生
长明妃尚有村。一去紫台连朔漠，独留青冢向黄昏。
画图省识春风面，环佩空归夜月魂。千载琵琶作胡
语，分明怨恨曲中论。</p>
```

```
</body>
</html>
```

在浏览器中浏览的效果如图 3-13 所示，可以看到 2 个 p 标签中都使用了 style 属性，并且设置了 CSS 样式，各个样式之间互不影响，分别显示自己的样式效果。第 1 个段落设置红色字体，居中显示，带有下划线，第 2 个段落黑色字体显示，大小为 30px。

图 3-13　行内样式显示

> **注意：** 尽管行内样式简单，但这种方法不常使用，因为这样添加无法完全发挥样式表"内容结构和样式控制代码"分离的优势。而且这种方式也不利于样式的重用，如果需要为每一个标签都设置 style 属性，后期维护成本高，网页容易过胖，故不推荐使用。

3.4.2　内嵌样式

内嵌样式就是将CSS样式代码添加到 \<head\> 与 \</head\> 之间，并且用 \<style\> 和 \</style\> 标签进行声明。这种写法虽然没有实现页面内容和样式控制代码完全分离，但可以设置一些比较简单的样式，并统一页面样式。

其格式如下：

```
<head>
  <style type="text/css" >
    p
    {
      color:red;                  /*设置字体的颜色为红色*/
      font-size:12px;             /*设置字体的大小*/
    }
  </style>
</head>
```

> **注意：** 有些较低版本的浏览器不能识别 \<style\> 标签，因而不能正确地将样式应用到页面显示上，而是直接将标签中的内容以文本的形式显示。为了解决此类问题，可以使用 HTML 注释将标签中的内容隐藏。如果浏览器能够识别 \<style\> 标签，则标签内被注释的 CSS 样式定义代码依旧能够发挥作用。
>
> ```
> <head>
>   <style type="text/css" >
>   <!--
>     p
>     {
>       color:red;                  /*设置字体的颜色为红色*/
>       font-size:12px;             /*设置字体的大小*/
>     }
>   -->
>   </style>
> </head>
> ```

实例 2：使用内嵌样式

```
<!DOCTYPE html>
<html>
<head>
<title>内嵌样式</title>
<style type="text/css">
p{
        color:orange;
/*设置字体的颜色为红色*/
        text-align:center;
/*设置段落居中显示*/
        font-weight:bolder;
/*设置字体的粗细*/
        font-size:25px;
/*设置字体的大小*/
    }
</style>
</head><body>
<p>此段落使用内嵌样式修饰</p>
<p>故人具鸡黍，邀我至田家。绿树村边合，
```

青山郭外斜。开轩面场圃，把酒话桑麻。待到重阳日，还来就菊花。</p>
```
    </body>
    </html>
```

在浏览器中浏览的效果如图 3-14 所示，可以看到 2 个 p 标签中都有 CSS 样式修饰，其样式保持一致，段落居中、加粗并以橙色字体显示。

图 3-14　内嵌样式显示

> **注意**：在上面的例子中，所有 CSS 编码都在 style 标签中，方便了后期维护，页面与行内样式比较大大减少了。但如果一个网站，拥有很多页面，对于不同页面的 p 标签都希望采用同样风格时，使用内嵌方式就有点麻烦。此种方法只适用于为特殊页面设置单独的样式风格。

3.4.3　链接样式

链接样式是 CSS 中使用频率最高，也是最实用的方法。它很好地将"页面内容"和"样式风格代码"分离成两个文件或多个文件，实现了页面框架 HTML 代码和 CSS 代码的分离，使前期制作和后期维护都十分方便。

链接样式是指在外部定义 CSS 样式表并形成以 .css 为扩展名的文件，然后在页面中通过 <link> 链接标签链接到页面中，而且该链接语句必须放在页面的 <head> 标签区，如下所示：

```
<link rel="stylesheet" type="text/css" href="1.css" />
```

（1）rel 指定链接到样式表，其值为 stylesheet。

（2）type 表示样式表类型为 CSS 样式表。

（3）href 指定了 CSS 样式表所在位置，此处表示当前路径下名称为 1.css 的文件。

这里使用的是相对路径。如果 HTML 文档与 CSS 样式表不在同一路径下，则需要指定样式表的绝对路径或引用位置。

实例 3：使用链接样式

```
<!DOCTYPE html>
<html>
<head>
<title>链接样式</title>
<link rel="stylesheet" type="text/
```
```
css" href="3.3.css" />
    <link rel="stylesheet" type="text/
css" href="css/mr-style.css">
    </head>
    <body>
    <h1>CSS的链接样式</h1>
    <p>荆溪白石出，天寒红叶稀。山路元无雨，
```

空翠湿人衣。</p>
```
    </body>
    </html>
```

3.3.css 文件的代码如下：

```
    h1{text-align:center;}
/*设置标题居中显示*/
    p{font-weight:29px;
        text-align:center;
        font-style:italic;
        font-size:29px}
/*设置段落文字的粗细、显示方式、字体样式、字
体大小*/
```

在浏览器中浏览的效果如图 3-15 所示，可见标题和段落以不同样式显示，标题居中显示，段落以斜体居中显示。

链接样式最大的优势就是将 CSS 代码和 HTML 代码完全分离，并且同一个 CSS 文件能被不同的 HTML 链接使用。

图 3-15　链接样式显示

> **提示**：在设计整个网站时，可以将所有页面链接到同一个 CSS 文件，使用相同的样式风格。如果整个网站需要修改样式，则只修改 CSS 文件即可。

3.4.4　导入样式

导入样式和链接样式基本相同，都是创建一个单独的 CSS 文件，然后引入 HTML 文件中，只不过语法和运作方式有差别。采用导入样式的样式表，在 HTML 文件初始化时，会被导入 HTML 文件内，作为文件的一部分，类似于内嵌效果。而链接样式是在 HTML 标签需要样式风格时才以链接方式引入。

导入外部样式表是指在内部样式表的 <style> 标签中，使用 @import 导入一个外部样式表，例如：

```
<head>
  <style type="text/css" >
  <!--
        @import "1.css"
  -->  </style>
</head>
```

导入外部样式表相当于将样式表导入内部样式表中，其方式更有优势。导入外部样式表必须在样式表的开始部分，其他内部样式表的上面。

▍实例 4：使用导入样式

```
<!DOCTYPE html>
<html>
<head>
<title>导入样式</title>
<style>
@import "3.4.css"
</style>
</head>
<body>
<h1>江雪</h1>
<p>千山鸟飞绝，万径人踪灭。孤舟蓑笠翁，
独钓寒江雪。</p>
```

```
    </body>
    </html>
```

3.4.css 文件的代码如下：

```
h1{
    text-align:center;
    color:#0000ff}          /*设置标题
居中显示和字体颜色*/
    p{
    font-weight:bolder;
    text-decoration:underline;
    font-size:20px;}          /*设置段落
文字的粗细、添加下划线、字体大小*/
```

在 IE 中浏览的效果如图 3-16 所示，可见标题和段落以不同样式显示，标题居中显示，颜色为蓝色，段落字体大小为 20px 并加粗显示。

图 3-16　导入样式显示

导入样式与链接样式相比，最大的优点就是可以一次导入多个 CSS 文件，其格式如下：

```
<style>
@import "3.4.css"
@import "test.css"
</style>
```

3.5　调用方法的优先级

假如同一个页面，采用了多种 CSS 使用方式，例如行内样式、链接样式和内嵌样式。如果这几种样式作用于同一个标签，就会出现优先级问题，即究竟出现哪种样式设置的效果。例如，内嵌样式设置字体为宋体，链接样式设置为红色，那么二者会同时生效，如果都设置字体颜色，情况就会复杂。

3.5.1　行内样式和内嵌样式比较

例如，有这样一种情况：

```
<style>
.p{color:red}
```

```
</style>
<p style = " color:blue ">段落应用样式</p>
```

在样式定义中，段落标签 <p> 匹配了两种样式规则，一种使用内嵌样式定义颜色为红色，一种使用行内样式定义颜色为蓝色。那么，标签内容最终会以哪种样式显示呢？

实例 5：行内样式与内嵌样式的优先级比较

```
<!DOCTYPE html>
<html>
<head>
<title>优先级比较</title>
<style>
.p{color:red}   /*设置段落文字的颜色*/
</style>
</head>
<body>
<p style = "color:blue ;font-
size:35px">解落三秋叶，能开二月花。过江千尺
浪，入竹万竿斜。</p>
```

```
</body>
</html>
```

在浏览器中浏览的效果如图 3-17 所示，段落以蓝色字体显示，可以知道行内优先级大于内嵌优先级。

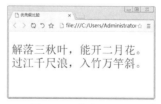

图 3-17　优先级显示

3.5.2　内嵌样式和链接样式比较

以相同例子测试内嵌样式和链接样式的优先级，将设置颜色样式代码，单独放在一个 CSS 文件中，使用链接样式引入。

实例6：内嵌样式和链接样式的优先级比较

```
<!DOCTYPE html>
<html>
<head>
<title>优先级比较</title>
<link href="3.6.css" type="text/
css" rel="stylesheet">
<style>
p{color:red;font-size:30px}
/*设置段落文字的颜色、字体大小*/
</style>
</head>
<body>
<p>远上寒山石径斜，白云生处有人家。停车
坐爱枫林晚，霜叶红于二月花。</p>
</body>
</html>
```

3.6.css 文件的代码如下：

```
p{color:yellow}
```

在浏览器中浏览的效果如图 3-18 所示，段落以红色字体显示。

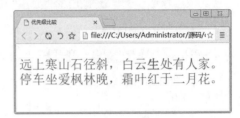

图 3-18　优先级测试

从上面的代码中可以看出，内嵌样式和链接样式同时对段落 p 修饰，段落显示红色字体。可以知道，内嵌样式的优先级大于链接样式。

3.5.3　链接样式和导入样式

现在进行链接样式和导入样式测试，创建两个 CSS 文件，一个作为链接，一个作为导入。

实例7：链接样式和导入样式的优先级比较

```
<!DOCTYPE html>
<html>
<head>
<title>优先级比较</title>
<style>
@import "3.7.2.css "
</style>
<link href="3.7.1.css " type="text/
css" rel="stylesheet">
<link rel="stylesheet" type="text/
css" href="css/mr-style.css">
</head>
<body>
<p>尚有绨袍赠，应怜范叔寒。不知天下士，
犹作布衣看。</p>
</body>
</html>
```

3.7.1.css 文件的代码如下：

```
p{color:green;font-size:30px}    /*设
```

置段落文字的颜色、字体大小*/

3.7.2.css 文件的代码如下：

```
p{color:purple}    /*设置段落文字的颜
色*/
```

在浏览器中浏览的效果如图 3-19 所示，段落以绿色显示。从结果中可以看出，此时链接样式的优先级大于导入样式的优先级。

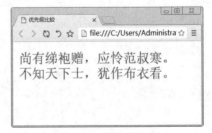

图 3-19　优先级比较

3.6 新手常见疑难问题

▍疑问 1：CSS 在网页设计中一般有 4 种引用方式，那么具体在使用时该采用哪种方式呢？

答：当有多个网页要用到 CSS 时，采用外连 CSS 文件的方式，可以大大减少网页的代码，修改起来非常方便；只在单个网页中使用 CSS 时，采用文档头部方式；只在一个网页的一两个地方才用到 CSS 时，采用行内插入方式。

▍疑问 2：CSS 的行内样式、内嵌样式和链接样式可以在一个网页中混用吗？

答：三种用法可以混用，且不会造成混乱。这就是它被称为"层叠样式表"的原因。浏览器在显示网页时是这样处理的：先检查有没有行内插入式 CSS，有就执行，针对本句的其他 CSS 就不管了；其次检查内嵌样式 CSS，有就执行；在前两者都没有的情况下再检查外连文件方式的 CSS。因此可看出，三种 CSS 的执行优先级是：行内样式、内嵌样式、链接样式。

3.7 实战技能训练营

▍实战 1：制作产品销售统计表

结合前面学习的编辑和浏览 CSS 的方式、在 HTML5 中调用 CSS 的方法等知识，来制作一个产品销售统计表，浏览效果如图 3-20 所示。

▍实战 2：分组显示古诗的标题和内容

结合前面学习的 HTML 中 <div> 标签的知识，来制作分组显示古诗标题和内容的效果。首先通过 <h1> 标签完成古诗的标题，然后通过 <div> 标签将古诗的标题和内容分成两组，浏览效果如图 3-21 所示。

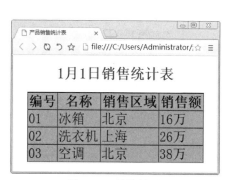

图 3-20　最终效果

图 3-21　分组显示古诗的标题和内容

第4章 CSS3选择器的特性及应用

📖 本章导读

如果要将 CSS3 样式应用于特定的网页对象，需要先找到目标元素，在 CSS 样式中执行这一任务的部分被称为选择器。本章就来学习 CSS 选择器的应用，主要内容包括认识 CSS 选择器、各个选择器的应用方式、选择器的声明以及 CSS 样式表的特性。

📖 知识导图

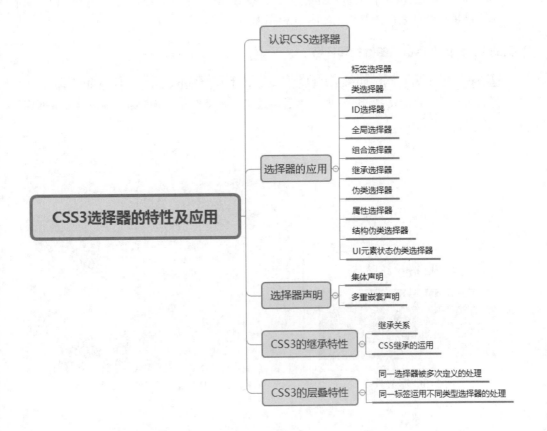

4.1　认识 CSS 选择器

要使用 CSS 对 HTML 页面中的元素实现一对一、一对多或者多对一的控制，就需要用到 CSS 选择器。HTML 页面中的元素就是通过 CSS 选择器进行控制的。

CSS 的灵活性首先体现在选择器上，选择器类型的多少决定着应用样式的广度和深度。精美的网页效果需要有更强大的选择器来精准控制对象的样式。根据所获取页面中元素的不同，可以把 CSS 选择器分为五大类。

（1）基本选择器。

（2）复合选择器。

（3）伪类选择器。

（4）伪元素。

（5）属性选择器。

其中，复合选择器包括：子选择器、相邻选择器、兄弟选择器、包含选择器和分组选择器。伪类选择器包括：动态伪类选择器、目标伪类选择器、语言伪类选择器、UI 元素状态伪类选择器、结构伪类选择器和否定伪类选择器。

4.2　选择器的应用

了解了什么是 CSS 选择器后，下面就来介绍不同类型选择器的具体用法。

4.2.1　标签选择器

HTML 文档是由多个不同标签组成的，而 CSS 选择器就是声明标签采用的样式。例如 p 选择器，就是用于声明页面中所有 <p> 标签的样式风格。同样也可以通过 h1 选择器来声明页面中所有 <h1> 标签的 CSS 风格。

标签选择器最基本的形式如下：

```
tagName{property:value}
```

主要参数介绍如下。

（1）tagName 表示标记名称，例如 p、h1 等 HTML 标签。

（2）property 表示 CSS3 属性。

（3）value 表示 CSS3 属性值。

通过一个具体标签来命名，可以对文档里这个标签出现的每一个地方应用样式定义。这种做法通常用在设置在整个网站都会出现的基本样式。例如，下面的定义就是为一个网站设置默认字体。

```
body, p, td, th, div, blockquote, dl, ul, ol {    /*设置段落文字的默认字体样式*/
    font-family: Tahoma, Verdana, Arial, Helvetica, sans-serif;
```

```
    font-size: 1em;            /*设置文字的大小*/
    color: #000000;            /*设置文字的颜色*/
}
```

这个很长的选择器包含一系列的标签，所有这些标签都将以定义的样式（包括字体、字号和颜色等）显示。

再比如下面的样式表中，通过 body 标签选择器统一文档的字体大小、行高和字体，通过 table 标签选择器统一表格的字体样式，通过 a 标签选择器清除所有超链接的下划线，通过 img 标签选择器清除网页图像的边框，当图像嵌入 a 元素中，即作为超链接对象时会出现边框，通过 input 标签选择器统一输入表单的边框为浅灰色的实线。

```
body {font: 12px/1.6em  Arial , Helvetica , sans- serif;}
table {
font-size : 12px;                /*定义字体大小为12像素*/
color:#666 ;                     /*定义表格字体颜色为中灰*/
line-height:200%;                /*定义行高为默认值的2倍*/
}
a {text-decoration:none;}        /*定义文本不带有下划线*/
img{border:0px;}                 /*定义图片不带有边框*/
input{ border:solid lpx #ddd;}   /*定义输入框的边框样式*/
```

> **注意**：对于 div、span 等通用元素，不建议使用标签选择器，因为它们的应用范围广泛，使用标签选择器会相互干扰。

实例 1：通过标签选择器定义网页元素显示方式

```
<!DOCTYPE html>
<html>
<head>
<title>标签选择器</title>
<style>
p{
     color:black;
/*设置字体的颜色为黑色*/
     font-size:20px;
/*设置字体的大小为20px*/
     font-weight:bolder;
/*设置字体的粗细*/
}
</style>
</head>
<body>
<p>枯藤老树昏鸦，小桥流水人家，古道西风
瘦马。夕阳西下，断肠人在天涯。</p>
```

```
</body>
</html>
```

在浏览器中浏览的效果如图 4-1 所示，可以看到段落以黑色加粗字体显示，大小为 20px。

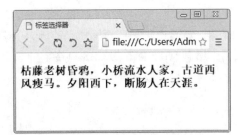

图 4-1　标签选择器显示

如果在后期维护中，需要调整段落颜色，只需要修改 color 属性值即可。

> **注意**：CSS3 语言对于所有属性和值都有相对比较严格的要求，如果声明的属性在 CSS3 规范中没有，或者某个属性值不符合属性要求，都不能使 CSS 语句生效。

4.2.2　类选择器

在一个页面中，使用标签选择器，可以控制该页面中所有此标签的显示样式。如果需要为此类标签中的某一个标签重新设定，仅使用标签选择器还不能实现效果，还需要使用类（class）选择器。

类选择器用来为一系列标签定义相同的呈现方式，常用的语法格式：

```
. classValue {property:value}
```

主要参数介绍如下。

classValue 是选择器的名称，具体名称由 CSS 制定者自己命名。如果一个标签具有 class 属性且 class 属性值为 classValue，那么该标签的呈现样式由该选择器指定。在定义类选择符时，需要在 classValue 的前面加一个句点（.）。例如：

```
.rd{color:red}                          .se{font-size:3px}
```

这里定义了两个类选择器，分别为 rd 和 se。类的名称可以是任意英文字符串或英文与数字的组合（以英文开关），一般情况下，以其功能及效果的简要缩写来命令。

另外，还可以在 p 标签的 class 属性中使用类选择符，使用方式如下：

```
<p class="rd">class属性是用来引用类选择器的属性</p>
```

前面定义的选择器只能应用于指定的标签（例如 p 标签）。如果需要在不同的标签中使用相同的呈现方式，需要进行如下定义：

```
<p class="rd">段落样式</p>              <h3 class="rd">标题样式</h3>
```

实例 2：通过不同的类选择器定义网页元素显示方式

```
<!DOCTYPE html>
<html>
<head>
<title>类选择器</title>
<style>
.aa{
    color:blue;        /*设置字体的颜色
为蓝色*/
    font-size:20px;   /*设置字体的大小
为20px*/
}
.bb{
    color:red;          /*设置字体的颜
色为红色*/
    font-size:22px;      /*设置字体的大
小为22px*/
}
</style>
</head>
<body>
<h3 class=bb>画鸡</h3>
<p  class="aa">头上红冠不用裁，满身雪白
```

```
走将来。</p>
    <p  class="bb">平生不敢轻言语，一叫千门
万户开。</p>
    </body>
    </html>
```

在浏览器中浏览的效果如图 4-2 所示，可以看到第一个段落以蓝色字体显示，大小为 20px，第二个段落以红色字体显示，大小为 22px，标题同样以红色字体显示，大小为 22px。

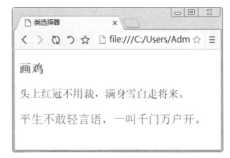

图 4-2　类选择器显示

4.2.3　ID 选择器

ID 选择器和类选择器类似，都是针对特定属性的属性值进行匹配。ID 选择器定义的是某一个特定的 HTML 元素，一个网页文件中只能有一个元素使用某一 ID 的属性值。

定义 ID 选择器的语法格式如下：

```
#idValue{property:value}
```

在上述语法格式中，idValue 是选择器的名称，可以由 CSS 定义者自己命名。如果某标签具有 id 属性，并且该属性值为 idValue，那么该标签的呈现样式由该 ID 选择器指定。在正常情况下，id 属性值在文档中具有唯一性。

例如，下面定义一个 ID 选择器，名称为 fontstyle，代码如下：

```
#fontstyle
{
    color:red;              /*设置字体的颜色为红色*/
    font-weight:bold;       /*设置字体的粗细*/
    font-size:large;        /*设置字体的大小*/
}
```

在页面中，具有 ID 属性的标签才能够使用 ID 选择器定义样式，所以与类选择器相比，使用 ID 选择器是有一定的局限性。类选择器与 ID 选择器主要有以下两个区别。

（1）类选择器可以给任意数量的标签定义样式，但 ID 选择器在页面的标签中只能使用一次。

（2）ID 选择器比类选择器具有更高的优先级，即当 ID 选择器与类选择器发生冲突时，优先使用 ID 选择器。

实例 3：通过 ID 选择器定义网页元素显示方式

```
<!DOCTYPE html>
<html>
<head>
<title>ID选择器</title>
<style>
#fontstyle{
    color:blue;
/*设置字体的颜色为蓝色*/
    font-weight:bold;
/*设置字体的粗细*/
    font-size:22px;
/*设置字体的大小为22px*/
    }
#textstyle{
    color:red;
/*设置字体的颜色为红色*/
    font-weight:bold;
/*设置字体的粗细*/
    font-size:22px;
/*设置字体的大小为22px*/
    }
</style>
</head>
<body>
<h3 id=textstyle>嘲顽石幻相</h3>
```

```
    <p id=textstyle>女娲炼石已荒唐，又向荒
唐演大荒。</p>
    <p id=fontstyle>失去本来真面目，幻来新
就臭皮囊。</p>
    <p id=textstyle>好知运败金无彩，堪叹时
乖玉不光。</p>
    <p id=fontstyle>白骨如山忘姓氏，无非公
子与红妆。</p>
    </body>
    </html>
```

在浏览器中浏览的效果如图 4-3 所示，可以看到标题、第 1 和第 3 段落以红色字体显示，大小为 22px，第 2 与第 4 段落以蓝色字体显示，大小为 22px。

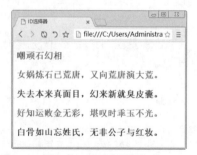

图 4-3　ID 选择器显示

从上面的代码中可以看出，标题 h3 和第 1 与第 3 段落都使用了名称为 textstyle 的 ID 选择器，并都显示了 CSS 方案，可以看出在很多浏览器中，ID 选择器可以用于多个标签。但这里需要指出的是，将 ID 选择器用于多个标签是错误的，因为每个标签定义的 ID 不只是 CSS 可以调用，JavaScript 等脚本语言同样也可以调用。如果一个 HTML 中有两个相同 id 的标签，那么将会导致 JavaScript 在查找 id 时出错。

4.2.4 全局选择器

如果想要一个页面中的所有 HTML 标签使用同一种样式，可以使用全局选择器。全局选择器，顾名思义就是对所有 HTML 元素起作用。其语法格式如下：

```
*{property:value}
```

其中 "*" 表示对所有元素起作用，property 表示 CSS3 属性名称，value 表示属性值。使用示例如下：

```
*{margin:0; padding:0;}
```

实例 4：通过全局选择器定义网页元素显示方式

```
<!DOCTYPE html>
<html>
<head>
<title>全局选择器</title>
<style>
*{
    color:black;          /*设置字体
的颜色为黑色*/
    font-weight:bold;     /*设置字体
的粗细*/
    font-size:20px;       /*设置字体
的大小为20px*/
}
</style>
</head>
<body>
<h2>本月课程销售排行榜</h2>
<ol>
    <li>Python爬虫智能训练营</li>
```

```
    <li>网站前端开发训练营</li>
    <li>PHP网站开发训练营</li>
    <li>网络安全对抗训练营</li>
</ol>
</body>
</html>
```

在浏览器中浏览的效果如图 4-4 所示，可以看到 <body> 标签中的段落和标题都是以黑色字体显示，大小为 20px。

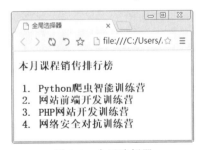

图 4-4 全局选择器

4.2.5 组合选择器

将多种选择器进行搭配，可以构成一种复合选择器，也称为组合选择器。即将标签选择器、类选择器和 ID 选择器组合起来使用。一般的组合方式是标签选择器和类选择器组合或标签选择器和 ID 选择器组合，这两种组合方式的原理和效果一样。下面以标签选择器和类选择器的组合为例，介绍组合选择器的使用方法与技巧。

组合选择器只是一种组合形式，并不算是一种真正的选择器，但在实际中经常使用。其使用示例如下：

```
.orderlist li {xxxx}
.tableset td {}
```

一般用在重复出现并且样式相同的一些标签里，例如 li 列表、td 单元格和 dd 自定义列表等。例如

```
h1.red {color: red}
<h1 class="red"></h1>
```

实例 5：通过组合选择器定义网页元素显示方式

```
<!DOCTYPE html>
<html>
<head>
<title>组合选择器</title>
<style>
p{
    color:red        /*设置字体的颜色为红
色*/
}
p .firstPar{
    color:blue;    /*设置字体的颜色为蓝
色*/
}
.firstPar{
    color:green;    /*设置字体的颜色为绿
色*/
}
</style>
</head>
<body>
<p>《清明》</p>
```

```
<p class="firstPar">清明时节雨纷纷，</p>
<h1  class="firstPar">路上行人欲断魂。
</h1>
    </body>
    </html>
```

在浏览器中浏览的效果如图 4-5 所示，可以看到第 1 个段落颜色为红色，采用的是 p 标签选择器，第 2 个段落显示的是蓝色，采用的是 p 和类选择器二者组合的选择器，第 3 段是标题 h1，以绿色字体显示，采用的是类选择器。

图 4-5　组合选择器显示

4.2.6　继承选择器

继承选择器的规则是子标签在没有定义的情况下所有的样式继承父标签，当子标签重复定义了父标签已经定义过的声明时，子标签就执行后面的声明，与父标签不冲突的地方仍然沿用父标签的声明。

要使用继承选择器就必须先了解 HTML 文档树和 CSS 继承，这样才能够很好地运用继承选择器。每个 HTML 都可以看作一个文档树，文档树的根部就是 html 标签，而 head 和 body 标签就是其子元素，在 head 和 body 里的其他标签就是 html 标签的孙子元素，整个 HTML 呈现为一种祖先和子孙的树状关系。

CSS 的继承是指子孙元素继承祖先元素的某些属性。例如：

```
<div class="test">
    <span><img src="xxx" alt="示例图片"/></span>
</div>
```

对于上述代码，如果其修饰样式为下述 CSS 代码：

```
.test span img {border:1px blue solid;}
```

则表示该选择器先找到 class 为 test 的标签，再从它的子标签里查找 span 标签，之后从 span 子标签中找到 img 标签。也可以采用下面的形式：

```
div span img {border:1px blue solid;}
```

可以看出其规律是从左往右，依次细化，最后锁定要控制的标签。

实例 6：通过继承选择器定义网页元素显示方式

```
<!DOCTYPE html>
<html>
<head>
<title>继承选择器</title>
<style type="text/css">
h1{
     color:red;
/*设置字体的颜色为红色*/
     text-decoration:underline;
/*设置文本带有下划线*/
     }
h1 strong{
     color:#004400;
/*设置字体的颜色*/
     font-size:40px;
/*设置字体的大小*/
     }
</style>
</head>
<body>
<h1>测试CSS的<strong>继承</strong>效
果</h1>
```

```
     <h1>此处使用继承<font>选择器</font>了
么？</h1>
     </body>
     </html>
```

在浏览器中浏览的效果如图 4-6 所示，可以看到第一个段落颜色为红色，但是"继承"两个字使用绿色显示，并且大小为 40px，除了这两个设置外，其他的 CSS 样式都是继承父标签 <h1> 的样式，例如下划线设置。第二个段落虽然使用了 font 标签修饰选择器，但其样式都继承于父类标签 <h1>。

图 4-6　继承选择器

4.2.7　伪类选择器

伪类选择器也是选择器的一种，但是用伪类定义的 CSS 样式并不是作用在标签上的，而是作用在标签的状态上。由于很多浏览器支持不同类型的伪类，没有一个统一的标准，所以很多伪类都不会经常用到。

伪类包括 :first-child、:link:、:visited、:hover、:active、:focus 和 :lang 等。其中有一组伪类是主流浏览器都支持的，就是超链接的伪类，包括 :link:、:visited、:hover 和 :active。

伪类选择器定义的样式最常应用在标签 <a> 上，它表示链接 4 种不同的状态：未访问链接（link）、已访问链接（visited）、激活链接（active）和鼠标停留在链接上（hover）。

> **注意**：a 可以只具有一种状态（:link），或者同时具有两种或者三种状态。例如，任何一个有 HREF 属性的 a 标签，在未进行任何操作时都已经具备了 :link 的条件，也就是满足了有链接属性这个条件；而访问过的 a 标记，会同时具备 :link 和 :visited 两种状态。把鼠标移到访问过的 a 标记上的时候，a 标记就同时具备了 :link、:visited 和 :hover 三种状态。例如：
>
> ```
> a:link{color:#FF0000; text-decoration:none}
> a:visited{color:#00FF00; text-decoration:none}
> a:hover{color:#0000FF; text-decoration:underline}
> a:active{color:#FF00FF; text-decoration:underline}
> ```

实例 7：通过伪类选择器定义网页超链接

```
<!DOCTYPE html>
<html>
<head>
    <meta charset="UTF-8">
    <title>伪类</title>
    <style>
        a:link {color: red}
/*未访问时链接的颜色*/
        a:visited {color: green}
/*已访问过链接的颜色*/
        a:hover {color:blue}
/*鼠标移动到链接上的颜色*/
        a:active {color: orange}
/*选定时链接的颜色*/
    </style>
</head>
<body>
<a href="">链接到本页</a>
```

```
<a href="http://www.sohu.com">搜狐
</a>
    </body>
    </html>
```

在浏览器中浏览的效果如图 4-7 所示，可以看到两个超级链接，第一个超级链接是鼠标停留在上方时，显示颜色为蓝色，另一个是访问过后，显示颜色为绿色。

图 4-7　伪类显示

4.2.8　属性选择器

直接使用属性控制 HTML 标签样式的选择器，称为属性选择器，属性选择器是根据某个属性是否存在并根据属性值来寻找元素的。在 CSS2 中就已经出现了属性选择器，而在 CSS3 版本中，又新加了 3 个属性选择器。也就是说，现在 CSS3 中共有 7 个属性选择器，如表 4-1 所示。

表 4-1　CSS3 属性选择器

属性选择器的格式	说　明
E[foo]	选择匹配 E 的元素，且该元素定义了 foo 属性。注意，E 选择器可以省略，表示选择定义了 foo 属性的任意类型元素
E[foo= "bar "]	选择匹配 E 的元素，且该元素将 foo 属性值定义为了 bar。注意，E 选择器可以省略，用法与上一个选择器类似
E[foo~= "bar "]	选择匹配 E 的元素，且该元素定义了 foo 属性，foo 属性值是一个以空格符分隔的列表，其中一个列表的值为 bar。 注意，E 选择符可以省略，表示可以匹配任意类型的元素。 例如，a[title~="b1"] 匹配 \<a title="b1 b2 b3"\>\</a\>，而不匹配 \<a title="b2 b3 b5"\>\</a\>
E[foo|="en"]	选择匹配 E 的元素，且该元素定义了 foo 属性，foo 属性值是一个用连字符（-）分隔的列表，值开头的字符为 en。 注意，E 选择符可以省略，表示可以匹配任意类型的元素。例如，[lang|="en"] 匹配 \<body lang="en-us"\>\</body\>，而不匹配 \<body lang="f-ag"\>\</body\>
E[foo^="bar"]	选择匹配 E 的元素，且该元素定义了 foo 属性，foo 属性值是包含前缀为 bar 的子字符串。注意，E 选择符可以省略，表示可以匹配任意类型的元素。例如，body[lang^="en"] 匹配 \<body lang="en-us"\>\</body\>，而不匹配 \<body lang="f-ag"\>\</body\>
E[foo$="bar"]	选择匹配 E 的元素，且该元素定义了 foo 属性，foo 属性值包含后缀为 bar 的子字符串。注意 E 选择符可以省略，表示可以匹配任意类型的元素。例如，img[src$="jpg"] 匹配 \<img src="p.jpg"/\>，而不匹配 \<img src="p.gif"/\>
E[foo*="bar"]	选择匹配 E 的元素，且该元素定义了 foo 属性，foo 属性值是包含 b 的子字符串。注意，E 选择器可以省略，表示可以匹配任意类型的元素。例如，img[src$="jpg"] 匹配 \<img src="p.jpg"/\>，而不匹配 \<img src="p.gif"/\>

实例8：通过属性选择器定义网页元素的显示样式

```
<!DOCTYPE html>
<html>
<head>
    <meta charset="UTF-8">
    <title>属性选择器</title>
    <style>
        [align]{color:red}
        [align="left"]{font-size:20px;
font-weight:border;}
        [lang^="en"]{color:blue;text-
decoration:underline;}
        [src$="jpg"]{border-width:2px;
border-color:#ff9900;}
    </style>
</head>
<body>
<p align=center>轻轻地我走了，正如我轻
轻地来；</p>
<p align=left>我轻轻地招手，作别西天的
云彩。</p>
<p lang="en-us">悄悄地我走了，正如我悄
悄地来；</p>
<p>我挥一挥衣袖，不带走一片云彩。</p>
<img src="02.jpg" border="0.5"/>
</body>
</html>
```

在浏览器中浏览的效果如图 4-8 所示，可以看到第 1 个段落使用属性 align 定义样式，其字体颜色为红色；第 2 个段落使用属性值 left 修饰样式，并且大小为 20px，加粗显示，字体颜色为红色，是因为该段落使用了 align 这个属性；第 3 个段落显示红色，且带有下划线，是因为属性 lang 的值前缀为 en；最后一个图片以边框样式显示，是因为属性值的后缀为 gif。

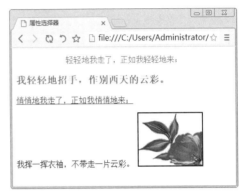

图 4-8　属性选择器的显示

4.2.9　结构伪类选择器

结构伪类（structural pseudo-classes）是 CSS3 新增的类选择器。顾名思义，结构伪类就是利用文档结构树（DOM）实现元素过滤，也就是说，通过文档结构的相互关系来匹配特定的元素，从而减少文档内对 class 属性和 ID 属性的定义，使得文档更加简洁。如表 4-2 所示为 CSS3 中新增的结构伪类选择器。

表 4-2　结构伪类选择器

选择器	含义
E:root	匹配文档的根元素，对于 HTML 文档，就是 HTML 元素
E:nth-child(n)	匹配其父元素的第 n 个子元素，第一个编号为 1
E:nth-last-child(n)	匹配其父元素的倒数第 n 个子元素，第一个编号为 1
E:nth-of-type(n)	与 :nth-child() 作用类似，但是仅匹配使用同种标签的元素
E:nth-last-of-type(n)	与 :nth-last-child() 作用类似，但是仅匹配使用同种标签的元素
E:last-child	匹配父元素的最后一个子元素，等同于 :nth-last-child(1)
E:first-of-type	匹配父元素下使用同种标签的第一个子元素，等同于 :nth-of-type(1)
E: last-of-type	匹配父元素下使用同种标签的最后一个子元素，等同于 :nth-last-of-type(1)
E :only-child	匹配父元素下仅有的一个子元素，等同于 :first-child:last-child 或 :nth-child(1) :nth-last-child(1)
E:only-of-type	匹配父元素下使用同种标签的唯一一个子元素，等同于 :first-of-type:last-of-type 或 :nth-of-type(1):nth-last-of-type(1)
E:empty	匹配一个不包含任何子元素的元素，注意，文本节点也被看作子元素

实例9：通过结构伪类选择器定义网页元素的显示样式

```html
<!DOCTYPE html>
<html>
<head>
    <meta charset="UTF-8">
    <title>结构伪类</title>
    <style>
        tr:nth-child(even){
            background-color:#f1fafe
        }
        tr:last-child{font-size:20px;}
    </style>
</head>
<body>
<table border=1 width=80%>
    <caption>学生成绩单</caption>
    <th>姓名</th><th>语文</th><th>数学</th>
    <tr><td>刘松</td><td>89</td><td>98</td></tr>
    <tr><td>王峰</td><td>85</td><td>100</td></tr>
    <tr><td>张力</td><td>98</td><td>98</td></tr>
    <tr><td>于辉</td><td>99</td><td>89</td></tr>
    <tr><td>张浩</td><td>98</td><td>89</td></tr>
    <tr><td>刘永</td><td>97</td><td>100</td></tr>
</table>
</body>
</html>
```

在浏览器中浏览的效果如图 4-9 所示，可以看到表格中奇数行显示指定颜色，并且最后一行字体以 20px 显示，其原因就是采用了结构伪类选择器。

图 4-9　结构伪类选择器

4.2.10　UI 元素状态伪类选择器

UI 元素状态伪类（UI element states pseudo-classes）是 CSS3 新增的选择器。其中 UI 即 User Interface（用户界面）的简称。UI 设计则是指对软件的人机交互、操作逻辑、界面美观的整体设计。

UI 元素的状态一般包括：可用、不可用、选中、未选中、获取焦点、失去焦点、锁定、待机等。CSS 3 定义了三种常用的状态伪类选择器，如表 4-3 所示。

表 4-3　UI 元素状态伪类表

选择器	说　　明
E:enabled	选择匹配 E 的所有可用 UI 元素。注意，在网页中，UI 元素一般是指包含在 form 元素内的表单元素。例如，input:enabled 匹配 \<form>\<input type=text/>\<input type=button disabled=disabled/>\</form> 代码中的文本框，而不匹配代码中的按钮
E:disabled	选择匹配 E 的所有不可用元素。注意，在网页中，UI 元素一般是指包含在 form 元素内的表单元素。例如，input:disabled 匹配 \<form>\<input type=text/>\<input type=button disabled=disabled/>\</form> 代码中的按钮，而不匹配代码中的文本框
E:checked	选择匹配 E 的所有可用 UI 元素。注意，在网页中，UI 元素一般是指包含在 form 元素内的表单元素。例如，input:checked 匹配 \<form>\<input type=checkbox/>\<input type=radio checked=checked/>\</form> 代码中的单选按钮，但不匹配该代码中的复选框

实例 10：通过 UI 元素状态伪类选择器定义用户登录界面

```
<!DOCTYPE html>
<html>
<head>
<title>UI元素状态伪类选择器</title>
<style>
input:enabled { border:1px dotted
#666; background:#ff9900; }
input:disabled { border:1px dotted
#999; background:#F2F2F2;}
</style>
</head>
<body>
<center>
<h3 align=center>用户登录</h3>
<form method="post" action="">
    用户名: <input type=text name=name>
<br>
    密  码: <input type=password
name=pass disabled="disabled"><br>
```

```
    <input type=submit value=提交>
    <input type=reset value=重置>
</form>
<center>
</body>
</html>
```

在浏览器中浏览的效果如图 4-10 所示，可以看到表格中可用的表单元素都显示浅黄色，而不可用元素显示灰色。

图 4-10　UI 元素状态伪类选择器的应用

4.3　选择器声明

使用 CSS 选择器可用控制 HTML 标签样式，可以一次声明多个选择器属性，即创建多个 CSS 属性修饰 HTML 标签，实际上也可以声明多个选择器，并且任何形式的选择器（如标签选择器、class 类别选择器、ID 选择器等）都是合法的。

4.3.1　集体声明

在一个页面中，有时需要使不同种类的标签样式保持一致，例如需要 p 标签和 h1 字体保持一致，此时可以将 p 标签和 h1 标签共同使用类选择器，除了这个方法之外，还可以使用集体声明方法。集体声明就是在声明各种 CSS 选择器时，如果某些选择器的风格是完全相同的，或者部分相同，可以将风格相同的 CSS 选择器同时声明。

实例 11：通过集体声明输出一首古诗

```
<!DOCTYPE html>
<html>
<head>
    <title>集体声明</title>
    <style type="text/css">
        h1,h2,p{
            color:red;
            font-size:20px;
            font-weight:bolder;
        }
    </style>
</head>
<body>
<h1>泉眼无声惜细流，</h1>
<h2>树阴照水爱晴柔。</h2>
<p>小荷才露尖尖角，</p>
```

```
    <p>早有蜻蜓立上头。</p>
</body>
</html>
```

在浏览器中浏览的效果如图 4-11 所示，可以看到网页上的标题 1、标题 2 和段落都以红色字体加粗显示，并且大小为 20px。

图 4-11　集体声明显示

4.3.2 多重嵌套声明

在 CSS 控制 HTML 标签样式时，还可以使用层层递进的方式，即嵌套方式，对指定位置的 HTML 标签进行修饰，例如当 <p> 与 </p> 之间包含 <a></a> 标签时，就可以使用这种方式修饰 HTML 标签。

实例12：通过多重嵌套声明输出一句古诗

```
<!DOCTYPE html>
<html>
<head>
    <title>多重嵌套声明</title>
    <style>
        p{font-size:20px;}
        p a{color:red;font-
size:30px;font-weight:bolder;}
    </style>
</head>
<body>
<p>这是一个多重嵌套<a href="">测试</
a></p>
<p>早有蜻蜓<a href="">立上头</a></p>
</body>
</html>
```

在浏览器中浏览的效果如图 4-12 所示，可以看到在段落中，超级链接显示红色字体，大小为 30px，其原因是使用了嵌套声明。

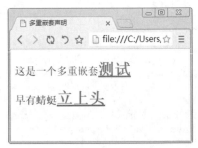

图 4-12　多重嵌套声明

4.4　CSS3 的继承特性

继承是一种机制，不仅可以使样式应用于某个特定的元素，还可以应用于它的后代。从表现形式上说，就是被包含的标签具有其外层标签的样式性质。在 CSS3 中，继承相应比较简单，具体地说就是指定的 CSS 属性向下传递给子孙元素的过程。

4.4.1 继承关系

在 CSS 中也不是所有的属性都支持继承。如果每个属性都支持继承，对于开发者来说有时候带来的方便可能没有带来的麻烦多，因为开发者要把不需要的 CSS 属性一个一个地关掉。CSS 研制者为我们考虑得很周到，只有那些能帮助我们轻松书写的属性才可以被继承。

以下属性可以被继承。

（1）与文本相关的属性可以被继承，比如：

```
font-family,font-size,font-style,font-weight,font,line-height,text-align,text-
indent,word-spaceing
```

（2）与列表相关的属性可以被继承，比如：

```
list-style-image,list-style-position,list-style-type,list-style
```

（3）与颜色相关的属性可以被继承，比如：

```
color
```

实例 13：通过继承关系定义网页元素的显示方式

```html
<!DOCTYPE html>
<head>
    <title>继承关系</title>
    <style type="text/css">
        p{color:red;}
    </style>
</head>
<body>
<p>感叹日子<span>过得</span>好快呀！</p>
</body>
</html>
```

在浏览器中浏览的效果如图 4-13 所

示。在上述代码中，<p> 标签中嵌套了一个 <span> 标签，可以说 <p> 标签是 <span> 标签的父标签，在样式的定义中只定义了 <p> 标签的样式，但是 <span> 标签中的字也变成了红色，这是由于 <span> 继承了 <p> 标签的样式。

图 4-13　继承关系浏览效果

4.4.2　CSS 继承的运用

通过继承，可以让开发者更方便轻松地书写 CSS 样式，否则就需要为每个内嵌标签书写样式；使用继承同时减少了 CSS 文件的大小，提高了下载速度。下面通过一个例子深入理解继承的应用。

实例 14：通过继承定义项目列表的显示方式

```html
<!DOCTYPE html>
<head>
    <title>继承关系的运用</title>
    <style>
        h1{
            color:blue;
            text-decoration:underline;
        }
        em{
            color:red;
        }
        li{
            font-weight:bold;
        }
    </style>
</head>
<body>
<h1>继承<em>关系的</em>运用</h1>
<ul>
    <li>女装
        <ul>
            <li>女鞋</li>
            <li>裙装
                <ul>
                    <li>半身裙</li>
                    <li>连衣裙</li>
                    <li>沙滩裙</li>
                </ul>
            </li>
```

```html
            <li>外套</li>
        </ul>
    </li>
    <li>男装
        <ol>
            <li>商务装</li>
            <li>绅士装</li>
            <li>休闲装</li>
        </ol>
    </li>
</ul>
</body>
</html>
```

在浏览器中浏览的效果如图 4-14 所示，从图中可以知道，em 标签继承了 h1 的下划线，所有项目列表都继承了加粗属性。

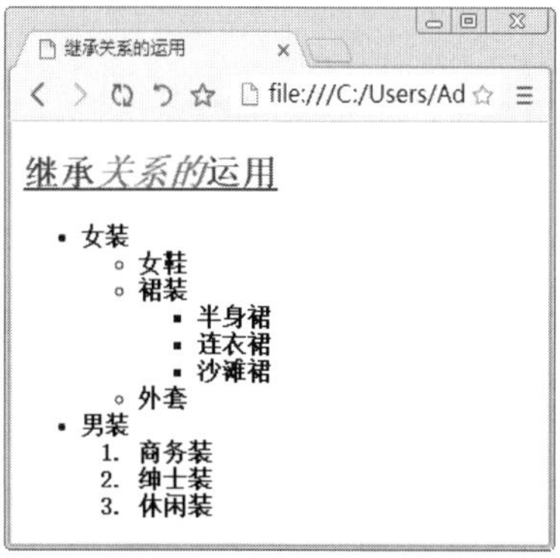

图 4-14　继承关系的应用

4.5 CSS3 的层叠特性

CSS 的意思就是层叠样式表，所以"层叠"是 CSS 的一个最为重要的特征。"层叠"可以被理解为覆盖的意思，是 CSS 中样式冲突的一种解决方法。

4.5.1 同一选择器被多次定义的处理

当同一选择器被多次定义后，就需要利用 CSS3 的层叠特性来进行处理了。下面给出一个具体的案例，来看一下这种情况的处理方式。

实例 15：用 CSS3 层叠特性处理网页元素后的显示效果

```
<!DOCTYPE html>
<head>
    <title>CSS3的层叠特性</title>
    <style>
        h1{color:blue;}
        h1{color:red;}
        h1{color:green;}
    </style>
</head>
<body>
<h1>江汉曾为客，相逢每醉还。浮云一别后，
流水十年间。</h1>
</body>
</html>
```

在浏览器中浏览的效果如图 4-15 所示。在代码中，为 h1 标签定义了三次颜色：蓝、红、绿，这时候就产生了冲突，在 CSS 规则中最后有效的样式将覆盖前面的样式，因此本例就是最后的绿色生效。

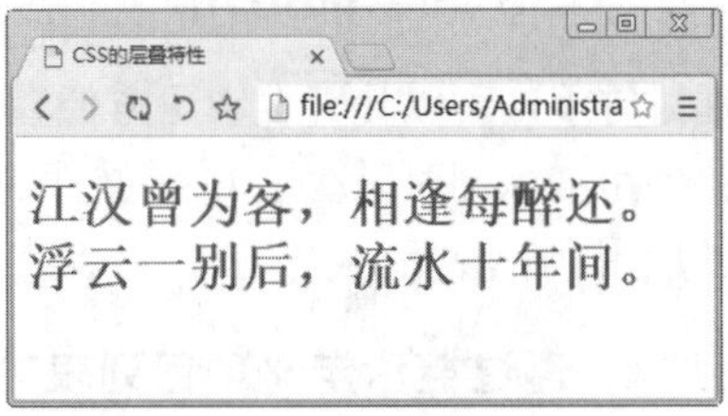

图 4-15　层叠特性的应用

4.5.2 同一标签运用不同类型选择器的处理

当遇到同一标签运用不同类型的选择器时，也需要利用 CSS 的层叠特定进行处理，下面给出一个具体的案例。

实例 16：同一标签运用不同类型选择器处理网页元素后的显示效果

```
<!DOCTYPE html >
<head>
    <title>CSS3的层叠特性</title>
    <style type="text/css">
        p{
            color:black;
        }
        .red{
            color:red;
        }
        . purple {
            color:purple;
        }
        #p1{
            color:blue;
        }
    </style>
```

```
</head>
<body>
<p >这是第1行文本</p>
<p class="red">这是第2行文本</p>
<p id="p1"  class="red">这是第3行文本
</p>
    <p style="color:green;" id="p1">这是
第4行文本</p>
    <p class=" purple red">这是第5行文本
</p>

</body>
</html>
```

在浏览器中浏览的效果如图 4-16 所示。在代码中，有 5 个 <p> 标签和 4 个选择器，第一行 <p> 标签没有使用类别选择器或者 ID 选择器，所以该行文字的颜色是 <p> 标签选择器设置的黑色。第二行使用了类别选择器，这就与 <p> 标签选择器产生了冲突，这将根

据优先级的先后确定到底显示哪种颜色，由于类别选择器优先于标签选择器，所以第二行的颜色就是红色。第三行由于 ID 选择器优先于类别选择器，所以显示蓝色。第四行由于行内样式优先于 ID 选择器，所以显示绿色。第五行是两个类选择器，它们的优先级是一样的，这时候就按照层叠覆盖处理，颜色由样式表中最后定义的那个选择器决定，所以显示红色。

图 4-16　层叠特性的应用

4.6　新手常见疑难问题

疑问 1：CSS+DIV 布局有什么好处？

答：使用 CSS+DIV 布局有下面几个好处。

（1）大大缩减页面代码，提高页面浏览速度，缩减成本。

（2）结构清晰，容易被搜索引擎搜索到。

（3）缩短改版时间。只要简单地修改几个 CSS 文件就可以重新设计一个有成百上千页面的站点。

（4）强大的字体控制和排版能力。CSS 控制字体的能力比 FONT 标签方便很多，有了 CSS，我们可以很好地控制标题样式、改变字体颜色、设置字体样式等。

疑问 2：为什么我声明的属性没有在网页中体现出来？

答：CSS3 语言对于所有属性和值都有相对严格的要求，如果声明的属性在 CSS3 规范中没有，或者某个属性值不符合属性要求，都不能使 CSS3 语句生效，也就不能在网页中体现出来属性效果了。

4.7　实战技能训练营

实战 1：制作炫彩网站 Logo

使用 CSS，可以给网页中的文字设置不同的字体样式，下面就来制作一个网站的文字 Logo，预览效果如图 4-17 所示。

实战 2：设计在线商城推荐模块

结合所学的知识，为在线商城设计酒类爆款推荐效果，预览效果如图 4-18 所示。

图 4-17　网站文字 LOGO

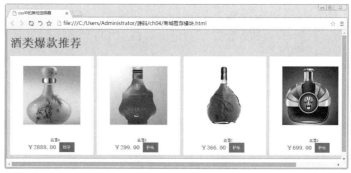

图 4-18　在线商城推荐模块

第5章 使用CSS3设计字体与文本样式

一般网页中都存在大量的文字信息，这些文字信息就构成了网页内容，可以说网页中的文字是传递信息最直接、最简单的方式，而各种各样的文字效果会给网页增添色彩。本章就来介绍使用 CSS3 设置网页字体与文本样式的方法。

📖 **知识导图**

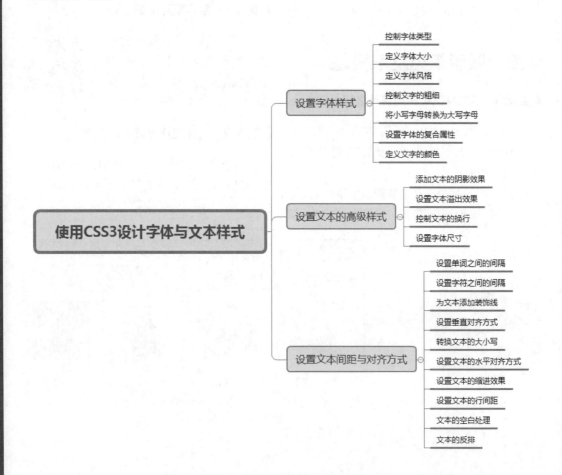

5.1 设置字体样式

网页中的字体样式包括字体类型、字体大小、字体颜色等基本效果，也包括粗体、斜体、大小写、装饰线等特殊效果。

5.1.1 控制字体类型

font-family 属性用于指定文字字体类型，例如宋体、黑体、隶书、Times New Roman 等，即在网页中，展示字体不同的形状。具体的语法如下：

```
{font-family : name}
{font-family : cursive | fantasy | monospace | serif | sans-serif}
```

从语法格式上可以看出，font-family 有两种声明方式。第一种方式，使用 name 字体名称，按优先顺序排列，以逗号隔开，如果字体名称包含空格，则应使用引号引起来，在 CSS3 中，比较常用的是第一种声明方式。第二种声明方式使用所列出的字体序列名称。如果使用 fantasy 序列，将提供默认字体序列。

▌实例 1：设置网页字体显示类型

```
<!DOCTYPE html>
<html>
<head>
    <meta charset="UTF-8">
    <title>设置字体类型</title>
    <style type=text/css>
        p{font-family:黑体}
        /*设置字体类型为黑体*/
    </style>
</head>
<body>
<p align=center>天行健，君子应自强不
息。</p>  /*文字居中显示*/
```

```
</body>
</html>
```

在浏览器中浏览的效果如图 5-1 所示，可以看到文字居中并以黑体显示。

图 5-1 字体类型显示

> **提示**：在设计页面时，一定要考虑字体的显示问题，为了保证页面达到预计的效果，最好提供多种字体类型，而且最后一个最好用最基本的字体类型以保证页面中的文字可以正确显示。

其样式设置如下：

```
p{
    font-family:华文彩云,黑体,宋体
}
```

> **注意**：当 font-family 属性值中的字体类型由多个字符串和空格组成时，例如 Times New Roman，那么，该值就需要用双引号引起来。

```
p{
    font-family: "Times New Roman"
}
```

5.1.2 定义字体大小

在 CSS3 新的规定中，通常使用 font-size 设置文字大小。其语法格式如下：

```
{font-size : 数值| inherit | xx-small | x-small | small | medium | large |
x-large | xx-large | larger | smaller | length}
```

其中，通过数值来定义字体大小，例如用 font-size:10px 的方式定义字体大小为 12 个像素。此外，还可以通过 medium 之类的参数定义字体的大小，各参数的含义如表 5-1 所示。

表 5-1　font-size 参数列表

参　　数	说　　明
xx-small	绝对字体尺寸。根据对象字体进行调整。最小
x-small	绝对字体尺寸。根据对象字体进行调整。较小
small	绝对字体尺寸。根据对象字体进行调整。小
medium	默认值。绝对字体尺寸。根据对象字体进行调整。正常
large	绝对字体尺寸。根据对象字体进行调整。大
x-large	绝对字体尺寸。根据对象字体进行调整。较大
xx-large	绝对字体尺寸。根据对象字体进行调整。最大
larger	相对字体尺寸。相对于父对象中的字体尺寸增大。使用成比例的 em 单位计算
smaller	相对字体尺寸。相对于父对象中的尺寸减小。使用成比例的 em 单位计算
length	百分数或由浮点数字和单位标识符组成的长度值，不可为负值。其百分比取值基于父对象中字体的尺寸

▍实例 2：设置网页字体的大小

```
<!DOCTYPE html>
<html>
<head>
    <meta charset="UTF-8">
    <title>设置字体大小</title>
</head>
<body>
<div style="font-size:10px">加油！你
是最棒的！
    <p style="font-size:small">加油！
你是最棒的！</p>
    <p style="font-size:larger">加油！
你是最棒的！</p>
    <p style="font-size:x-small">加
油！你是最棒的！</p>
    <p style="font-size:x-larger">
加油！你是最棒的！</p>
    <p style="font-size:50%">加油！
你是最棒的！</p>
    <p style="font-size:25px">加油！
你是最棒的！</p>
</div>
```

```
</body>
</html>
```

在浏览器中浏览的效果如图 5-2 所示，可以看到网页中的文字被设置成不同的大小，其设置方式采用了绝对数值、关键字和百分比等形式。

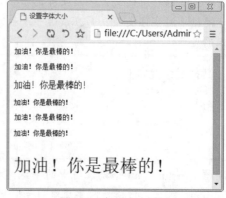

图 5-2　字体大小显示

在上面的例子中，font-size 字体大小为 50% 时，其比较对象是上一级标签中的 10pt。同样我们还可以使用 inherit 值，直接继承上级标签的字体大小。例如：

```
<div style="font-size:50pt">上级标签
  <p style="font-size: inherit ">继承</p>
</div>
```

5.1.3　定义字体风格

font-style 通常用来定义字体风格，即字体的显示样式。在 CSS3 新的规定中，语法格式如下：

```
font-style : normal | italic | oblique |inherit
```

font-style 的属性值有四个，具体含义如表 5-2 所示。

表 5-2　font-style 的属性值

属 性 值	含 义
normal	默认值。浏览器显示一个标准的字体样式
italic	浏览器会显示一个斜体的字体样式
oblique	对没有斜体变量的特殊字体，浏览器会显示一个倾斜的字体样式
inherit	规定应该从父元素继承字体样式

▍实例 3：设置网页字体的显示风格

```
<!DOCTYPE html>
<html>
<head>
<meta charset="UTF-8">
<title>设置字体风格</title>
</head>
<body>
    <p style="font-style:italic;
font-size:20px ">梅花香自苦寒来</p>
    <p style="font-style:normal;
font-size:20px ">梅花香自苦寒来</p>
    <p style="font-style:oblique;
font-size:20px ">梅花香自苦寒来</p>
</body>
</html>
```

在浏览器中浏览的效果如图 5-3 所示，可以看到文字分别显示不同的样式，例如斜体。

图 5-3　字体风格显示

5.1.4　控制文字的粗细

通过 CSS3 中的 font-weight 属性可以定义字体的粗细程度，其语法格式如下：

```
{font-weight:100-900|bold|bolder|lighter|normal;}
```

font-weight 属性有 13 个有效值，分别是 bold、bolder、lighter、normal、100~900。如果没有设置该属性，则使用其默认值 normal。属性值设置为 100~900 时，值越大，加粗的程度就越高。其具体含义如表 5-3 所示。

表 5-3　font-weight 的属性值

值	描　述	值	描　述
bold	定义粗体字体	lighter	定义更细的字体，相对值
bolder	定义更粗的字体，相对值	normal	默认，标准字体

浏览器默认的字体粗细是 400，另外也可以通过参数 lighter 和 bolder 设置字体在原有基础上更细或更粗。

▌实例 4：设置网页字体的粗细

```html
<!DOCTYPE html>
<html>
<head>
    <meta charset="UTF-8">
    <title>设置字体粗细</title>
</head>
<body>
<p style="font-weight:bold">梅花香自
苦寒来(bold)</p>
<p style="font-weight:bolder">梅花香
自苦寒来(bolder)</p>
<p style="font-weight:lighter">梅花
香自苦寒来(lighter)</p>
<p style="font-weight:normal">梅花香
自苦寒来(normal)</p>
<p style="font-weight:100">梅花香自
苦寒来(100)</p>
<p style="font-weight:400">梅花香自
苦寒来(400)</p>
<p style="font-weight:900">梅花香自
苦寒来(900)</p>
```

```html
</body>
</html>
```

在浏览器中浏览的效果如图 5-4 所示，可以看到文字显示出不同的加粗效果。

图 5-4　字体粗细显示

5.1.5　将小写字母转换为大写字母

font-variant 属性设置用大写字母的字体显示文本，这意味着所有的小写字母均会被转换为大写字母，但是大写字母与其余文本相比，其字体尺寸更小。在 CSS3 中，其语法格式如下：

```css
font-variant : normal | small-caps |inherit
```

font-variant 有三个属性值，分别是 normal、inherit 和 small-caps，其具体含义如表 5-4 所示。

表 5-4　font-variant 的属性值

属性值	说　明
normal	默认值。浏览器会显示一个标准的字体
small-caps	浏览器会显示小型大写字母的字体
inherit	规定应该从父元素继承 font-variant 属性的值

▌实例 5：将大写字母转换为小写字母

```html
<!DOCTYPE html>
<html>
```

```html
<head>
    <meta charset="UTF-8">
    <title>大小写字母转换</title>
</head>
```

```
<body>
<p style="font-variant:normal;
font-size:20px">Happy BirthDay to
You</p>
<p style="font-variant:small-caps;
font-size:20px">Happy BirthDay to
You</p>
</body>
</html>
```

在浏览器中浏览的效果如图 5-5 所示，可以看到小写字母转换为大写形式显示。

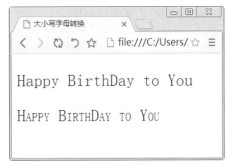

图 5-5　字母大小写转换

通过对两个属性值产生的效果进行比较可以看到，设置为 normal 属性值的文本以正常文本显示，而设置为 small-caps 属性值的文本中有稍大的大写字母，也有小型的大写字母，也就是说，使用 small-caps 属性值的段落文本全部变成了大写字母，只是大写字母的尺寸不同。

5.1.6　设置字体的复合属性

在设计网页时，为了使网页布局合理且文本规范，对字体设计需要使用多种属性，例如定义字体粗细，定义字体大小。但是，多个属性分别书写相对比较麻烦，在 CSS3 样式表中提供了 font 属性来解决这一问题。

font 属性可以一次性地使用多个属性的属性值定义文本字体。其语法格式如下：

```
{font:font-style font-variant font-weight font-size font-family}
```

font 属性中的属性的排列顺序是 font-style、font-variant、font-weight、font-size 和 font-family，各属性的属性值之间用空格隔开，但是，如果 font-family 属性要定义多个属性值，则需使用逗号（,）隔开。

> **注意**：属性排列中，font-style、font-variant 和 font-weight 这三个属性值的位置是可以自由调换的。而 font-size 和 font-family 则必须按照固定的顺序出现，而且还必须都出现在 font 属性中。如果这两者的顺序不对，或缺少一个，那么整条样式规则可能都会被忽略。

实例 6：通过字体复合属性设置网页字体样式

```
<!DOCTYPE html>
<html>
<head>
    <meta charset="UTF-8">
    <title>字体复合属性</title>
    <style type=text/css>
        p{
    font:normal small-caps lighter
30px "Cambria","Times New Roman",隶书
        }
    </style>
</head>
<body>
<p>众里寻他千百度，蓦然回首，那人却在灯
火阑珊处。</p>
```

```
</body>
</html>
```

在浏览器中浏览的效果如图 5-6 所示，可以看到文字被设置成隶书且字体大小为 30pt。

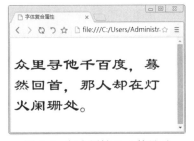

图 5-6　复合属性 font 的显示

5.1.7 定义文字的颜色

在 CSS3 样式中，通常使用 color 属性来设置颜色，其属性值如表 5-5 所示。

表 5-5 color 的属性值

属 性 值	说 明
color_name	规定颜色值为颜色名称的颜色（例如 red）
hex_number	规定颜色值为十六进制值的颜色（例如 #ff0000）
rgb_number	规定颜色值为 rgb 代码的颜色（例如 rgb(255,0,0)）
inherit	规定应该从父元素继承颜色
hsl_number	规定颜色值为 HSL 代码的颜色（例如 hsl(0,75%,50%)），此为 CSS3 新增加的颜色表现方式
hsla_number	规定颜色只为 HSLA 代码的颜色（例如 hsla(120,50%,50%,1)），此为 CSS3 新增加的颜色表现方式
rgba_number	规定颜色值为 RGBA 代码的颜色（例如 rgba(125,10,45,0.5)），此为 CSS3 新增加的颜色表现方式

实例 7：设置网页字体的颜色

```html
<!DOCTYPE html>
<html>
<head>
    <meta charset="UTF-8">
    <title>字体颜色</title>
    <style type="text/css">
        body {color:red; font-size:
20px }
        h1 {color:#00ff00}
        p.ex {color:rgb(0,0,255)}
        p.hs{color:hsl(0,75%,50%)}
        p.ha{color:hsla(120,50%,50%,
1)}
        p.ra{color:rgba(125,10,45,
0.5)}
    </style>
</head>
<body>
<h1>《青玉案 元夕》</h1>
<p>蓦然回首，那人却在灯火阑珊处。
</p>
<p class="ex">蓦然回首，那人却在灯火阑珊
处。（该段落定义了class="ex",文本是蓝色的。）
</p>
    <p class="hs">蓦然回首，那人却在灯火阑
珊处。（此处使用HSL函数，构建颜色。）</p>
    <p class="ha">蓦然回首，那人却在灯火阑
珊处。（此处使用HSLA函数，构建颜色。）</p>
    <p class="ra">蓦然回首，那人却在灯火阑
珊处。（此处使用RGBA函数，构建颜色。）</p>
</body>
</html>
```

在浏览器中浏览效果如图 5-7 所示，可以看到文字以不同颜色显示，并采用了不同的颜色取值方式。

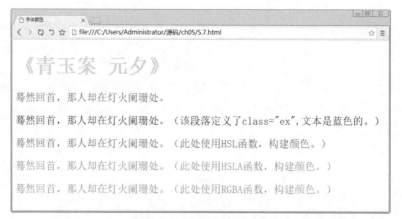

图 5-7 color 属性显示

5.2 设置文本的高级样式

对于一些有特殊要求的文本，例如添加文字阴影，改变字体种类。如果再使用上面所介绍的 CSS3 样式进行定义，其结果不会正确显示，这时就需要一些特定的 CSS3 标签来完成这些要求。

5.2.1 添加文本的阴影效果

在显示字体时，有时根据需求，需要为文字添加阴影效果并设置阴影的颜色，以增强网页整体的吸引力，这时就需要用到 CSS3 样式中的 text-shadow 属性。实际上，在 CSS 2.1 中，W3C 就已经定义了 text-shadow 属性，但在 CSS3 中又重新定义了它，并增加了不透明度效果。其语法格式如下：

```
{text-shadow: none | <length> none | [<shadow>, ] * <opacity> 或none | <color>
[, <color> ]* }
```

text-shadow 的属性值如表 5-6 所示。

表 5-6　text-shadow 的属性值

属 性 值	说　　明
<color>	指定颜色
<length>	由浮点数字和单位标识符组成的长度值。可为负值。指定阴影的水平延伸距离
<opacity>	由浮点数字和单位标识符组成的长度值。不可为负值。指定模糊效果的作用距离。如果仅仅需要模糊效果，将前两个 length 全部设定为 0

text-shadow 属性有四个属性值，最后两个是可选的，第一个属性值表示阴影的水平位移，可取正负值，第二个值表示阴影垂直位移，可取正负值，第三个值表示阴影模糊半径，该值可选；第四个值表示阴影颜色值，该值可选。如下所示：

```
text-shadow:阴影水平偏移值（可取正负值）；阴影垂直偏移值（可取正负值）；阴影模糊值；阴影颜色
```

实例 8：设置网页字体的阴影效果

```
<!DOCTYPE html>
<html>
<head>
    <meta charset="UTF-8">
    <title>字体颜色</title>
</head>
<html>
<body>
<p align=center style="text-
shadow:0.1em 2px 6px blue;font-
size:80px;">这是TextShadow的阴影效果</p>
    </body>
</html>
```

在浏览器中浏览的效果如图 5-8 所示，可以看到文字居中并带有阴影效果。

图 5-8　阴影显示结果

通过上面的案例，可以看出阴影偏移由两个 length 值指定到文本的距离。第一个长度值指定到文本右边的水平距离，负值表示阴影在文本的左边。第二个长度值指定到文本下边的垂直距离，负值表示阴影在文本的上方。在阴影偏移之后，可以指定一个模糊半径。

5.2.2　设置文本溢出效果

text-overflow 属性用来定义当文本溢出时是否显示省略标记，即定义省略文本的出来方式，但不具备其他的样式属性定义。要实现溢出时产生省略号的效果还须定义：强制文本在一行内显示（white-space:nowrap）及溢出内容为隐藏（overflow:hidden），只有这样才能实现溢出文本显示省略号的效果。

text-overflow 的语法如下：

```
text-overflow : clip | ellipsis
```

text-overflow 的属性值如表 5-7 所示。

表 5-7　text-overflow 的属性值

属 性 值	说 明
clip	不显示省略标记（...），而是简单地裁切
ellipsis	当对象内文本溢出时显示省略标记（...）

▍实例 9：设置网页字体的溢出效果

```html
<!DOCTYPE html>
<html>
<head>
    <meta charset="UTF-8">
    <title>文本溢出效果</title>
</head>
<body>
<style type="text/css">
    .test_demo_clip{text-overflow:
clip;overflow:hidden;white-space:nowrap;
width:200px; background:#ccc;}
    .test_demo_ellipsis{text-overflow:
ellipsis; overflow:hidden; white-space:
nowrap; width:200px; background:#ccc;}
</style>
<h2>text-overflow : clip </h2>
<div class="test_demo_clip">
    不显示省略标记，而是简单地裁切
</div>
<h2>text-overflow : ellipsis </h2>
<div class="test_demo_ellipsis">
```

```html
    显示省略标记，不是简单地裁切
</div>
</body>
</html>
```

在浏览器中浏览的效果如图 5-9 所示，可以看到文字在指定位置被裁切，但 ellipsis 属性被执行，以省略号的形式出现。

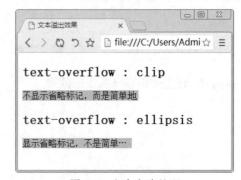

图 5-9　文本省略处理

5.2.3　控制文本的换行

当在一个指定区域显示一整行文字时，如果文字在一行显示不完，则需要换行。如果不换行，则会超出指定区域范围，此时我们可以采用 CSS3 中新增加的 word-wrap 文本样式，来控制文本换行。

word-wrap 的语法格式如下：

```
word-wrap: normal | break-word
```

word-wrap 属性值的含义比较简单，如表 5-8 所示。

表 5-8　word-wrap 的属性值

属 性 值	说　明
normal	控制连续文本换行
break-word	内容将在边界内换行。如果需要，词内换行（word-break）也会发生

实例 10：设置网页文本换行方式

```
<!DOCTYPE html>
<html>
<head>
    <meta charset="UTF-8">
<title>文本换行方式</title>
<style type="text/css">
    div{ width:300px;word-wrap:break-
word;border:1px solid #999999;}
</style>
</head>
<body>
<div>wordwrapbreakwordwordwrapbre
akwordwordwrapbreakwordwordwrapbreakwo
rd</div><br>
<div>全中文的情况，全中文的情况，全中文
的情况全中文的情况全中文的情况</div><br>
<div>This is all English,This is
all English,This is all English,This is
all English,</div>
```

```
</body>
</html>
```

在浏览器中浏览的效果如图 5-10 所示，可以看到文字在指定位置被控制换行。

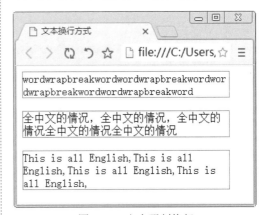

图 5-10　文本强制换行

可以看出，word-wrap 属性可以控制换行，当属性取值为 break-word 时，将强制换行，中文文本没有任何问题，英文语句也没有任何问题，但是对于长串的英文就不起作用，也就是说，break-word 属性是控制是否断词，而不是断字符。

5.2.4　设置字体尺寸

有时候在同一行的文字，由于所采用的字体种类不一样或者修饰样式不一样，而导致其字体尺寸，即显示大小不一样，整行文字看起来就显得杂乱。此时需要用 CSS3 的属性标签 font-size-adjust 来处理。

font-size-adjust 用来定义整个字体序列中，所有字体是否保持同一个尺寸。其语法格式如下：

```
font-size-adjust : none | number
```

font-size-adjust 属性值的含义如表 5-9 所示。

表 5-9　font-size-adust 的属性值

属 性 值	说　明
none	默认值。允许字体序列中的每个字体遵守自己的尺寸
number	为字体序列中的所有字体强迫指定同一尺寸

实例 11：设置网页文本显示尺寸

```
<!DOCTYPE html>
<html>
<head>
    <meta charset="UTF-8">
    <title>设置字体尺寸</title>
</head>
<style>
    .big{ font-family: sans-serif;
font-size: 40pt; }
    .a{ font-family: sans-serif;
font-size: 15pt; font-size-adjust: 1; }
    .b{ font-family: sans-serif;
font-size: 30pt; font-size-adjust: 0.5;
}
</style>
<body>
<p class="big"><span class="b">润物
细无声</span></p>
```

```
<p class="big"><span class="a">润物
细无声</span></p>
</body>
</html>
```

在浏览器中浏览的效果如图 5-11 所示，可以看到同一行的字体大小相同。

图 5-11　尺寸一致显示

5.3　设置文本间距与对齐方式

　　用来表达同一个意思的多个文字组合，可以称为段落。段落的放置与效果的显示会直接影响页面的布局及风格。CSS3 样式表提供了文本属性来控制页面中的段落文本。而且，CSS3 在命名属性时，特意使用了 font 缀和 text 前缀来区分大部分字体属性和文本属性。

5.3.1　设置单词之间的间隔

　　单词之间的间隔如果设置合理，一是可以节省整个网页布局空间，二者可以给人赏心悦目的感觉，提高阅读体验。在 CSS3 中，可以使用 word-spacing 属性直接定义指定区域或者段落中字符之间的间隔。

　　word-spacing 属性用于设定词与词之间的间距，即增加或者减少词与词之间的间隔。其语法格式如下：

```
word-spacing : normal | length
```

　　其中属性值 normal 和 length 的含义如表 5-10 所示。

表 5-10　单词间隔属性值表

属 性 值	说 明
normal	默认，定义单词之间的标准间隔
length	定义单词之间的固定宽度，可以接受正值或负值

实例 12：设置网页中英文单词之间的间隔

```
<!DOCTYPE html>
<html>
<head>
```

```
    <meta charset="UTF-8">
    <title>设置单词之间的间隔</title>
</head>
<body>
<p style="word-spacing:normal">
```

```
Welcome to my home</p>
    <p style="word-spacing:15px">
Welcome to my home</p>
    <p style="word-spacing:15px">欢迎来
到我家</p>
    </body>
    </html>
```

在浏览器中浏览的效果如图 5-12 所示，可以看到段落中的单词以不同间隔显示。

图 5-12　设定单词间隔显示

> **注意**：从上面的显示结果可以看出，word-spacing 属性不能用于设定文字之间的间隔。

5.3.2　设置字符之间的间隔

在一个网页中，词与词之间可以通过 word-spacing 进行设置，那么字符之间用什么设置呢？在 CSS3 中，可以通过 letter-spacing 来设置字符文本之间的距离，允许使用负值，这会让字母之间更加紧凑。其语法格式如下：

```
letter-spacing : normal | length
```

其中属性值的含义如表 5-11 所示。

表 5-11　字符间隔属性值表

属 性 值	说　明
normal	默认间隔，即以字符之间的标准间隔显示
length	由浮点数字和单位标识符组成的长度值，允许为负值

实例 13：设置网页中英文字符之间的间隔

```
<!DOCTYPE html>
<html>
<head>
    <meta charset="UTF-8">
    <title>设置英文字符之间的间隔</
title>
</head>
<body>
<p style=" letter-spacing:normal">
Welcome to my home</p>
    <p style=" letter-spacing:5px">
Welcome to my home</p>
    <p style="letter-spacing:1ex">这里的
字间距是1ex</p>
    <p style="letter-spacing:1em">这里的
字间距是1em</p>
```

```
</body>
</html>
```

在浏览器中浏览的效果如图 5-13 所示，可以看到文字间距以不同大小显示。

图 5-13　字间距效果

> **注意**：在使用 letter-spacing 定义多个字间距的效果时，当设置的字间距是负数时，例如：-1ex，文字就会粘到一块。

5.3.3 为文本添加装饰线

在 CSS3 中，text-decoration 属性是文本修饰属性，该属性可以为文本提供多种修饰效果，如下划线、删除线、闪烁等。

text-decoration 属性的语法格式如下：

```
text-decoration:none||underline||blink||overline||line-through
```

各属性值的含义如表 5-12 所示。

表 5-12　text-decoration 的属性值

属 性 值	描　　述	属 性 值	描　　述
none	默认值，对文本不进行任何修饰	line-through	删除线
underline	下划线	blink	闪烁
overline	上划线		

▌实例 14：给网页文本添加横线效果

```html
<!DOCTYPE html>
<html>
<head>
    <meta charset="UTF-8">
    <title>给网页文本添加横线</title>
</head>
<body>
<p style="text-decoration:none">采得
百花成蜜后，为谁辛苦为谁甜? </p>
    <p style="text-decoration:
underline">采得百花成蜜后，为谁辛苦为谁甜?
</p>
    <p style="text-decoration:
overline">采得百花成蜜后，为谁辛苦为谁甜? </
p>
    <p style="text-decoration:line-
through">采得百花成蜜后，为谁辛苦为谁甜? </
p>
    <p style="text-decoration:blink">采
得百花成蜜后，为谁辛苦为谁甜? </p>
```

```html
</body>
</html>
```

在浏览器中浏览的效果如图 5-14 所示。可以看到段落中出现了下划线、上划线和删除线等。

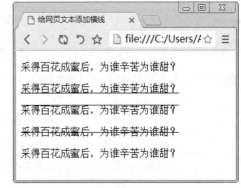

图 5-14　文本修饰效果

> **注意**：blink 闪烁效果只有 Mozilla 和 Netscape 浏览器支持，而 IE 和其他浏览器（如 Opera）都不支持该效果。

5.3.4 设置垂直对齐方式

在 CSS3 中，可以直接使用 vertical-align 属性设定垂直对齐方式。该属性定义行内元素的基线相对于该元素所在行的基线垂直对齐。允许指定负长度值和百分比值。这个属性可以设置单元格内容的对齐方式。

vertical-align 属性的语法格式如下：

```
{vertical-align:属性值}
```

vertical-align 属性有 9 个预设值可以使用，也可以使用百分比。这 9 个预设值和百分比的含义如表 5-13 所示。

表 5-13　vertical-align 的属性值

属　性　值	说　　　明
baseline	默认。子元素放置在父元素的基线上
sub	垂直对齐文本的下标
super	垂直对齐文本的上标
top	把元素的顶端与行中最高元素的顶端对齐
text-top	把子元素的顶端与父元素字体的顶端对齐
middle	把子元素放置在父元素的中部
bottom	把元素的顶端与行中最低的元素的顶端对齐
text-bottom	把子元素的底端与父元素字体的底端对齐
length	设置元素的堆叠顺序
%	使用 line-height 属性的百分比值来排列此元素。允许使用负值

实例 15：设置网页文本的垂直对齐方式

```html
<!DOCTYPE html>
<html>
<head>
    <meta charset="UTF-8">
    <title>文本垂直对齐方式</title>
</head>
<body>
<p>
    世界杯<b style=" font-size:8pt;
vertical-align:super">2021</b>!
    中国队<b style="font-size: 8pt;
vertical-align: sub">[注]</b>!
    加油! <img src="1.gif" style=
"vertical-align: baseline">
    </p>
    <p><img src="2.gif" style="vertical-
align:middle"/>
    世界杯! 中国队! 加油! <img src="1.
gif" style="vertical-align:top">
    </p>
    <hr/>
    <p ><img src="2.gif" style=
"vertical-align:middle"/>
    世界杯! 中国队! 加油! <img src="1.
gif" style="vertical-align:text-top">
    </p>
    <p><img src="2.gif" style=
"vertical-align:middle"/>
    世界杯! 中国队! 加油! <img src="1.
gif" style="vertical-align:bottom">
    </p>
    <hr/>
    <p ><img src="2.gif" style=
"vertical-align:middle"/>
```

```html
    世界杯! 中国队! 加油! <img src="1.
gif" style="vertical-align:text-bottom">
    </p>
    <p>
    世界杯<b style=" font-size:8pt;
vertical-align:100%">2020</b>!
    中国队<b style="font-size: 8pt;
vertical-align: -100%">[注]</b>!
    加油! <img src="1.gif" style=
"vertical-align: baseline">
    </p>
    </body>
    </html>
```

在浏览器中浏览的效果如图 5-15 所示，可以看到文字在垂直方向以不同的对齐方式显示。

图 5-15　垂直对齐显示

顶端对齐有两种参照方式，一种是参照整个文本块，另一种是参照文本。底部对齐同顶端对齐方式相同，分别参照文本块和文本块中包含的文本。

> **提示**：vertical-align 属性值还能使用百分比来设定垂直高度，该高度具有相对性，它是基于行高的值来计算的。而且百分比还能使用正负号，正百分比使文本上升，负百分比使文本下降。

5.3.5 转换文本的大小写

根据需要，将小写字母转换为大写字母，或者将大写字母转换小写字母，在文本编辑中都是很常见的。在 CSS3 样式中，text-transform 属性可用于设定文本字体的大小写转换。text-transform 属性的语法格式如下：

```
text-transform : none | capitalize | uppercase | lowercase
```

其属性值的含义如表 5-14 所示。

表 5-14 text-transform 的属性值

属 性 值	说 明
none	无转换发生
capitalize	将每个单词的第一个字母转换成大写
uppercase	转换成大写
lowercase	转换成小写

因为文本转换属性仅作用于字母型文本，相对来说比较简单。

实例 16：设置网页文本的大小写转换方式

```
<!DOCTYPE html>
<html>
<head>
    <meta charset="UTF-8">
    <title>文本大小写的转换</title>
</head>
<body style="font-size:15px; font-
weight:bold">
    <p style="text-transform:none">
welcome to home</p>
    <p style="text-transform:capitalize">
welcome to home</p>
    <p style="text-transform:lowercase">
WELCOME TO HOME</p>
    <p style="text-transform:uppercase">
welcome to home</p>
```

```
</body>
</html>
```

在浏览器中浏览的效果如图 5-16 所示，可以看到字母以大写字母显示。

图 5-16 大小写字母转换显示

5.3.6 设置文本的水平对齐方式

一般情况下，居中对齐适用于标题类文本，其他对齐方式可以根据页面布局选择使用。根据需要，可以设置多种对齐方式，例如水平方向上的居中、左对齐、右对齐或者两端对齐等。

在 CSS3 中，可以通过 text-align 属性进行设置。

text-align 属性用于定义文本的对齐方式，与 CSS 2.1 相比，CSS3 增加了 start、end 和 string 属性值。text-align 的语法格式如下：

```
{ text-align: sTextAlign }
```

各属性值的含义如表 5-15 所示。

表 5-15　text-align 的属性值

属 性 值	说 　 明
start	文本向行的开始边缘对齐
end	文本向行的结束边缘对齐
left	文本向行的左边缘对齐。在垂直方向的文本中，文本在 left-to-right 模式下向开始边缘对齐
right	文本向行的右边缘对齐。在垂直方向的文本中，文本在 left-to-right 模式下向结束边缘对齐
center	文本在行内居中对齐
justify	文本根据 text-justify 的属性设置方法分散对齐。即两端对齐，均匀分布
match-parent	继承父元素的对齐方式，但有个例外：继承的 start 或者 end 值是根据父元素的 direction 值进行计算的，因此计算的结果可能是 left 或者 right
<string>	string 是单个的字符，否则，就忽略此设置。按指定的字符进行对齐。此属性可以跟其他关键字同时使用，如果没有设置字符，则默认值是 end
inherit	继承父元素的对齐方式

在新增加的属性值中，start 和 end 属性值主要是针对行内元素的，即在包含元素的头部或尾部显示；而 <string> 属性值主要用于表格的单元格，将根据某个指定的字符对齐。

实例 17：设置网页文本的水平对齐方式

```
<!DOCTYPE html>
<html>
<head>
    <meta charset="UTF-8">
    <title>文本的水平对齐方式</title>
</head>
<body>
<h1 style="text-align:center">登幽州
台歌</h1>
    <h3 style="text-align:left">选自: </
h3>
    <h3 style="text-align:right">
        <img src="1.gif" />
        唐诗三百首</h3>
    <p style="text-align:justify">
        前不见古人
        后不见来者
    </p>
    <p style="text-align:start">念天地之
悠悠</p>
    <p style="text-align:end">独怆然而涕
下</p>
```

```
</body>
</html>
```

在浏览器中浏览的效果如图 5-17 所示，可以看到文字在水平方向上以不同的对齐方式显示。

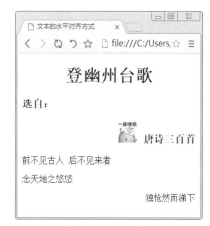

图 5-17　对齐效果

注意：text-align 属性只能用于文本块，而不能直接应用于图像标记 <img>。如果要使图像同文本一样应用对齐方式，就必须将图像包含在文本块中。如上例，由于向右对齐方式作用于 <h3> 标签定义的文本块，图像包含在文本块中，所以图像能够同文本一样向右对齐。

注意：CSS 只能定义两端对齐方式，并按要求显示，但对于具体的两端对齐文本如何分配字体空间以实现文本左右两边均对齐，CSS 并没有规定。这就需要设计者自行定义了。

5.3.7 设置文本的缩进效果

在普通段落中，通常首行缩进两个字符，用来表示一个段落的开始。同样在网页的文本编辑中可以通过指定属性，来控制文本缩进。CSS 中的 text-indent 属性就是用来设定文本块首行缩进的。

text-indent 属性的语法格式如下：

```
text-indent : length
```

其中，length 属性值表示百分比数字或由浮点数字和单位标识符组成的长度值，允许为负值。可以这样认为，text-indent 属性可以定义两种缩进方式，一种是直接定义缩进的长度，另一种是定义缩进百分比。

实例18：设置网页文本的缩进效果

```
<!DOCTYPE html>
<html>
<head>
    <meta charset="UTF-8">
    <title>文本的缩进效果</title>
</head>
<body>
<p style="text-indent:10mm">
    此处直接定义长度，直接缩进。
</p>
<p style="text-indent:10%">
    此处使用百分比，进行缩进。
</p>
</body>
</html>
```

在浏览器中浏览的效果如图 5-18 所示，可以看到文字以首行缩进方式显示。

图 5-18　缩进显示窗口

如果上级标签定义了 text-indent 属性，那么子标签可以继承其上级标签的缩进长度。

5.3.8 设置文本的行间距

在 CSS3 中，line-height 属性用来设置行间距，即行高。其语法格式如下：

```
line-height : normal | length
```

各属性值的具体含义如表 5-16 所示。

表 5-16　line-height 的属性值

属 性 值	说　　明
normal	默认行高，即网页文本的标准行高
length	百分比数字或由浮点数字和单位标识符组成的长度值，允许为负值。其百分比取值基于字体的高度尺寸

实例 19：设置网页文本的行间距

```
<!DOCTYPE html>
<html>
<head>
    <meta charset="UTF-8">
    <title>网页文本的行间距</title>
</head>
<body>
<div style="text-indent:10mm;">
    <p style="line-height:50px">
        世界杯（World Cup, FIFA World
Cup），国际足联世界杯，世界足球锦标赛是世界上
最高水平的足球比赛，与奥运会、F1并称为全球三
大顶级赛事。
    </p>
    <p style="line-height:80%">
        世界杯（World Cup, FIFA World
Cup），国际足联世界杯，世界足球锦标赛是世界上
最高水平的足球比赛，与奥运会、F1并称为全球三
大顶级赛事。
    </p>
```

```
</div>
</body>
</html>
```

在浏览器中浏览的效果如图 5-19 所示，可以看到有段文字几乎重叠在一起，即行高设置得较小。

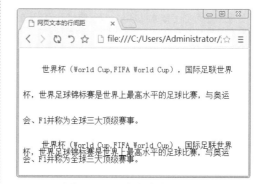

图 5-19　设定文本的行间距

5.3.9　文本的空白处理

在 CSS3 中，white-space 属性用于设置对象内空格字符的处理方式。与 CSS 2.1 相比，CSS3 新增了两个属性值。white-space 属性对文本的显示有着重要的影响。应用 white-space 属性可以影响浏览器对字符串或文本间空白的处理方式。

white-space 属性的语法格式如下：

```
white-space:normal | pre | nowrap | pre-wrap | pre-line | inherit
```

各属性值的含义如表 5-17 所示。

表 5-17　white-space 的属性值

属 性 值	说　　明
normal	默认值。空白会被浏览器忽略
pre	空白会被浏览器保留。其行为方式类似 HTML 中的 <pre> 标签
nowrap	文本不会换行，文本会在同一行上继续存在，直到遇到 标签为止
pre-wrap	保留空白符序列，但是正常地进行换行
pre-line	合并空白符序列，但是保留换行符
inherit	规定应该从父元素继承 white-space 属性的值

实例 20：网页文本的空白处理

```
<!DOCTYPE html>
<html>
<head>
    <meta charset="UTF-8">
    <title>网页文本的空白处理</title>
</head>
<body>
<h1 style="color:#ff0000; text-
align:center;white-space:pre">水调歌头
（明月几时有）</h1>
    <div>
        <p style="white-space:nowrap; text-
indent:10mm">
                明月几时有？把酒问青天。不知天上
宫阙，今夕是何年。<br>
                我欲乘风归去，又恐琼楼玉宇，高处
不胜寒。起舞弄清影，何似在人间。
        </p>
        <p style="white-space:pre-wrap;
text-indent:10mm">
                转朱阁，低绮户，照无眠。
                不应有恨，何事长向别时圆？<br/>
        </p>
        <p style="white-space:pre-line;
text-indent:10mm">
```

```
            人有悲欢离合，月有阴晴圆缺，此事
古难全。
                但愿人长久，千里共婵娟。<br/>
        </p>
    </div>
</body>
</html>
```

在浏览器中浏览的效果如图 5-20 所示，可以看到处理文字空白的不同方式。

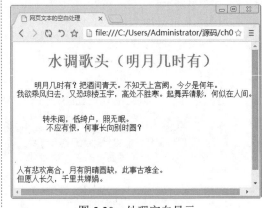

图 5-20　处理空白显示

5.3.10　文本的反排

在网页文本编辑中，通常英文文档的基本方向是从左至右。如果文档中某一段的多个部分包含从右至左阅读的文本，则该文本的方向将正确地显示为从右至左。可以通过 CSS3 提供的两个属性 unicode-bidi 和 direction 解决文本反排的问题。

unicode-bidi 属性的语法格式如下：

```
unicode-bidi : normal | bidi-override | embed
```

各属性值的含义如表 5-18 所示。

表 5-18　unicode-bidi 的属性值

属 性 值	说　　明
normal	默认值。元素不会打开一个额外的嵌入级别。对于内联元素，隐式的重新排序将跨元素边界起作用
bidi-override	与 embed 值相同，但除了这一点外：在元素内，重新排序依照 direction 属性严格按顺序进行。此值替代隐式双向算法
embed	元素将打开一个额外的嵌入级别。direction 属性的值指定嵌入级别。重新排序在元素内是隐式进行的

direction 属性用于设定文本流的方向，其语法格式如下：

```
direction : ltr | rtl | inherit
```

各属性值的含义如表 5-19 所示。

表 5-19　direction 的属性值

属 性 值	说　明
ltr	文本流从左到右
rtl	文本流从右到左
inherit	文本流的值不可继承

实例 21：网页文本的反排处理

```
<!DOCTYPE html>
<html>
<head>
    <meta charset="UTF-8">
    <title>网页文本的反排处理</title>
</head>
<head>
    <style type="text/css">
        a {color:#000;}
    </style>
</head>
<body>
<h3>文本的反排</h3>
<div style=" direction:rtl;
unicode-bidi:bidi-override; text-
align:left">春风不度玉门关。
    </div>
```

```
</body>
</html>
```

在浏览器中浏览的效果如图 5-21 所示，可以看到文字以反转形式显示。

图 5-21　文本反转显示

5.4　新手常见疑难问题

疑问 1：在设计网页文字大小时，一般不使用 em 或百分比作为字体大小，为什么？

答：对于一些简单的网页来说，使用 em 或百分比作为字体大小不会影响网页的显示效果。但是，在复杂结构中如果都用 em 或百分比作为字体大小，可能就会出现字体大小显示混乱的状况。所以在设计网页文字大小时，常使用参数数值，例如 font-size:10pt，这个 10pt 就是文字的大小。

疑问 2：在设计网页时，使用中文字体时的注意事项有哪些？

答：在网页设计中，中文字体多采用默认的宋体，对于标题或特殊提示信息，如果需要特殊字体，则多用图像或背景图来替代，这样不但会使网页元素丰富，也会使网页更精美。

5.5　实战技能训练营

实战 1：设计一个新闻页面

结合前面学习的字体和文本样式的知识，创建一个简单的新闻页面，运行结果如图 5-22 所示。

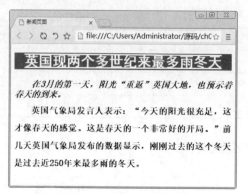

图 5-22　新闻页面浏览效果

实战 2：设计一个公司的主页

结合前面学习的相关知识，创建一个简单的商业网站，运行结果如图 5-23 所示。

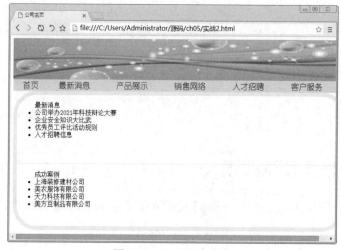

图 5-23　网站浏览效果

第6章 使用CSS3设计图片与边框样式

本章导读

在网页设计中，图片具有重要的作用，它能够美化页面，传递更丰富的信息，提升浏览者审美体验。图片是直观、形象的，一张好的图片会给网页带来很高的点击率。因此，使用CSS3 设计图片样式是网页设计的一项重要工作。本章介绍使用 CSS3 设置图片样式的方法。

知识导图

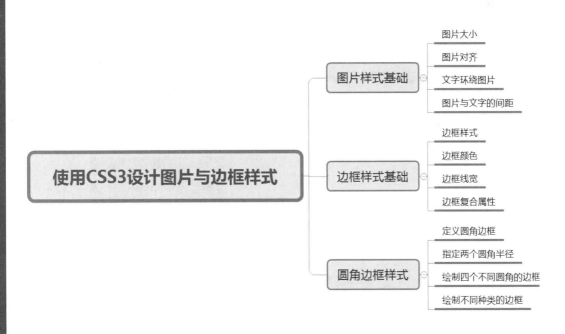

6.1 图片样式基础

图片的效果将在很大程度上影响网页效果，要使网页图文并茂并且布局结构合理，就要特别注意图片的设置。通过 CSS3 统一管理，不但可以更加精确地调整图片的各种属性，还可以实现很多特殊的图片效果。

6.1.1 图片大小

默认情况下，网页中的图片以图片的原始大小显示。如果要对网页进行排版，通常情况下，还需要为图片重新设定大小。对于图片大小的设定，可以采用三种方式完成。

> **注意**：如果对图片设置不恰当，会造成图片变形和失真，所以一定要保持宽度和高度的比例适中。

1. 通过描述标签 width 和 height 缩放图片

在 HTML 中，通过 <img> 标签中的描述标签 height 和 width 可以设置图片大小。width 和 height 分别表示图片的宽度和高度，它们的取值可以是数值，也可以是百分比，单位是 px。

实例 1：通过描述标签 height 和 width 设置图片大小

```
<!DOCTYPE html>
<html>
<head>
<title>缩放图片</title>
</head>
<body>
<img src="01.jpg" width=300
height=220>
</body>
</html>
```

在浏览器中浏览的效果如图 6-1 所示，

可以看到网页显示了一张图片，其宽度为 300px，高度为 220px。

图 6-1 使用标签缩放图片

2. 使用 CSS3 中的 max-width 和 max-height 缩放图片

max-width 和 max-height 分别用来设置图片宽度最大值和高度最大值。在定义图片大小时，如果图片的默认尺寸超过定义的大小时，那么就以 max-width 所定义的宽度值显示，而图片高度将同比例变化，如果定义的是 max-height，以此类推。但是如果图片的尺寸小于最大宽度或者高度，那么图片就按原尺寸大小显示。max-width 和 max-height 的值一般是数值类型。

举例说明如下：

```
img{
    max-height:180px;
}
```

实例 2：等比例缩放图片

```
<!DOCTYPE html>
<html>
<head>
<title>缩放图片</title>
<style>
img{
     max-height:300px;        /*设置图片
的最大高度*/
     }
</style>
</head>
<body>
<img src="01.jpg" >
</body>
</html>
```

在浏览器中浏览的效果如图 6-2 所示，可以看到网页显示了一张图片，其显示高度是 300 像素，宽度将做同比例缩放。

图 6-2　同比例缩放图片

在本例中，也可以只设置 max-width 来定义图片的最大宽度，而让高度自动缩放。

3. 使用 CSS3 中的 width 和 height 缩放图片

在 CSS3 中，可以使用属性 width 和 height 来设置图片宽度和高度，从而达到缩放图片的效果。

实例 3：以指定大小缩放图片

```
<!DOCTYPE html>
<html>
<head>
<title>缩放图片</title>
</head>
<body>
<img src="01.jpg" >
<img src="01.jpg" style="width:150p
x;height:100px" >      /*设置图片的宽度与高
度*/
</body>
</html>
```

在浏览器中浏览的效果如图 6-3 所示，

可以看到网页显示了两张图片，第一张图片以原大小显示，第二张图片以指定大小显示。

图 6-3　CSS 指定图片大小

> **注意**：当仅仅设置了图片的 width 属性，而没有设置 height 属性时，图片会自动等纵横比例缩放，如果只设定 height 属性也是一样的道理。只有当同时设定 width 和 height 属性时才会不等比例缩放图片。

6.1.2　图片对齐

一个图文并茂、排版格式整洁简约的页面，更容易让网页浏览者接受，可见图片的对齐方式非常重要。使用 CSS3 属性可以定义图片的水平对齐方式和垂直对齐方式。

1. 设置图片水平对齐

图片的水平对齐与文字的水平对齐方法相同，不同的是图片水平对齐方式包括左对齐、居中对齐、右对齐三种，需要通过设置图片的父元素的 text-align 属性来实现，这是因为 <img> 标签没有对齐属性。

实例 4：设计 <P> 标签内的图片水平对齐方式

```
<!DOCTYPE html>
<html>
<head>
<title>图片水平对齐</title>
</head>
<body>
<p style="text-align:left"><img
src="02.jpg" style="max-width:140px;">
图片左对齐</p>
<p style="text-align:center"><img
src="02.jpg" style="max-width:140px;">
图片居中对齐</p>
<p style="text-align:right"><img
src="02.jpg" style="max-width:140px;">
图片右对齐</p>
</body>
</html>
```

在浏览器中浏览的效果如图 6-4 所示，可以看到网页上显示三张图片，大小一样，但对齐方式分别是左对齐、居中对齐和右对齐。

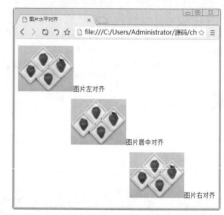

图 6-4　图片水平对齐

2. 设置图片垂直对齐

图片的垂直对齐方式主要是在垂直方向上和文字进行搭配。通过对图片垂直方向上的设置，可以设定图片和文字的高度一致。在 CSS3 中，对于图片垂直对齐方式的设置，通常使 vertical-align 属性来定义。其语法格式如下：

```
vertical-align : baseline |sub | super |top |text-top |middle |bottom |text-bottom |length
```

上面各参数的含义如表 6-1 所示。

表 6-1　vertical-align 的参数含义

参　　数	说　　明
baseline	支持 valign 特性的对象的内容与基线对齐
sub	垂直对齐文本的下标
super	垂直对齐文本的上标
top	将支持 valign 特性的对象的内容与对象顶端对齐
text-top	将支持 valign 特性的对象的文本与对象顶端对齐
middle	将支持 valign 特性的对象的内容与对象中部对齐
bottom	将支持 valign 特性的对象的文本与对象底端对齐
text-bottom	将支持 valign 特性的对象的文本与对象底端对齐
length	由浮点数字和单位标识符组成的长度值或者百分数。可为负数。定义由基线算起的偏移量。基线对于数值来说为 0，对于百分数来说就是 0%

实例 5：比较图片各种垂直对齐方式的显示效果

```
<!DOCTYPE html>
<html>
<head>
```

```
<title>图片垂直对齐</title>
<style>
img{
max-width:100px;
}
</style>
```

```
</head>
<body>
<p>垂直对齐方式:baseline<img src=02.
jpg style="vertical-align:baseline"></p>
<p>垂直对齐方式:bottom<img src=02.jpg
style="vertical-align:bottom"></p>
<p>垂直对齐方式:middle<img src=02.jpg
style="vertical-align:middle"></p>
<p>垂直对齐方式:sub<img src=02.jpg
style="vertical-align:sub"></p>
<p>垂直对齐方式:super<img src=02.jpg
style="vertical-align:super"></p>
<p>垂直对齐方式:数值定义<img src=02.
jpg style="vertical-align:20px"></p>
</body>
</html>
```

在浏览器中浏览的效果如图 6-5 所示，可以看到网页显示 6 张图片，垂直方向上分别 是 baseline、bottom、middle、sub、super 和数值对齐。

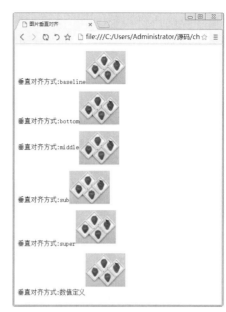

图 6-5　图片垂直对齐

> **提示**：仔细观察图片和文字的对齐效果，可以深刻理解各种垂直对齐方式的不同之处。

6.1.3　文字环绕图片

在网页中进行排版时，可以将文字设置成环绕图片的形式，即文字环绕。在 CSS3 中，可以使用 float 属性，定义文字环绕图片效果。float 属性主要定义元素在哪个方向浮动，一般情况下这个属性应用于图像，使文本围绕在图像周围。float 属性的语法格式如下：

```
float : none | left |right
```

其中，none 表示默认值，对象不漂浮，left 表示文本流向对象的右边，right 表示文本流向对象的左边。

▌实例 6：文字环绕图片显示效果

```
<!DOCTYPE html>
<html>
<head>
<title>文字环绕图片</title>
<style>
img{
max-width:250px;          /*设置图片
的最大宽度*/
float:left;               /*设置图片
浮动居左显示*/
}
</style>
</head>
<body>
<p>
美丽的长寿花。
```

```
<img src="03.jpg">
长寿花是一种多肉植物，花色很多，开花时，花团锦簇，非常具有观赏价值。长寿花寓意"大吉大利、长命百岁"，非常适合家庭养殖并赠送亲朋好友。种植长寿花很简单，但是养护却需要下一定的功夫。
长寿花不喜欢高温和低温，最适宜的温度是15~25摄氏度，高于30摄氏度时进入半休眠期，低于5摄氏度时停止生长。0摄氏度以下容易冻死，因此，长寿花要顺利地越冬，一定要注意保暖，尤其不能经霜打，否则很容易被冻死。
长寿花非常喜欢阳光，每天的光照应该不低于三个小时，长寿花才能够生长健壮，有时候在室内也能生长，但是长寿花会变得茎细、叶薄，开花少，颜色比较淡，如果长期不接受阳光的照射，还有可能会不开花。因此，家庭养殖长寿花时应给予充足的光照，夏季可以适当地遮阴。
</p>
</body>
</html>
```

在浏览器中浏览效果如图 6-6 所示，可以看到图片被文字所环绕，并在文字的左方显示。如果将 float 属性的值设置为 right，其图片会在文字右方显示并环绕，如图 6-7 所示。

图 6-6 图片在文字左侧环绕效果

图 6-7 图片在文字右侧环绕效果

6.1.4 图片与文字的间距

如果需要设置图片和文字之间的距离，即图片与文字之间存在一定间距，不是紧紧地环绕，可以使用 CSS3 中的 padding 属性来设置。其语法格式如下：

```
padding :padding-top | padding-right | padding-bottom | padding-left
```

其参数值 padding-top 用来设置距离顶部的内边距；padding-right 用来设置距离右侧的内边距；padding-bottom 用来设置距离底部的内边距；padding-left 用来设置距离左侧的内边距。

实例 7：图片与文字的间距设置

```
<!DOCTYPE html>
<html>
<head>
<title>图片与文字的间距设置</title>
<style>
img{
max-width:250px;
/*设置图片的最大宽度*/
float:left;
/*设置图片的居中方式*/
padding-top:10px;
/*设置图片距离顶部的内边距*/
padding-right:50px;
/*设置图片距离右侧的内边距*/
padding-bottom:10px;
/*设置图片距离底部的内边距*/
}
</style>
</head>
<body>
<p>
美丽的长寿花。
<img src="03.jpg">
```

```
长寿花是一种多肉植物，花色很多，开花时，花团锦簇，非常具有观赏价值。长寿花寓意"大吉大利、长命百岁"，非常适合家庭养殖并赠送亲朋好友。种植长寿花很简单，但是养护却需要下一定的功夫。
长寿花不喜欢高温和低温，最适宜的温度是15~25摄氏度，高于30摄氏度时进入半休眠期，低于5摄氏度时停止生长。0摄氏度以下容易冻死，因此，长寿花要顺利地越冬，一定要注意保暖，尤其不能经霜打，否则很容易被冻死。
长寿花非常喜欢阳光，每天的光照应该不低于三个小时，长寿花才能够生长健壮，有时候在室内也能生长，但是长寿花会变得茎细、叶薄，开花少，颜色比较淡，如果长期不接受阳光的照射，还有可能会不开花。因此，家庭养殖长寿花时应给予充足的光照，夏季可以适当地遮阴。
</p>
</body>
</html>
```

在浏览器中浏览的效果如图 6-8 所示，可以看到图片被文字所环绕，并且文字和图片右边间距为 50 像素，上下间距各为 10 像素。

图 6-8　设置图片和文字边距

6.2　边框样式基础

边框就是将元素内容及间隙包含在其中的边线，类似于表格的外边线。每一个页面元素的边框可以从三个方面来描述：样式、宽度和颜色，这三个方面决定了边框所显示的外观，在 CSS3 中分别使用 border-style、border-width 和 border-color 这三个属性来设定。

6.2.1　边框样式

border-style 属性用于设定边框的样式，也就是风格。设定边框样式是最重要的部分，它主要用于为页面元素添加边框。其语法格式如下：

```
border-style : none | hidden | dotted | dashed | solid | double | groove | ridge | inset | outset
```

CSS3 设定了 10 种边框样式，如表 6-2 所示。

表 6-2　边框样式

属 性 值	描　　述
none	无边框，无论边框宽度设为多大
hidden	与 none 相同。不过应用于表格时除外，hidden 用于解决表格的边框冲突问题
dotted	点线式边框
dashed	破折线式边框
solid	直线式边框
double	双线式边框
groove	槽线式边框
ridge	脊线式边框
inset	内嵌效果的边框
outset	凸起效果的边框

▌实例 8：为网页图片添加边框

```
<!DOCTYPE html>
<html>
<head>
```

```
    <title>边框样式</title>
    <style>
    .picl{
        border-style:dotted;
/*设置边框样式*/
```

```
          color: black;
/*设置边框颜色*/
    }
    .pic2{
        border-style:double;
/*设置边框样式*/
    }
    </style>
    </head>
    <body>
    <img src="images/04.jpg" class=
"picl"/>
    <img src="images/05.jpg" class=
"pic2"/>
    </body>
    </html>
```

在浏览器中浏览的效果如图 6-9 所示，

可以看到网页中，第一张图片的边框样式为点线式边框；第二张图片的边框样式为双线式边框。

图 6-9   设置边框

> 提示：在没有设定边框颜色的情况下，groove、ridge、inset 和 outset 边框默认的颜色是灰色。dotted、dashed、solid 和 double 这四种边框的颜色基于页面元素的颜色值。

其实，这几种边框样式还可以定义在一个边框中，从上边框开始按照顺时针的方向分别定义边框的上、右、下、左边框样式，从而形成多样式边框。例如，有下面一条样式规则：

```
p{border-style:dotted solid dashed groove}
```

另外，如果需要单独定义边框的一条边的样式，则可以使用如表 6-3 所示的属性来定义。

表 6-3   设置各边样式的属性

属　性	描　述	属　性	描　述
border-top-style	设定上边框的样式	border-bottom-style	设定下边框的样式
border-right-style	设定右边框的样式	border-left-style	设定左边框的样式

实例 9：为网页图片添加不同样式的边框

```
<!DOCTYPE html>
<html>
<head>
<title>边框样式</title>
<style>
img {
height : 300px;        /*设置图片的高度值*/
border-left-style:solid;   /*左边框样式*/
border-right-style:dotted;/*右边框样式*/
border-top-style:double;   /*顶边框样式*/
border-bottom-style:dashed;/*底边框样式*/
    }
    </style>
    </head>
```

```
<body>
<img src="images/05.jpg"/>
</body>
</html>
```

在浏览器中浏览的效果如图 6-10 所示，可以看到网页中的图片四个边的边框样式都不一样。

图 6-10   设置不同的边框样式

6.2.2　边框颜色

border-color 属性用于设定边框颜色，如果不想与页面元素的颜色相同，则可以使用该属性为边框定义其他颜色。border-color 属性的语法格式如下：

```
border-color : color
```

color 表示指定颜色，其颜色值通过十六进制和 RGB 等方式获取。同边框样式属性一样，border-color 属性可以为边框设定一种颜色，也可以分别设定四个边的颜色。

实例 10：为网页图片添加边框颜色

```html
<!DOCTYPE html>
<html>
<head>
<title>边框颜色</title>
<style>
.picl{
        border-style:dotted;
/*设置边框样式*/
        border-color:red;
/*设置边框颜色*/
    }
.pic2{
        border-style:double;
/*设置边框样式*/
        border-color: red blue yellow
green;    /*设置边框颜色*/
    }
</style>
</head>
<body>
<img src="images/04.jpg"    class=
"picl"/>
```

```html
    <img src="images/05.jpg"    class=
"pic2"/>
    </body>
    </html>
```

在浏览器中浏览的效果如图 6-11 所示，可以看到网页中，第一个图片的边框颜色设置为红色，第二个图片的边框颜色分别设置为红、蓝、黄和绿。

图 6-11　设置边框颜色

除了上面设置四个边框颜色的方法之外，还可以使用如表 6-4 所示的属性单独为相应的边框设定颜色。

表 6-4　设置各边颜色的属性

属　　性	描　　述	属　　性	描　　述
border-top-color	设定上边框颜色	border-bottom-color	设定下边框颜色
border-right-color	设定右边框颜色	border-left-color	设定左边框颜色

实例 11：为网页图片的四个边框添加不同的颜色

```html
<!DOCTYPE html>
<html>
<head>
<title>边框颜色</title>
<style>
img {
height : 300px ;
```

```css
/*设置图片高度*/
        border-left-style:solid;
/*设置左边框样式*/
        border-left-color: #33CC33;
/*设置左边框颜色*/
        border-right-style:solid;
/*设置右边框样式*/
        border-right-color:#FF00FF ;
/*设置右边框颜色*/
        border-top-style:solid;
/*设置上边框样式*/
```

```
    border-top-color : #3300FF ;
/*设置上边框颜色*/
    border-bottom-style:solid;
/*设置下边框样式*/
    border-bottom-color:#666;
/*设置下边框颜色*/
    }
</style>
</head>
<body>
<img src="images/06.jpg"/>
</body>
</html>
```

在浏览器中浏览的效果如图 6-12 所示，可以看到网页中的图片的四个边框颜色都不一样。

图 6-12　设置各个边框的颜色

6.2.3　边框线宽

在 CSS3 中，可以通过设定边框的宽度，来增强边框效果。border-width 属性就用来设定边框的宽度，其语法格式如下：

```
border-width : medium | thin | thick | length
```

其中有三个预设属性值：medium、thin 和 thick，另外还可以自行设置宽度，如表 6-5 所示。

表 6-5　border-width 的属性值

属 性 值	描　述	属 性 值	描　述
medium	缺省值，中等宽度	thick	比 medium 粗
thin	比 medium 细	length	自定义宽度

实例 12：为网页段落设置边框的宽度

```
<!DOCTYPE html>
<html>
<head>
<title>设置边框宽度</title>
</head>
<body>
    <p style="border-style:dotted;
border-width:medium;">使用medium设置边框宽度</p>
    <p style="border-style:dashed;
border-width:thin;">使用thin设置边框宽度</p>
    <p style="border-style:double;
border-width:10px;">使用数值设置边框宽度</p>
</body>
</html>
```

在浏览器中浏览的效果如图 6-13 所示，可以看到网页中，三个段落边框以不同的粗细显示。

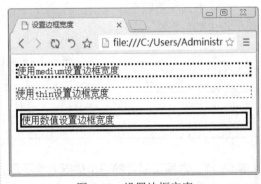

图 6-13　设置边框宽度

border-width 属性其实是 border-top-width、border-right-width、border-bottom-width 和 border-left-width 四个属性的综合属性，分别用于设定上边框、右边框、下边框、左边框的宽度。

实例 13：为网页段落的四个边框分别设置宽度

```
<!DOCTYPE html>
<html>
<head>
<title>边框宽度设置</title>
<style>
p{
border-style:solid;
/*设置边框样式*/
border-color:#ff00ee;
/*设置边框颜色*/
border-top-width:medium;
/*设置上边框线宽*/
border-right-width:thin;
/*设置右边框线宽*/
border-bottom-width:thick;
/*设置下边框宽度*/
border-left-width:15px;
/*设置左边框样式*/
    }
```

实例 14：给网页图片添加相框效果

```
<!DOCTYPE html>
<html>
<head>
<title>相框效果</title>
<style>
img {
    height : 300px ;
    border-left-style:solid;
    border-left-color: #33CC33;
    border-left-width:10px ;
    border-right-style:solid;
    border-right-color:#00FF00;
    border-right-width:10px ;
    border-top-style:solid;
    border-top-color : #3300FF ;
    border-top-width : 20px ;
    border-bottom-style:solid;
    border-bottom-color:#666;
    border-bottom-width:20px;
}
</style>
</head>
<body>
```

```
</style>
</head>
<body>
    <p >边框宽度设置</p>
</body>
</html>
```

在浏览器中浏览的效果如图 6-14 所示，可以看到网页中，段落的四个边框以不同的宽度显示。

图 6-14　分别设置四个边框的宽度

```
<img src="images/07.jpg"/>
</body>
</html>
```

在浏览器中浏览的效果如图 6-15 所示，可以看到网页中，图片的四个边框以不同的宽度、颜色和样式显示。

图 6-15　分别设置四个边框样式

6.2.4　边框复合属性

当所设置的四个边框一样时，可以使用 border 属性来集合上面介绍的三种属性，为页面元素设定边框的宽度、样式和颜色。语法格式如下：

```
border : border-width || border-style || border-color
```

其中，三个属性的顺序可以自由调换。

实例 15：使用复合属性给网页图片添加边框效果

```
<!DOCTYPE html>
<html>
<head>
<title>边框复合属性</title>
</head>
<body>
<img style="border: dotted red
10px; height:300px;" src="images/07.
jpg"/>
</body>
</html>
```

在浏览器中浏览的效果如图 6-16 所示，可以看到网页中，图片的边框样式以点线式

显示、颜色为红色、边框宽度为 10 像素。

图 6-16　设置边框复合属性

6.3　圆角边框样式

在 CSS3 标准没有指定之前，如果想要实现圆角效果，需要花费很大的精力，但在 CSS3 标准推出之后，网页设计者可以使用 border-radius 轻松实现圆角效果。

6.3.1　定义圆角边框

在 CSS3 中，可以使用 border-radius 属性定义边框的圆角效果，从而大大降低了生成圆角效果的难度。border-radius 的语法格式如下：

```
border-radius: none | <length>{1,4} [ / <length>{1,4} ]?
```

其中，none 为默认值，表示元素没有圆角。<length> 表示由浮点数字和单位标识符组成的长度值，不可为负值。

实例 16：为网页图片添加圆角边框效果

```
<!DOCTYPE html>
<html>
<head>
<title>圆角边框设置</title>
<style>
.picl{
    border:10px solid red;
    /*设置边框粗细、样式与颜色*/
    width:200px; /*设置图片宽度*/
    height:180px; /*设置图片高度*/
    border-radius:20px;  /*设置边框
的角度*/
    }
</style>
</head>
<body>
<img src="images/08.jpg" class=
"picl"/>
```

```
</body>
</html>
```

在浏览器中浏览的效果如图 6-17 所示，可以看到，网页中图片的边框以圆角显示，其半径为 20 像素。

图 6-17　定义圆角边框

6.3.2 指定两个圆角半径

border-radius 属性可以包含两个参数值：第一个参数表示圆角的水平半径，第二个参数表示圆角的垂直半径，两个参数通过斜线（/）隔开。如果仅含一个参数值，则第二个值与第一个值相同，表示一个 1/4 的圆。如果参数值中包含 0，则这个值就是矩形，不会显示为圆角。

实例 17：为网页图片添加圆角边框效果

```
<!DOCTYPE html>
<html>
<head>
<title>圆角边框设置</title>
<style>
.picl{
    border:10px solid red;
    width:200px;
    height:180px;
    border-radius:5px/50px;
    /*设置边框圆角的半径*/
}
.pic2{
    border:10px solid red;
    width:200px;
    height:180px;
    border-radius:50px/5px;
    /*设置边框圆角的半径*/
}
</style>
</head>
<body>
<img src="images/08.jpg" class=
"picl"/>
```

```
<img src="images/08.jpg" class=
"pic2"/>
</body>
</html>
```

在浏览器中浏览的效果如图 6-18 所示，可以看到，网页中显示了两个带有圆角边框的图片，第一个图片圆角边框的半径为 5px/50px，第二个图片圆角边框的半径为 50px/5px。

图 6-18 定义不同半径的圆角边框

6.3.3 绘制四个不同圆角的边框

在 CSS3 中，可以创建四个不同圆角的边框，其方法有两种：一种是使用 border-radius 属性，另一种是使用 border-radius 衍生属性。

1. border-radius 属性

利用 border-radius 属性可以绘制 4 个不同圆角的边框，如果直接给 border-radius 属性赋四个值，这四个值将按照 top-left、top-right、bottom-right、bottom-left 的顺序来设置。如果 bottom-left 值省略，其圆角效果和 top-right 效果相同；如果 bottom-right 值省略，其圆角效果和 top-left 效果相同；如果 top-right 的值省略，其圆角效果和 top-left 效果相同。如果为 border-radius 属性设置 4 个值的集合参数，则分别表示每个角的圆角半径。

实例 18：为网页图片添加不同的圆角效果

```
<!DOCTYPE html>
<html>
<head>
<title>设置圆角边框</title>
<style>
.pic1{
    border:5px solid blue;
```

```
    height:100px;
    border-radius:10px 30px 50px
70px;    /*设置边框圆角的四个角度值*/
}
.pic2{
    border:5px solid blue;
    height:100px;
    border-radius:10px 50px 70px;
/*设置边框圆角的三个角度值*/
```

```
    }
    .pic3{
        border:5px solid blue;
        height:100px;
        border-radius:10px 50px;
/*设置边框圆角的二个角度值*/
    }
</style>
</head>
<body>
<img  src="images/09.jpg"
class="pic1"/><br>
<img  src="images/10.jpg"
class="pic2"/><br>
<img  src="images/11.jpg"
class="pic3"/>
</body>
</html>
```

在浏览器中浏览的效果如图 6-19 所示，

可以看到网页中，第一个图片设置了四个不同的圆角边框，第二个图片设置了三个不同的圆角边框，第三个图片设置了两个不同的圆角边框。

图 6-19　设置四个圆角边框

2. border-radius 衍生属性

为了方便定义网页元素四角的圆角样式，border-radius 属性派生了 4 个子属性，如表 6-6 所示。

表 6-6　border-radius 的子属性

属　　性	描　　述	属　　性	描　　述
border-top-right-radius	定义右上角圆角	border-bottom-left-radius	定义左下角圆角
border-bottom-right-radius	定义右下角圆角	border-top-left-radius	定义左上角圆角

实例 19：为网页图片指定圆角边框

```
<!DOCTYPE html>
<html>
<head>
<title>圆角边框设置</title>
<style>
.pic{
    border:10px solid blue;
    height:100px;
    border-top-left-radius:70px;
/*设置边框左上角的角度值*/
    border-bottom-right-radius:40px;
/*设置边框右下角的角度值*/
}
</style>
</head>
<body>
<img src="images/11.jpg" class=
"pic"/>
```

```
</body>
</html>
```

在浏览器中浏览的效果如图 6-20 所示，可以看到网页中，为图片设置了两个圆角边框，分别使用 border-top-left-radius 和 border-bottom-right-radius 指定。

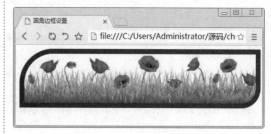

图 6-20　绘制指定圆角边框

6.3.4　绘制不同种类的边框

border-radius 属性可以根据不同的半径值，绘制不同的圆角边框。同样也可以利用

border-radius 来定义边框内部的圆角，即内圆角。

> **注意**：外部圆角边框的半径称为外半径，内边半径等于外边半径减去对应边的宽度，即将边框内部圆的半径称为内半径。

通过外半径和边框宽度的不同设置，可以绘制出不同形状的内边框。例如绘制内直角、小内圆角、大内圆角和圆。

实例 20：为网页图片指定不同种类的边框效果

```
<!DOCTYPE html>
<html>
<head>
<title>圆角边框设置</title>
<style>
.pic1{
    border:70px solid blue;
    height:100px;
    border-radius:40px;
  }
.pic2{
    border:10px solid blue;
    height:100px;
    border-radius:40px;
  }
.pic3{
    border:10px solid blue;
    height:100px;
    border-radius:60px;
  }
.pic4{
    border:5px solid blue;
    height:200px;
    width:200px;
    border-radius:50px;
  }
</style>
</head>
<body>
<img src="images/09.jpg" class=
"pic1"/><br>
```

```
    <img src="images/10.jpg" class=
"pic2"/><br>
    <img src="images/11.jpg" class=
"pic3"/><br>
    <img src="images/12.jpg" class=
"pic4"/><br>
    </body>
    </html>
```

在浏览器中浏览的效果如图 6-21 所示，可以看到网页中，第一个边框内角为直角、第二个边框内角为小圆角，第三个边框内角为大圆角，第四个边框为圆。

图 6-21　绘制不同种类的边框

> **提示**：当边框宽度大于圆角外半径，即内半径为 0 时，则会显示内直角，而不是圆直角，所以内外边曲线的圆心必然是一致的，见上例中第一种边框设置。如果边框宽度小于圆角半径，则内半径小于 0，则会显示小幅圆角效果，见上例中第二个边框设置。如果边框宽度设置远远小于圆角半径，则内半径远远大于 0，则会显示大幅圆角效果，见上例中第三个边框设置。如果设置元素相同，同时设置圆角半径为元素大小的一半，则会显示圆，见上例中第四个边框设置。

109

6.4 新手常见疑难问题

疑问 1：在进行图文排版时，哪些是必须要做的？

答：在进行图文排版时，通常有以下 5 个方面需要网页设计者考虑。

（1）首行缩进：段落的开头应该空两格，在 HTML 中空格键不起作用。当然，可以用"nbsp;"来代替一个空格，但这不是理想的方式，可以用 CSS3 中的首行缩进，其大小为 2em。

（2）图文混排：在 CSS3 中，可以用 float 属性定义元素在哪个方向浮动。这个属性经常应用于图像，使文本围绕在图像周围。

（3）设置背景色：设置网页背景，增加效果。此内容会在后面介绍。

（4）文字居中：可以用 CSS3 中的 text-align 属性设置文字居中。

（5）显示边框：可使用 border 属性为图片添加一个边框。

疑问 2：设置文字环绕时，float 元素为什么失去作用？

答：很多浏览器在显示未指定 width 的 float 元素时会出现错误。所以不管 float 元素的内容如何，一定要为其指定 width 属性。

6.5 实战技能训练营

实战 1：设计一个图文混排网页

在一个网页中，出现最多就是文字和图片，二者放在一起，图文并茂，能够生动地表达新闻主题。网页运行结果如图 6-22 所示。

图 6-22　图文混排网页

实战 2：设计一个房产宣传页面

结合前面学习的边框样式知识，创建一个简单的房产宣传页面，运行结果如图 6-23 所示。

图 6-23　房产宣传页面

第7章　使用CSS3控制网页背景样式

本章导读

网页中的背景图像有两种形式，一种是前景图像，也被称为图片，主要用于传递信息，作为网页内容的一部分，它使用 <img> 标签插入；另一种是背景图像，主要用于修饰和点缀，起到美化网页的作用，背景图像不建议使用 <img> 标签插入，而是使用 CSS3 中的 background 属性来设置。CSS3 中的 background 属性具有强大的背景图像控制能力，用好 background 可以设计出更具创意的页面效果。本章将介绍使用 CSS3 控制背景图像的基本方法和应用技巧。

知识导图

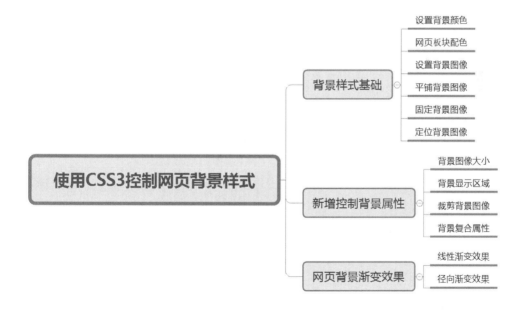

7.1 背景样式基础

使用背景图可以美化页面，设计网页艺术效果，如渐变背景、圆角图像、抽象符号、花样边框等。背景样式包括背景颜色和背景图像，设计网页的首要工作就是使用背景色或背景图来制定页面基调。例如，喜庆类网站一般以红色背景为基调。

7.1.1 设置背景颜色

background-color 属性用于设定网页背景色，同设置前景色的 color 属性，background-color 属性接受任何有效的颜色值，而对于没有设定背景色的标签，默认背景色为透明。其语法格式如下：

```
{background-color:transparent | color}
```

关键字 transparent 是个默认值，表示透明；背景颜色 color 的设定方法可以采用英文单词、十六进制、RGB 等。

实例 1：定义背景色为浅粉色，营造一种初春的色彩效果

```html
<!DOCTYPE html>
<html>
<head>
<title>背景色设置</title>
<style type="text/css">
body{
    background-color:#EDA9B0;
/*设置页面背景色*/
    margin:0px;
    padding:0px;
}
img{
    width:350px;
/*设置图片宽度*/
    float:right;
/*右浮动*/
}
p{
    font-size:18px;
    font-weight:bold;
    padding-left:10px;
    padding-top:8px;
    line-height:1.6em;
/*设置行高*/
}
h1{
    font-size:80px;
/*首字放大显示*/
    font-family:黑体;
/*字体为黑体*/
```

```html
    float:left;
/*左浮动，脱离文本行限制*/
    padding-right:5px;
/*定义下沉字体周围的空隙*/
    padding-left:10px;
    padding-top:8px;
    margin:24px 6px 2px 6px;
}
</style>
</head>
<body>
<h1>春</h1>
<p><img src="images/01.jpg"></p>
<p>盼望着，盼望着，东风来了，春天的脚步近了。</p>
<p>一切都像刚睡醒的样子，欣欣然张开了眼。山朗润起来了，水涨起来了，太阳的脸红起来了。</p>
<p>一切都像刚睡醒的样子，欣欣然张开了眼。山朗润起来了，水涨起来了，太阳的脸红起来了。</p>
<p>小草偷偷地从土里钻出来，嫩嫩的，绿绿的。园子里，田野里，瞧去，一大片一大片满是的。坐着，躺着，打两个滚，踢几脚球，赛几趟跑，捉几回迷藏。风轻悄悄的，草软绵绵的。</p>
<p>桃树、杏树、梨树，你不让我，我不让你，都开满了花赶趟儿。红的像火，粉的像霞，白的像雪。花里带着甜味儿，闭了眼，树上仿佛已经满是桃儿、杏儿、梨儿。花下成千成百的蜜蜂嗡嗡地闹着，大小的蝴蝶飞来飞去。野花遍地是：杂样儿，有名字的，没名字的，散在花丛里，像眼睛，像星星，还眨呀眨的。</p>
<p>"吹面不寒杨柳风"，不错的，像母亲的手抚摸着你。风里带来些新翻的泥土的气息，混着青
```

草味儿，还有各种花的香，都在微微润湿的空气里酝酿。鸟儿将巢安在繁花嫩叶当中，高兴起来了，呼朋引伴地卖弄清脆的喉咙，唱出宛转的曲子，跟轻风流水应和着。牛背上牧童的短笛，这时候也成天在嘹亮地响着。</p>

　　<p>雨是最寻常的，一下就是三两天。可别恼。看，像牛毛，像花针，像细丝，密密地斜织着，人家屋顶上全笼着一层薄烟。树叶儿却绿得发亮，小草也青得逼你的眼。傍晚时候，上灯了，一点点黄晕的光，烘托出一片这安静而和平的夜。在乡下，小路上，石桥边，有撑起伞慢慢走着的人；还有地里工作的农民，披着蓑戴着笠。他们的草屋，稀稀疏疏的，在雨里静默着。</p>

　　<p>天上风筝渐渐多了，地上孩子也多了。城里乡下，家家户户，老老小小，也赶趟儿似的，一个个都出来了。舒活舒活筋骨，抖擞抖擞精神，各做各的一份儿事去，"一年之计在于春"；刚起头儿，有的是工夫，有的是希望。</p>

　　<p>春天像刚落地的娃娃，从头到脚都是新的，它生长着。</p>

　　<p>春天像小姑娘，花枝招展的，笑着，走着。</p>

　　<p>春天像健壮的青年，有铁一般的胳膊和腰脚，他领着我们上前去。</p>

</body>
</html>

　　在浏览器中浏览的效果如图 7-1 所示。可以看到网页背景色为浅粉色，字体颜色为黑色。加上图片和《春》这篇美文，充满了春天的感觉。

图 7-1　设置背景色

> **注意**：在设计网页时，其背景色不要使用太艳的颜色，否则会给人一种喧宾夺主的感觉。

7.1.2　网页板块配色

　　background-color 不仅可以设置整个网页的背景颜色，还可以设置指定 HTML 元素的背景色，例如，设置 h1 标题的背景色，设置段落 p 的背景色。还有很多网页通过设置 div 块的背景色，从而实现给页面分块的目的。可以想象，在一个网页，可以根据需要，为不同的 HTML 元素设置背景色。

实例 2：设计一个三行两列的页面，并通过背景色区分左右两列

```
<!DOCTYPE html>
<html>
<head>
<title>背景色设置</title>
<style type="text/css">
body{/*页面基本属性*/
  margin:0px;
  padding:0px;
  text-align:center;
}
.container{/*container 容器的样式*/
width : 800px;
margin: 0 auto;
}
.header{/*页面banner部分的样式*/
width:800px;
height:200px;
background:url(images/bg.jpg);
```

```
/*页面背景图片*/
}
.chara{/*导航栏样式*/
font-size: 16px ;
background-color: #90bc00;
/*导航栏的背景颜色*/
}
.leftbar{/*左侧栏目样式*/
width:200px;
height:600px;
background-color:#d4d740 ;
/*左侧栏目背景颜色*/
float:left;
}
.content{/*正文部分的样式*/
width : 600px;
height: 600px;
background:#55FFF0;
/*正文部分的背景颜色*/
float: left;
}
</style>
```

```
</head>
<body>
<div class="container">
<div class="header"></div>
<table width="800px" cellpadding
="2" cellspacing="2" class="chara"
align="center">
<tr>
<td>首页</td>
<td>我的博客</td>
<td>班级故事</td>
<td>我的收藏</td>
<td>成长心情</td>
<td>我的美篇</td>
<td>友情链接</td>
</tr>
</table>
<div class="main">
<div class="leftbar"></div>
<div class="content"></div>
</div>
</div>
</body>
</html>
```

在浏览器中浏览的效果如图 7-2 所示。在以上代码中，对顶端的 banner、导航栏、左侧栏目和正文部分分别运用图片背景和三种不同的背景颜色实现了页面的分块，这种分块的方法在网页中极其常见。

图 7-2　使用背景色给网页分块

7.1.3　设置背景图像

不但可以使用背景色来填充网页背景，同样也可以使用背景图来填充网页。background-image 属性用于设置背景图像，通常情况下，在标签 <body> 中应用，将图片用于整个主体。其语法格式如下：

```
background-image : none | url(url)
```

其默认属性是无背景图，当需要使用背景图像时可以用 url 导入，url 可以使用绝对路径，也可以使用相对路径。

> **提示**：如果使用的背景图像是 gif 或 png 格式的透明图像，再设置背景颜色 background-color，则背景图像和背景颜色将同时生效。

▎实例 3：同时设置网页背景图像与背景颜色

```
<!DOCTYPE html>
<html>
<head>
<title>背景图像设置</title>
<style>
body{
        background-image:url(images/
hua.gif);/*设置背景图片*/
        background-color:#d4F000;
        /*设置背景颜色*/
    }
</style>
<head>
<body>
</body>
</html>
```

在浏览器中浏览的效果如图 7-3 所示，可以看到网页中显示背景图像，同时显示背景色。由于背景图像的尺寸小于整个网页大小，此时图像为了填充整个网页，会重复出现并铺满整个网页。

图 7-3　设置背景图片

注意：在设定背景图像时，最好同时也设定背景色，这样当背景图像因某种原因无法正常显示时，可以用背景色来代替。当然，如果正常显示，则背景图片会覆盖背景色。

7.1.4 平铺背景图像

在进行网页设计时，通常是一个网页使用一张背景图像，如果图片尺寸小于网页尺寸时，会直接重复铺满整个网页，但这种方式不适用于大多数页面。在 CSS3 中可以通过 background-repeat 属性定义背景图像的平铺方式，包括水平重复、垂直重复和不重复等。

background-repeat 属性的用法如下：

```
background-repeat : repeat- x | repeat- y | repeat | no- repeat | space | round
```

其中，space 和 round 值是 CSS3 新增的，早期版本的浏览器暂不支持，属性值的说明如表 7-1 所示。

表 7-1 background-repeat 属性值

属 性 值	描 述
repeat	背景图像水平和垂直方向都重复平铺
repeat-x	背景图像水平方向重复平铺
repeat-y	背景图像垂直方向重复平铺
no-repeat	背景图像不重复平铺
round	背景图像自动缩放直到适应且填充满整个容器
space	背景图像以相同的间距平铺且填充满整个容器或某个方向

实例 4：使用背景图像设计一个公告栏

```
<!DOCTYPE html>
<html>
<head>
<meta http-equiv="Content-Type"
content="text/html; charset=gb2312" />
<title>网页公告栏</title>
<style>
body {
    background-image:url(images/02.
jpg);
    background-repeat: repeat-x;
/*设置背景图片的平铺方式*/
    text-align:center;
/*文本居中对齐*/
}
.container {
    text-align:center;
    background-color:#d3eeeb;
/*设置背景颜色*/
    width:800px;
    height:720px;
    margin:0 auto;
}
.header {
```

```
    width:800px;
}
.content {
    background-color:#fff;
    width:800px;
}
table {
    text-align:center;
    width:790px;
    margin:5px;
}
.l1 {
    width:270px;
    height:210px;
    background-image:url(images/left1.
jpg);    /*设置背景图片*/
}
.l2 {
    width:270px;
    height:270px;
    background-image:url(images/left2.
jpg);    /*设置背景图片*/
}
.r1 {
    width:520px;
    height:210px;
```

```
        background-image:url(images/right1.
jpg);
    }
    .r2 {
        width:520px;
        height:270px;
        background-image:url(images/right2.
jpg);
    }
</style>
</head>
<body>
<div class="container">
        <div class="header"><img src="images/
banner.jpg" /></div>
        <div class="content">
                <table    cellspacing="0"
cellpadding="0">
                        <tr>
                            <td class="l1"></td>
                            <td class="r1"></td>
                        </tr>
                        <tr>
                            <td class="l2"></td>
                            <td class="r2"></td>
                        </tr>
```

```
        </table>
    </div>
</div>
</body>
</html>
```

　　在浏览器中浏览的效果如图 7-4 所示，从代码中可以得知这里设置了网页背景图片，而且用 background-repeat 属性设置了背景图像水平方向居中平铺显示。

图 7-4　水平方向平铺

7.1.5　固定背景图像

　　使用 CSS3 中的 background-attachment 属性可以设定背景图像是否随文档一起滚动。也就是说，使用 background-attachment 属性，可以使背景图片始终处于视野范围内，以避免出现因页面的滚动而消失的情况。

　　background-attachment 属性包含两个属性值：scroll 和 fixed，并适用于所有元素，如表 7-2 所示。

表 7-2　background-attachment 属性值

属 性 值	描　　述
scroll	缺省值，当页面滚动时，背景图片随页面一起滚动
fixed	背景图片固定在页面的可见区域

实例 5：将背景图像固定显示在窗口顶部居中位置

```
<!DOCTYPE html>
<html>
<head>
<meta http-equiv="Content-Type"
content="text/html; charset=gb2312" />
<title>固定背景图像</title>
<style>
body {
    padding:0;
    margin:0;
```

```
    background-image: url(images/
top.jpg);       /*设置背景图片*/
    background-repeat: no-repeat;
/*设置背景图片的平铺方式*/
    background-attachment: fixed;
/*设置背景图片的固定方式*/
    background-position: top center;
/*设置背景图片的定位方式*/
}
#content {
    height:2000px;
    border:solid 2px red;
/*设置边框样式、粗细、颜色*/
}
```

```
</style>
</head>
<body>
<div id="content"></div>
</body>
</html>
```

在浏览器中浏览的效果如图 7-5 所示，可以看到网页 background-attachment 属性的值为 fixed 时，背景图片的固定位置并不是相对于整个页面的，而是相对于页面的可视范围。

图 7-5　固定背景图像

7.1.6　定位背景图像

默认情况下，背景图像的位置在网页的左上角，但在实际网页设计中，可以根据需要指定背景图像的位置。在 CSS3 中，可以通过 background-position 属性轻松定位背景图像的显示位置。具体用法如下：

```
background-position:percentage | length
background-position:left | center | right | top | bottom
```

取值可以是百分数，如 background-position:40% 60%，表示背景图像的中心点在水平方向上处于 40% 的位置，在垂直方向上处于 60% 的位置；也可以是具体的值，如 background-position:200px 40px 表示距离左侧 200px，距离顶部 40px。

background-position 属性值如表 7-3 所示。

表 7-3　background-position 属性值

属 性 值	描　　述
length	设置图片在水平与垂直方向上的位置，后跟长度单位（cm、mm、px 等）
percentage	以页面元素框的宽度或高度的百分比放置图片
top	背景图像在垂直方向上填充，从顶部开始
center	背景图像在水平方向和垂直方向居中
bottom	背景图像在垂直方向上填充，从底部开始
left	背景图像在水平方向上填充，从左边开始
right	背景图像在水平方向上填充，从右边开始

提示：垂直对齐值还可以与水平对齐值一起使用，从而决定图片的垂直位置和水平位置。

实例6：将网页背景图像定位在页面右下角

```
<!DOCTYPE html>
<html>
<head>
<title>定位网页背景图像</title>
<style type="text/css">
body{
   background-color:#EDA9B0;
/*设置页面背景色*/
```

```
   margin:0px;
   padding:0px;
   background-image:url(images/01.jpg);
/*添加背景图片*/
   background-repeat:no-repeat;
/*设置背景图片的平铺方式*/
   background-position:bottom right;
/*设置背景图片的定位方式*/
   }
   p{
```

117

```
            line-height:1.8em;
            font-weight:bold
            font-size:18px;
            margin:0px;
            padding-top:8px;
            padding-left:10px;
            padding-right:400px;
        }
    </style>
</head>
<body>
    <h1>《春》</h1>
    <p>盼望着，盼望着，东风来了，春天的脚步
近了。</p>
    <p>一切都像刚睡醒的样子，欣欣然张开了
眼。山朗润起来了，水涨起来了，太阳的脸红起来
了。</p>
    <p>一切都像刚睡醒的样子，欣欣然张开了
眼。山朗润起来了，水涨起来了，太阳的脸红起来
了。</p>
    <p>小草偷偷地从土里钻出来，嫩嫩的，绿绿
的。园子里，田野里，瞧去，一大片一大片满是的。
坐着，躺着，打两个滚，踢几脚球，赛几趟跑，捉几
回迷藏。风轻悄悄的，草软绵绵的。</p>
    <p>桃树、杏树、梨树，你不让我，我不让
你，都开满了花赶趟儿。红的像火，粉的像霞，白的
像雪。花里带着甜味儿，闭了眼，树上仿佛已经满是
桃儿、杏儿、梨儿。花下成千成百的蜜蜂嗡嗡地闹
着，大小的蝴蝶飞来飞去。野花遍地是：杂样儿，有
名字的，没名字的，散在花丛里，像眼睛，像星星，
```

```
还眨呀眨的。</p>
    <p>"吹面不寒杨柳风"，不错的，像母亲的
手抚摸着你。风里带来些新翻的泥土的气息，混着青
草味儿，还有各种花的香，都在微微润湿的空气里酝
酿。鸟儿将巢安在繁花嫩叶当中，高兴起来了，呼朋
引伴地卖弄清脆的喉咙，唱出宛转的曲子，跟轻风流
水应和着。牛背上牧童的短笛，这时候也成天在嘹亮
地响着。</p>
    <p>雨是最寻常的，一下就是三两天。可别
恼。看，像牛毛，像花针，像细丝，密密地斜织着，
人家屋顶上全笼着一层薄烟。树叶儿却绿得发亮，小
草也青得逼你的眼。傍晚时候，上灯了，一点点黄晕
的光，烘托出一片这安静而和平的夜。在乡下，小路
上，石桥边，有撑起伞慢慢走着的人；还有地里工作
的农民，披着蓑戴着笠。他们的草屋，稀稀疏疏的，
在雨里静默着。</p>
    <p>天上风筝渐渐多了，地上孩子也多了。城
里乡下，家家户户，老老小小，也赶趟儿似的，一个
个都出来了。舒活舒活筋骨，抖擞抖擞精神，各做各
的一份儿事去，"一年之计在于春"；刚起头儿，有
的是工夫，有的是希望。</p>
    <p>春天像刚落地的娃娃，从头到脚都是新
的，它生长着。</p>
    <p>春天像小姑娘，花枝招展的，笑着，走
着。</p>
    <p>春天像健壮的青年，有铁一般的胳膊和腰
脚，他领着我们上前去。</p>
    </body>
</html>
```

在浏览器中浏览的效果如图 7-6 所示，可以看到网页的右下角显示背景图像。

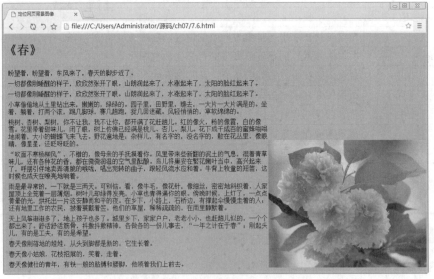

图 7-6　设置背景位置

使用垂直对齐值和水平对齐值只能格式化地放置图片，如果想在页面中自由地定义图片
的位置，则需要使用确定数值或百分比。在上面的代码中，将

```
background-position: bottom right;
```

语句修改为

```
background-position:600px 200px
```

在浏览器中浏览的效果如图 7-7 所示，可以看到网页中的背景图像是从左上角开始，但并不是从（0，0）坐标位置开始，而是从（600，200）坐标位置开始。

图 7-7　指定背景位置

7.2　新增控制背景属性

CSS3 中也新增了一些控制网页背景的属性，下面的章节将详细讲述它们的使用方法和技巧。

7.2.1　背景图像大小

在以前的网页设计中，背景图片的大小是无法控制的，如果想用图片填充整个背景，则需要事先设计一个较大的背景图片，要么只能让背景图片以平铺的方式来填充页面元素。在 CSS3 中，新增了一个 background-size 属性，用来控制背景图片大小，从而降低网页设计的开发成本。

background-size 的语法格式如下：

```
background-size : [ <length> | <percentage> | auto ]{1,2} | cover | contain
```

各参数的含义如表 7-4 所示。

表 7-4　background-size 属性的参数

参　　数	说　　明
<length>	由浮点数字和单位标识符组成的长度值。不可为负值
<percentage>	取值为 0% 到 100% 之间的值。不可为负值
cover	保持背景图像本身的宽高比例，将图片缩放到正好完全覆盖所定义的背景区域
contain	保持图像本身的宽高比例，将图片缩放到宽度或高度正好适应所定义的背景区域

实例 7：设计自适应模块大小的背景图像

```
<!DOCTYPE html>
<html>
<head>
<title>背景图像的大小</title>
<style type="text/css">
div{
        margin:2px;
        float:left;
/*浮动定位*/
        border:solid  2px  red;
/*设置边框样式、粗细、颜色*/
        background-image:url(images/
03.jpg) ;      /*添加背景图片*/
        background-repeat:no-repeat ;
/*设置背景图片的平铺方式*/
        background-position:center;
/*设置背景图片的定位方式*/
        background-size:cover;
/*设置背景图片的大小*/
    }
.hl{height:120px; width:192px;}
.h2{height:240px; width:384px;}
</style>
</head>
<body>
```

```
<div class="hl"></div>
<div class="h2"></div>
</body>
</html>
```

在浏览器中浏览的效果如图 7-8 所示，这里为网页添加了两个模块并设置了它们的大小，再借助 background-size 的属性值 cover，可以让背景图像自适应模块的大小，从而可以设计出与模块大小完全适应的背景图像。

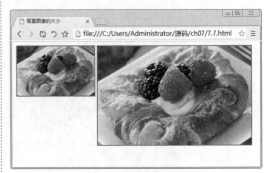

图 7-8　设定背景大小

> **提示**：background-size 属性可以设置 1 个或 2 个值，1 个为必填，1 个为可选。其中，第 1 个值用于指定背景图像的宽度，第 2 个值用于指定背景图像的高度，如果只设置 1 个值，则第 2 个值默认认为 auto。

7.2.2　背景显示区域

在网页设计中，如果能改善背景图像的定位方式，使设计师能够更灵活地决定背景图像应该显示的位置，会大大减少设计成本。在 CSS3 中，新增了一个 background-origin 属性用来改变背景图像定位的参考方式。语法格式如下：

```
background-origin:border-box | padding-box | content-box
```

初始值为 padding-box，各参数的含义如表 7-5 所示。

表 7-5　background-origin 属性的参数表

参　　数	说　　明
border-box	从边框区域开始显示背景
padding-box	从内边框区域开始显示背景
content-box	仅在内容区域显示背景

实例 8：重设背景图像定位坐标以显示背景图像的位置

```
<!DOCTYPE html>
<html>
<head>
<title>背景显示区域设定</title>
<style>
div{
        height:500px;
        width:400px;
        border:solid 1px red;
        padding:32px 2em 0;
        background-image:url(images/04.
jpg);  /*添加背景图片*/
        background-origin:padding-box;
        /*设置背景图片的显示区域*/
        }
div h1{
        font-size:18px;
        font-family:"幼圆";
        text-align:center;
}
div  p{
        text-indent:2em;
        line-height:2em;
        font-family:"楷体";
        font-weight:bold;
        margin-bottom: 2em;
    }
</style>
</head>
<body>
<div>
<h1>神笔马良的故事</h1>
<p>
从前，有个孩子名字叫马良。父亲母亲早就死
了，靠他自己打柴、割草过日子。他从小喜欢学画，
```

可是，他连一支笔也没有啊！</p>
```
    <p>
        一天，他走过一个学馆门口，看见学馆里的教
师，拿着一支笔，正在画画。他不自觉地走了进去，
对教师说："我很想学画，借给我一支笔可以吗？"
教师瞪了他一眼，"呸！"一口唾沫啐在他脸上，骂
道："穷娃子想拿笔，还想学画？做梦啦！"说完，
就将他撵出大门来。马良是个有志气的孩子，他说：
"偏不相信，怎么穷孩子连画也不能学了！"。
    </p>
    </div>
    </body>
    </html>
```

在浏览器中浏览的效果如图 7-9 所示，可以看到在网页中，背景图片以指定大小在网页左侧显示，背景图片上显示了相应的段落信息。

图 7-9　设置背景显示区域

7.2.3　裁剪背景图像

CSS3 中的 background-clip 属性用来定义背景图像的裁剪区域。background-clip 的语法格式如下：

```
background-clip: border-box | padding-box | content-box | text
```

各参数的含义如表 7-6 所示。

表 7-6　background-clip 属性的参数

参　　数	说　　明
border-box	从边框区域向外裁剪背景
padding-box	从内边距区域向外裁剪背景
content-box	从内容区域向外裁剪背景
text	从前景内容（如文字）区域向外裁剪背景

实例 9：以内容边缘裁剪背景图像

```
<!DOCTYPE html>
<html>
<head>
<title>背景图像裁剪</title>
<style>
div{
        height:300px;
        width:350px;
        border:dotted 10px red;
        padding:30px;
        background-image:url(images/
03.jpg);
        background-repeat:no-repeat;
        background-clip:content;
        /*设置背景图片的裁剪方式*/
    }
</style>
</head>
<body>
<div>
</div>
```

```
</body>
</html>
```

在浏览器中浏览的效果如图 7-10 所示，可以看到网页中，背景图像仅在内容区域内显示。

图 7-10　以内容边缘裁剪背景图

7.2.4　背景复合属性

在 CSS3 中，background 属性依然保持了以前的用法，即综合了以上所有与背景有关的属性（即以 background- 开头的属性），可以一次性地设定背景样式。格式如下：

```
background:[background-color] [background-image] [background-repeat]
[background-attachment]
    [background-position] [background-size] [background-clip] [background-origin]
```

其中的属性顺序可以自由调换，并且可以选择设定。没有设定的属性，系统会自行为该属性添加默认值。

实例 10：使用背景图像复合属性设计网页

```
<!DOCTYPE html>
<html>
<head>
<title>背景的复合属性</title>
<style>
body
{
    /*背景图片的复合属性设置*/
    background:url(images/hua.gif)
repeat-x orange;
    background-position:center;
    background-attachment:fixed;
    background-origin:padding;
}
</style>
</head>
<body>
</body>
```

```
</html>
```

在浏览器中浏览的效果如图 7-11 所示，可以看到网页中，背景图像以复合方式显示。

图 7-11　设置背景的复合属性

7.3　网页背景渐变效果

CSS3 渐变（gradients）可以实现两个或多个指定的颜色之间平稳过渡的效果。在 CSS3 之前的版本中，如果要实现渐变效果，只能使用图片，从而增加了下载的时间和占用的宽带。可见，使用 CSS3 中的渐变效果，不仅效果更漂亮，而且能减少下载的时间和占用的宽带。CSS3 定义了两种类型的渐变：线性渐变和径向渐变。

7.3.1　线性渐变效果

线性渐变效果为向下、向上、向左、向右或对角方向颜色过渡的效果。如果想创建一个线性渐变效果，至少需要定义两种颜色节点。定义线性渐变效果的语法格式如下：

```
background: linear-gradient(direction, color-stop1, color-stop2, ...);
```

其中，direction 用于指定渐变的方向；color-stop1 用于指定颜色的起点；color-stop2 用于指定过渡颜色或终点颜色。

下面将通过案例来学习如何实现从上到下的线性渐变效果。

实例 11：创建从上到下线性渐变效果的网页背景

```
<!DOCTYPE html>
<html>
<head>
<title>从上到下的线性渐变效果</title>
<style>
#grad1 {
    height: 200px;
    background: -webkit-linear-
gradient(blue, red); /* Safari 5.1 -
6.0 */
    background: -o-linear-gradient
(blue, red);       /* Opera 11.1 - 12.0
*/
    background: -moz-linear-gradient
(blue, red);     /* Firefox 3.6 - 15 */
    background: linear-gradient(blue,
red);     /* 标准的语法（必须放在最后）*/
}
</style>
</head>
<body>
<h2>从上到下的渐变效果。起点是蓝色，慢慢
过渡到红色。</h2>
    <div id="grad1"></div>
    </body>
    </html>
```

在浏览器中浏览的效果如图 7-12 所示。可见，线性渐变的默认方向为从上到下。

图 7-12　线性渐变效果

提示：Internet Explorer 9 及之前的版本不支持渐变效果。

用户可以定义水平渐变效果。例如将渐变方向定义为从左到右，则对应的代码如下：

```
#grad1{
  background: -webkit-linear-gradient(left, blue , red); /* Safari 5.1 - 6.0 */
  background: -o-linear-gradient(right, blue, red); /* Opera 11.1 - 12.0 */
  background: -moz-linear-gradient(right, blue, red); /* Firefox 3.6 - 15 */
  background: linear-gradient(to right, blue, red); /* 标准的语法 */
```

```
}
```

用户可以定义对角渐变效果。例如，从左上角到右下角的线性渐变，对应的代码如下：

```
#grad {
  background: -webkit-linear-gradient(left top, red , blue); /* Safari 5.1 - 6.0 */
  background: -o-linear-gradient(bottom right, red, blue); /* Opera 11.1 - 12.0 */
  background: -moz-linear-gradient(bottom right, red, blue); /* Firefox 3.6 -
15 */
  background: linear-gradient(to bottom right, red , blue); /* 标准的语法 */
}
```

如果用户想要在渐变的方向上做更多的控制，可以定义一个角度。具体语法规则如下：

```
background: linear-gradient(angle, color-stop1, color-stop2);
```

其中，angle 为水平线和渐变线之间的角度，逆时针方向计算。例如，以下为带有角度的线性渐变。

```
#grad {
  background: -webkit-linear-gradient(180deg, red, blue); /* Safari 5.1 - 6.0 */
  background: -o-linear-gradient(180deg, red, blue); /* Opera 11.1 - 12.0 */
  background: -moz-linear-gradient(180deg, red, blue); /* Firefox 3.6 - 15 */
  background: linear-gradient(180deg, red, blue); /* 标准的语法 */
}
```

CSS3 渐变也支持透明度设置，可用于创建减弱变淡的效果。为了添加透明度效果，可以使用 rgba() 函数来定义颜色节点。rgba() 函数中的最后一个参数可以是从 0 到 1 的值，它定义了颜色的透明度：0 表示完全透明，1 表示完全不透明。

下面的代码将实现从左边开始的线性渐变。起点是完全透明，慢慢过渡到完全不透明的蓝色，对应代码如下：

```
#grad {
  background: -webkit-linear-gradient(left,rgba(255,0,0,0),rgba(255,0,0,1)); /*
Safari 5.1 - 6 */
  background: -o-linear-gradient(right,rgba(255,0,0,0),rgba(255,0,0,1)); /*
Opera 11.1 - 12*/
  background: -moz-linear-gradient(right,rgba(255,0,0,0),rgba(255,0,0,1)); /*
Firefox 3.6 - 15*/
  background: linear-gradient(to right, rgba(255,0,0,0), rgba(255,0,0,1)); /*
标准的语法 */
}
```

7.3.2 径向渐变效果

径向渐变是以指定的中心点，按设置的形状和大小进行渐变的效果。径向渐变的语法格式如下：

```
background: radial-gradient(center, shape size, start-color, ..., last-color);
```

上述参数的含义如下。

（1）center 为渐变的中心，默认值为渐变的中心点。

（2）shape 为渐变的形状，它的值可以为 circle 或 ellipse。其中，circle 表示圆形，

ellipse 表示椭圆形。默认值是 ellipse。

（3）size 为渐变的大小。它可以取值为：closest-side、farthest-side、closest-corner 或者 farthest-corner。

（4）start-color 为开始颜色，last-color 为结束颜色。

下面的案例将制作不同形状的径向渐变效果。

实例 12：创建不同形状径向渐变效果的网页背景

```
<!DOCTYPE html>
<html>
<head>
<title>径向渐变效果</title>
<style>
#grad1 {
    height: 200px;
    width: 250px;
    background: -webkit-radial-gradient
(red, yellow, green); /* Safari 5.1 - 6.0
*/
    background: -o-radial-gradient
(red, yellow, green); /* Opera 11.6 -
12.0 */
    background: -moz-radial-gradient
(red, yellow, green); /* Firefox 3.6 - 15
*/
    background: radial-gradient(red,
yellow, green); /* 标准的语法（必须放在最后）
*/
}

#grad2 {
    height: 200px;
    width: 250px;
    background: -webkit-radial-
gradient(circle, red, yellow, green);
/* Safari 5.1 - 6.0 */
    background: -o-radial-
gradient(circle, red, yellow, green);
/* Opera 11.6 - 12.0 */
```

```
    background: -moz-radial-gradient
(circle, red, yellow, green); /*
Firefox 3.6 - 15 */
    background: radial-gradient(circle,
red, yellow, green); /* 标准的语法（必须放
在最后）*/
}
</style>
</head>
<body>
<h3>径向渐变效果</h3>
<p><strong>椭圆形 Ellipse（默认）：</
strong></p>
<div id="grad1"></div>
<p><strong>圆形 Circle：</strong></p>
<div id="grad2"></div></style>
</body>
</html>
```

在浏览器中浏览的效果如图 7-13 所示。

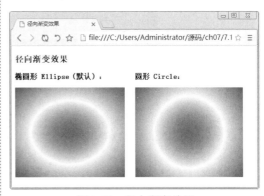

图 7-13　径向渐变效果

7.4　新手常见疑难问题

疑问 1：我制作网页的背景图片为什么不显示？是不是路径有问题？

答：一般情况下，设置图片路径的代码如下：

```
background-image:url(logo.jpg);
background-image:url(../logo.jpg);
background-image:url(../images/
logo.jpg);
```

对于第一种情况 "url（logo.jpg）"。要看此图片是不是与 CSS 文件在同一目录。

对于第二与第三种情况，极力不推荐使用，因为网页文件可能存在于多级目录中，不同级目录的文件位置注定了相对路径是不一样的。而这样就让问题复杂化了，很可能图片在这个文件中显示正常，但若换一级目标，图片就找不到影子了。

有一种方法可以轻松解决这一问题，建立一个公共文件目录，用来存放一些公用图

片文件，例如"image"，将图片文件也直接存于该目录中，在 CSS 文件中，可以使用下列方式。

```
url(images/logo.jpg)
```

疑问 2：用小图片进行背景平铺，合适吗？

答：不要使用尺寸过小的图片做背景平铺。这是因为宽高 1px 的图片平铺出一个宽高 200px 的区域，需要 200×200=40000 次，占用资源。

7.5 实战技能训练营

实战 1：制作带有花边边框的网页

结合本章所学背景图像样式的知识，制作一个带有花纹边框的网页，运行效果如图 7-14 所示。

实战 2：设计带有圆润栏目模块的网页

结合本章所学背景图像样式以及前面章节学习的边框样式知识，制作一个带有圆润栏目模块的网页，运行效果如图 7-15 所示。

图 7-14　带有花纹边框的网页

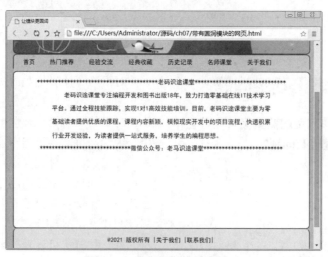

图 7-15　带有圆润模板的网页

第8章 使用CSS3定义链接和鼠标样式

　　链接是网页的灵魂，网页之间都是通过链接进行相互访问的，链接完成了页面的跳转。通过 CSS3 属性定义链接和鼠标样式，可以设计出美观大方，具有不同外观和样式的链接，从而提高网页浏览的效果。本章就来介绍使用 CSS3 定义链接和鼠标样式的基本方法和应用技巧。

```
                                          ┌── 设置链接样式
                                          │
                                          ├── 定义下划线样式
                                          │
                          ┌── 链接样式基础 ──┼── 定义链接背景图
                          │               │
                          │               ├── 定义链接提示信息
使用CSS3定义链接和鼠标样式 ──┤               │
                          │               └── 定义链接按钮
                          │
                          │               ┌── 鼠标样式基础
                          │               │
                          └── 定义鼠标光标特效 ──┼── 变幻鼠标光标
                                          │
                                          └── 定义滚动条样式
```

8.1 链接样式基础

一般情况下，网页中的链接由 <a></a> 标签组成，链接可以是文字或图片。添加了链接的文字具有自己的样式，可以与其他文字区别，默认的链接样式为蓝色文字，有下划线。不过，通过 CSS3 属性，可以修饰链接样式，以达到美观的目的。

8.1.1 设置链接样式

使用类型选择器 a 可以很容易地设置链接样式，例如，下面的样式可以使所有链接显示为红色。

```
a { color: red; }
```

但这种方法会影响锚点的样式，一般情况下锚点是不显示的，为了避免这个问题，CSS3 为 a 元素提供了 4 个状态伪类选择器来定义链接样式，如表 8-1 所示。

表 8-1　状态伪类选择器

名　称	说　明	名　称	说　明
a: link	链接默认的样式	a: hover	鼠标在链接上的样式
a:visited	链接被访问过的样式	a: active	点击链接时的样式

> **提示**：如果要定义未访问过的超级链接的样式，可以通过 a:link 来实现；如果要设置访问过的链接样式，可以通过定义 a:visited 来实现；如果要定义悬浮和激活时的样式，可以通过 a:hover 和 a:active 来实现。

▎实例 1：定义文本链接样式

```
<!DOCTYPE html>
<html>
<head>
<title>文本链接样式</title>
<style>
a{
    color:#545454;
/*设置文本颜色*/
    text-decoration:none;
/*设置文本不带有下划线*/
    }
    a:link{
        color:#545454;
/*设置文本颜色*/
        text-decoration:none;
/*设置文本不带有下划线*/
    }
    a:hover{
        color:#f60;
/*设置文本颜色*/
        text-decoration:underline;
/*设置文本带有下划线*/
    }
    a:active{
        color:#FF6633;
/*设置文本颜色*/
        text-decoration:none;
/*设置文本不带有下划线*/
    }
    </style>
    </head>
    <body>
    <center>
    <a href=#>返回首页</a>|<a href=#>成功案例</a>
    <center>
    </body>
    </html>
```

在浏览器中浏览的效果如图 8-1 所示，可以看到两个超级链接，当鼠标停留在第一个超级链接的上方时，显示颜色为黄色，并带有下划线；另一个超级链接没有被访问，不带有下划线，颜色显示为灰色。

图 8-1　创建文本链接样式

> **提示**：伪类只是提供一种途径，用来修饰链接，而对链接真正起作用的，还是文本、背景和边框等属性。

实例 2：创建具有图片链接样式的网页

在网上购物，购买者首先会查看物品的图片，如果满意，则单击图片进入详细信息介绍页面，在这些页面中通常都是以图片作为链接对象的。下面就创建一个具有图片链接样式的网页。

01 创建一个 HTML5 页面，包括图片和介绍信息。其代码如下：

```
<!DOCTYPE html>
<html>
<head>
<title>图片链接样式</title>
</head>
<body>
<p>
<a href="#" title="单击图片，会进入更详
细的介绍页面"><img src=images/01.jpg></a>
雪莲是一种珍贵的中药，在中国的新疆西藏、
青海、四川、云南等地都有出产。中医将雪莲花全草
入药，主治雪盲、牙痛等病症。此外，中国民间还有
用雪莲花泡酒来治疗风湿性关节炎的方法，不过，由
于雪莲花中含有有毒成分秋水仙碱，所以用雪莲花泡
的酒切不可多服。
</p>
</body>
</html>
```

在浏览器中浏览的效果如图 8-2 所示，可以看到页面中显示了一张图片，作为链接对象，下面带有文字介绍。

02 添加 CSS 代码，修饰图片，具体代码如下：

```
<style>
img{
        width:200px;
        height:180px;
        border:1px solid #ffdd00;
        float:left;
```

```
}
</style>
```

在浏览器中浏览的效果如图 8-3 所示，可以看到页面中的图片变小，其宽度为 200 像素，高度为 180 像素，带有边框，文字在图片的右边。

图 8-2　创建图片链接对象

图 8-3　设置图片样式

03 添加 CSS 代码，修饰段落样式，代码如下：

```
p{
    font-size:20px;
    font-family:"黑体";
    text-indent:2em;
/*设置文本首行缩进*/
    }
```

在浏览器中浏览的效果如图 8-4 所示，可以看到页面中的图片变为小图片，段落文字大小为 20 像素，字形为黑体，段落首行缩进了 2em。

图 8-4　设置段落样式

04 将鼠标放置在图片上，可以看到鼠标指针变成了手的形状，这就说明图片链接添加完成，如图 8-5 所示。

图 8-5　图片链接样式

8.1.2　定义下划线样式

从用户体验角度分析，使用颜色之外的其他效果让链接文本区别于其他文本是很重要的。这是因为有视觉障碍的人很难区分弱对比的颜色，尤其是在文字很小的情况下。因此，使用下划线定义链接样式就是一种比较好的选择。

很多设计师不喜欢链接的下划线，因为下划线让页面看上去比较乱。如果去掉链接的下划线，可以让链接文字显示为粗体，这样链接文本看起来会很醒目。代码如下：

```
a:link,a:visited{
text-decoration:none;
font-weight:bold;
}
```

当鼠标停留在链接上或激活链接时，可以重新应用下划线，从而增强交互性，代码如下：

```
a:hover,a:active{
text-decoration:underline;
}
```

定义下划线样式的方法有多种。常用的有三种，分别是：使用 text-decoration 属性、使用 border 属性、使用 background 属性。

例如，在下面的代码中取消了默认的 text-decoration:underline 下划线，使用 border-bottom:1px dotted #000 底部边框点线来模拟下划线样式。当鼠标停留在链接上或激活链接时，这条线变成实线，从而产生更强的视觉反馈。代码如下：

```
a:link,a:visited{
    text-decoration:none;
    border-bottom:1px dotted #000;
}
a:hover,a:active{
    border-bottom-style:solid;
}
```

▌实例 3：定义网页链接下划线的样式

```
<!DOCTYPE html>
<html>
<head>
<meta http-equiv="Content-Type"
content="text/html; charset=gb2312" />
<title>定义下划线样式</title>
```

```
<style type="text/css">
body {
    font-size:23px;
}
a {
    text-decoration:none;
    color:#666;
}
a:hover {
    color:#f00;
    font-weight:bold;
}

.underline1 a {
    text-decoration:none;
}
.underline1 a:hover {
    text-decoration:underline;
}

.underline2 a {
    border-bottom:dashed 1px red;
/* 红色虚下划线效果 */
    zoom:1;
/* 解决IE浏览器无法显示的问题 */
}
.underline2 a:hover {
    border-bottom:solid 1px #000;
/* 改变虚下划线的颜色 */
}
</style>
</head>
<body>
<h2>设计下划线样式</h2>
<ol>
    <li class="underline1">
        <p>使用text-decoration属性定
义下划线样式</p>
        <ul>
            <li><a href="#">首页</a>
</li>
            <li><a href="#">论坛</a>
</li>
```

```
            <li><a href="#">博客</a>
</li>
        </ul>
    </li>
    <li class="underline2">
        <p>使用border属性定义下划线样
式</p>
        <ul>
            <li><a href="#">首页</a>
</li>
            <li><a href="#">论坛</a>
</li>
            <li><a href="#">博客</a>
</li>
        </ul>
    </li>
</ol>
</body>
</html>
```

在浏览器中浏览的效果如图 8-6 所示，将鼠标放置在链接文本上，可以看到其下划线的样式。

图 8-6　定义下划线样式

8.1.3　定义链接背景图

一个普通的超级链接，要么是文本显示，要么是图片显示，显示样式很单一。如果将图片作为背景图添加到链接里，链接会更加精美，使用 background-image 属性可以为超级链接添加背景图片。

┃ 实例 4：定义网页链接背景图

```
<!DOCTYPE html>
<html>
<head>
<title>设置链接的背景图</title>
```

```
<style>
body{
    font-size:20px;
}
a{
    background-image:url(images/02.
jpg);
```

```
    width:90px;
    height:30px;
    color:#005799;
    text-decoration:none;
}
a:hover{
    background-image:url(images/03.
jpg);
    color:#006600;
    text-decoration:underline;
}
</style>
</head>
<body>
<a href="#">品牌特卖</a>
<a href="#">服饰精选</a>
<a href="#">食品保健</a>
</body>
</html>
```

在浏览器中浏览的效果如图 8-7 所示，可以看到显示了 3 个链接。当鼠标停留在一个超级链接上时，其背景图就会显示深黄色并带有下划线；而当鼠标不在超级链接上时，背景图显示黄色，并且不带下划线，从而实现超级链接动态效果。

图 8-7　设置链接背景图

> **提示**：在上面的代码中，使用 background-image 引入背景图，text-decoration 设置超级链接是否具有下划线。

8.1.4　定义链接提示信息

在网页中，有时一个链接并不能说明这个链接背后的含义，通常还要为这个链接加上一些介绍性信息，即提示信息。可以通过链接 a 提供的描述标签 title，实现这个效果。title 属性的值就是提示内容，当鼠标光标停留在链接上时，就会出现提示内容，并且不会影响页面的整洁性。

▌实例5：定义网页链接提示内容

```
<!DOCTYPE html>
<html>
<head>
<title>链接提示内容</title>
<style>
a{
    color:#005799;
    text-decoration:none;
}
a:link{
    color:#545454;
    text-decoration:none;
}
a:hover{
    color:#f60;
    text-decoration:underline;
}
a:active{
    color:#FF6633;
    text-decoration:none;
}
</style>
```

```
</head>
<body>
<a href="" title="这是一个优秀的团队">
了解我们</a>
</body>
</html>
```

在浏览器中浏览的效果如图 8-8 所示，可以看到当鼠标停留在超级链接上方时，显示颜色为黄色，带有下划线，并且有一个提示信息"这是一个优秀的团队"。

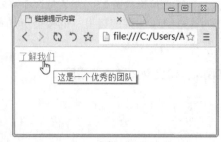

图 8-8　设置链接提示信息

8.1.5　定义链接按钮

有时为了增强链接效果，会将链接模拟成表单按钮，即当鼠标指针移到一个链接上时，链接的文本或图片就像被按下一样，出现一种凹陷的效果。其实现方式通常是利用 CSS3 中的 a:hover 伪类，当鼠标经过链接时，将链接向下、向右各移一个像素，这时显示的效果就像按钮被按下一样。

实例6：定义网页链接为按钮效果

```html
<!DOCTYPE html>
<html>
<head>
<title>设置链接的按钮效果</title>
<style>
a{
    font-family:"幼圆";
    font-size:2em;
    text-align:center;
    margin:3px;
}
a:link,a:visited{
    color:#ac2300;
    padding:4px 10px 4px 10px;
    background-color:#ccd8db;
    text-decoration:none;
    border-top:1px solid #EEEEEE;
    border-left:1px solid #EEEEEE;
    border-bottom:1px solid #717171;
    border-right:1px solid #717171;
}
a:hover{
    color:#821818;
    padding:5px 8px 3px 12px;
    background-color:#e2c4c9;
    border-top:1px solid #717171;
    border-left:1px solid #717171;
```

```html
    border-bottom:1px solid #EEEEEE;
    border-right:1px solid #EEEEEE;
}
</style>
</head>
<body>
<a href="#">首页</a>
<a href="#">团购</a>
<a href="#">品牌特卖</a>
<a href="#">服饰精选</a>
<a href="#">食品保健</a>
</body>
</html>
```

在浏览器中浏览的效果如图 8-9 所示，可以看到显示了五个链接，当鼠标停留在一个链接上时，其背景色显示黄色并具有凹陷的效果，而当鼠标不在链接上时，背景图显示浅蓝色。

图 8-9　设置链接为按钮效果

> **提示**：上面的 CSS 代码中，需要对 a 标签进行整体控制，同时加入了 CSS3 的两个伪类属性。对于普通链接和单击过的链接采用同样的样式，并且边框的样式模拟按钮效果。而对于鼠标指针经过时的链接，相应地改变文本颜色、背景色、位置和边框，从而模拟按下的效果。

案例7：制作网页导航栏

网站的每个页面中，基本都有一个导航栏，作为浏览者跳转的入口。导航栏一般是用链接创建，导航栏的样式可以采用 CSS3 来设置。下面结合前面学习的知识，创建一个实用的导航栏。具体步骤如下：

01 构建 HTML，创建网页链接样式，代码如下：

```html
<!DOCTYPE html>
<html >
<head>
<title>制作导航栏</title>
</head>
<body>
<a href="#">最新消息</a>
<a href="#">产品展示</a>
<a href="#">客户中心</a>
<a href="#">联系我们</a>
</body>
</html>
```

在浏览器中浏览的效果如图 8-10 所示，可以看到页面中创建了 4 个链接，其排列方式为横排，颜色为蓝色，带有下划线。

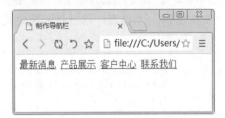

图 8-10 创建基本链接样式

02 添加 CSS 代码，修饰链接样式。代码如下：

```
<style type="text/css">
a, a:visited {
    display: block;
    font-size:16px;
    height: 50px;
    width: 80px;
    text-align: center;
    line-height: 40px;
    color: #000000;
    background-image: url(images/04.
jpg);
    background-repeat: no-repeat;
    text-decoration: none;
}
</style>
```

在浏览器中浏览的效果如图 8-11 所示，可以看到页面中的 4 个链接排列方式变为竖排，并且每个链接都导入了一个背景图片，超级链接的高度为 50 像素，宽度为 80 像素，字体颜色为黑色，没有下划线。

图 8-11 修改链接样式

03 添加 CSS 代码，修饰链接悬浮样式，代码如下：

```
a:hover {
    font-weight: bolder;
    color: #FFFFFF;
    text-decoration: underline;
    background-image: url(hover.gif);
}
```

在浏览器中浏览的效果如图 8-12 所示，可以看到当鼠标放到工具栏上的一个超级链接上时，其背景图片发生变化，文字出现下划线。

图 8-12 设置鼠标悬浮样式

8.2 定义鼠标指针特效

对于经常操作计算机的人来说，当鼠标移动到不同地方，或执行不同的操作时，鼠标样式是不同的，这些就是鼠标特效。例如，当需要伸缩窗口时，将鼠标指针放置在窗口边框处，鼠标指针会变成双向箭头形状；当系统繁忙时，鼠标指针会变成漏斗状。如果要在网页实现这种效果，可以通过 CSS3 属性定义。

8.2.1 鼠标样式基础

在 CSS3 中，鼠标的箭头样式可以通过 cursor 属性来实现。cursor 属性包含 18 个属性值，对应鼠标的 17 个样式，而且还能够通过 url 链接地址自定义鼠标指针，如表 8-2 所示。

表 8-2　cursor 属性值

属 性 值	说 明	属 性 值	说 明
auto	自动，按照默认状态自行改变	s-resize	箭头朝下双向
crosshair	精确定位十字	w-resize	箭头朝左双向
default	默认鼠标指针	e-resize	箭头朝右双向
hand	手形	ne-resize	箭头右上双向
move	移动	se-resize	箭头右下双向
help	帮助	nw-resize	箭头左上双向
wait	等待	sw-resize	箭头左下双向
text	文本	pointer	指示
n-resize	箭头朝上双向	url	自定义鼠标指针

案例 8：在网页中显示鼠标样式

```
<!DOCTYPE html>
<html>
<head>
<meta http-equiv="Content-Type"
content="text/html; charset=utf-8" />
<title>鼠标样式</title>
<style>
* {
    margin:10px 0 0 10px;
    padding:0px;
}
body {
    font-size:15px;
    font-family:"宋体";
}
ul {
    list-style-type:none;
}
li {
    float:left;
    margin-left:2px;
}
a {
    display:block;
    background-color:#3424ff;
    width:100px;
    height:30px;
    line-height:30px;
    text-align:center;
    color:#FFFFFF;
    text-decoration:none;
}
.help {
    cursor:help;
    /*设置鼠标箭头样式为帮助样式*/
}
```

```
.text {
    cursor:text;
    /*设置鼠标箭头样式为文本样式*/
}
.wait {
    cursor:wait;
    /*设置鼠标箭头样式为等待样式*/
}
.sw-resize {
    cursor:sw-resize;
    /*设置鼠标箭头样式为左下双向样式*/
}
.crosshair {
    cursor:crosshair;
    /*设置鼠标箭头样式为精确定位十字样式*/
}
.move {
    cursor:move;
    /*设置鼠标箭头样式为移动样式*/
}
</style>
</head>
<body>
<ul>
    <li> <a href="#" class="help">
帮助</a></li>
    <li> <a href="#" class="text">
文本</a></li>
    <li> <a href="#" class="wait">
等待</a></li>
    <li> <a href="#" class="sw-resize">
斜箭头</a></li>
    <li> <a href="#" class="crosshair">
十字</a></li>
    <li> <a href="#" class="move">
移动</a></li>
</ul>
</body>
</html>
```

在浏览器中浏览的效果如图 8-13 所示，可以看到多个鼠标样式提示信息，当鼠标放到一个帮助文字时，鼠标会以问号 (?) 显示，从而起到提示作用。

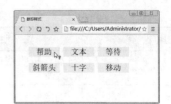

图 8-13　鼠标样式

案例 9：关于鼠标特效的一个实例

在浏览网页时，看到的鼠标指针形状有箭头、手形和 I 字形，但在 Windows 环境下可以看到的鼠标指针种类会更多。CSS3 弥补了 HTML 在这方面的不足，可以通过 cursor 属性设置各种鼠标样式，还可以自定义鼠标特效。本案例将创建 3 个链接，并设定它们的样式。

01 创建 HTML，实现基本网页链接，代码如下：

```
<!DOCTYPE html>
<html >
<head>
<title>鼠标特效</title>
</head>
<body>
<center>
<a href="#" >帮助信息</a>
<a href="#" >下载产品</a>
<a href="#" >自定义鼠标</a>
</center>
</body>
</html>
```

在浏览器中浏览的效果如图 8-14 所示，可以看到 3 个超级链接，颜色为蓝色，并带有下划线。

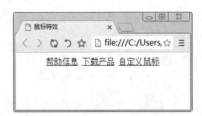

图 8-14　创建基本链接样式

02 添加 CSS3 代码，修饰整体样式，代码如下：

```
<style type="text/css">
```

```
*{
    margin:0px;
    padding:0px;
    }
body{
    font-family:"宋体";
    font-size:15px;
    }
</style>
```

在 IE 11.0 中浏览的效果如图 8-15 所示，可以看到超级链接的颜色不变，字体大小为 12 像素，字形为宋体。

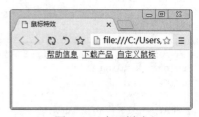

图 8-15　全局样式

03 添加 CSS 代码，修饰链接基本样式，代码如下：

```
a, a:visited {
line-height:50px;
    color: #000000;
    background-image:url(images/
nav02.jpg);
    background-repeat: no-repeat;
    text-decoration: none;
}
```

在浏览器中浏览的效果如图 8-16 所示，可以看到链接引入了背景图片，没有下划线，并且颜色为黑色。

图 8-16　设置链接背景图

04 添加 CSS 代码，修饰悬浮样式：

```css
a:hover {
    font-weight: bold;
    color: #FF0000;
}
```

在浏览器中浏览的效果如图 8-17 所示，可以看到当鼠标指针放在超级链接上时，字体颜色变为红色，字体加粗。

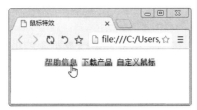

图 8-17　设置悬浮样式

05 添加 CSS 代码，设置鼠标指针的样式，代码如下：

```html
<a href="#" style="cursor:help;">产品帮助</a>
<a href="#" style="cursor:wait;">下载产品</a>
```

```html
<a href="#" style="CURSOR:url(images/0041.ani)">自定义鼠标</a>
```

在浏览器中浏览的效果如图 8-18 所示，可以看到当鼠标指针放到链接上时，鼠标指针变为问号，提示帮助。

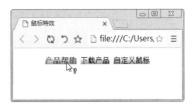

图 8-18　设置鼠标指针

06 当鼠标指针放到自定义鼠标链接上时，鼠标指针变为自定义鼠标样式，在浏览器中的浏览效果如图 8-19 所示。

图 8-19　鼠标自定义特效

8.2.2　变幻鼠标光标

知道了如何控制鼠标样式，就可以轻松制作出鼠标指针样式变幻的链接效果，即鼠标指针放到链接上，可以看到链接颜色、背景图片发生变化，并且鼠标样式也发生变化。

案例 10：在网页中设计鼠标变幻效果

```html
<!DOCTYPE html>
<html>
<head>
<title>鼠标变幻效果</title>
<style>
a{
    display:block;
    background-image:url(images/05.jpg);
    background-repeat:no-repeat;
    width:100px;
    height:30px;
    line-height:30px;
    text-align:center;
    color:#FFFFFF;
    text-decoration:none;
```

```html
    }
a:hover{
    background-image:url(images/02.jpg);
    color:#FF0000;
    text-decoration:none;
    }
.help{
    cursor:help;
    }
.text{cursor:text;}
</style>
</head>
<body>
<a href="#" class="help">帮助我们</a>
<a href="#" class="text">招聘信息</a>
</body>
</html>
```

在浏览器中浏览的效果如图 8-20 所示。可以看到当鼠标指针放到"帮助我们"链接上时，鼠标样式以问号显示，字体颜色显示为红色，背景色为黄色；当鼠标指针不放在链接上时，背景图片为绿色，字体颜色为白色。

图 8-20　鼠标变幻效果

8.2.3　定义滚动条样式

当一个网页内容较多时，不能在一屏内完全显示，就会给浏览者提供滚动条，方便读者浏览相关内容。对于 IE 浏览器，可以单独设置滚动条样式，从而满足网站整体样式设计。滚动条主要由 3dlight、highlight、face、arrow、shadow 和 dark-shadow 几个部分组成。其具体含义如表 8-3 所示。

表 8-3　滚动条属性设置

属　性	版　本	兼容性	简　介
scrollbar-3dlight-color	IE 专有属性	IE5.5+	设置或检索滚动条亮边框颜色
scrollbar-highlight-color	IE 专有属性	IE5.5+	设置或检索滚动条 3D 界面亮边的（ThreedHighlight）颜色
scrollbar-face-color	IE 专有属性	IE5.5+	设置或检索滚动条 3D 表面（Threed Face）的颜色
scrollbar-arrow-color	IE 专有属性	IE5.5+	设置或检索滚动条方向箭头的颜色
scrollbar-shadow-color	IE 专有属性	IE5.5+	设置或检索滚动条 3D 界面暗边的（ThreedShadow）颜色
scrollbar-dark-shadow-color	IE 专有属性	IE5.5+	设置或检索滚动条暗边框（ThreedDarkShadow）的颜色
scrollbar-base-color	IE 专有属性	IE5.5+	设置或检索滚动条的基准颜色。其他界面颜色将据此自动调整
scrollBar-track-color	IE 专有属性	IE5.5+	设置或检索滚动条的底板颜色

▌案例 11：设计网页中滚动条的样式

```
<!DOCTYPE html>
<html>
<head>
<title>设置滚动条样式</title>
<style>
body{
background-color:#CCFFFF;
overFlow-x:hidden;
/*水平方向内容溢出时隐藏*/
overFlow-y:scroll;
/*垂直方向内容溢出时显示滚动条*/
scrollBar-face-color:green;
/*设置滚动条3D表面（ThreedFace）的颜色*/
scrollBar-3d-Light-color:orange;
```

```
/*设置滚动条亮边框的颜色*/
scrollBar-dark-shadow-color:blue;
/*设置滚动条暗边框（ThreedDarkShadow）的颜
色*/
scrollBar-shadow-color:yellow;
/*设置滚动条3D界面暗边（ThreedShadow）的颜
色*/
scrollBar-arrow-color:purple;
/*设置滚动条方向箭头的颜色*/
scrollBar-track-color:white;
/*设置滚动条的底板颜色*/
scrollBar-base-color:pink;
/*设置滚动条的基准颜色*/
}
p{
text-indent:2em;
```

```
/*设置文本首行缩进*/
    }
    </style>
</head>
<body>
<h1 align=center>岳阳楼记</h1>
<p>
    庆历四年春，滕子京谪守巴陵郡。越明年，政
通人和，百废具兴。乃重修岳阳楼，增其旧制，刻唐
贤今人诗赋于其上。属予作文以记之。
</p>
<p>
    予观夫巴陵胜状，在洞庭一湖。衔远山，吞长
江，浩浩汤汤，横无际涯。朝晖夕阴，气象万千。
此则岳阳楼之大观也，前人之述备矣。然则北通巫
峡，南极潇湘，迁客骚人，多会于此，览物之情，
得无异乎？
</p><p>
    若夫霪雨霏霏，连月不开，阴风怒号，浊浪排
空。日星隐曜，山岳潜形。商旅不行，樯倾楫摧。薄
暮冥冥，虎啸猿啼。登斯楼也，则有去国怀乡，忧谗
畏讥，满目萧然，感极而悲者矣。
</p><p>
    至若春和景明，波澜不惊，上下天光，一碧万
顷。沙鸥翔集，锦鳞游泳；岸芷汀兰，郁郁青青。而
或长烟一空，皓月千里，浮光跃金，静影沉璧，渔歌
互答，此乐何极！登斯楼也，则有心旷神怡，宠辱偕
忘，把酒临风，其喜洋洋者矣。 </p><p>
    嗟夫！予尝求古仁人之心，或异二者之为。何
哉？不以物喜，不以己悲；居庙堂之高，则忧其民，
```

处江湖之远，则忧其君。是进亦忧，退亦忧。然则何
时而乐耶？其必曰"先天下之忧而忧，后天下之乐而
乐"乎？噫！微斯人，吾谁与归？

```
</p><p>
    时六年九月十五日。
</p>
</body>
</html>
```

在浏览器中浏览的效果如图 8-21 所示，可以看到页面显示了一个绿色滚动条，滚动条的边框显示黄色，箭头显示为紫色。

图 8-21　CSS 设置滚动条

> **注意**：目前这种滚动设计只限于 IE 浏览器，其他浏览器对此并不支持。相信不久的将来，这种滚动设计会纳入 CSS3 的样式属性中。

8.3　新手常见疑难问题

▍疑问 1：丢失标签中的结尾斜线，会造成什么后果？

答：页面排版失效。结尾斜线丢失也是造成页面失效比较常见的原因。我们很容易忽略结尾斜线之类的东西，特别是在 image 标签等元素中。在严格的 DOCTYPE 中结尾斜线丢失是无效的，要在 img 标签结尾处加上"/"以解决此问题。

▍疑问 2：设置了超级链接的激活状态，怎么看不到效果？

答：当前激活状态"a:active"一般被显示的情况非常少，因此很少使用。因为当用户单击一个超级链接后，焦点很容易就会从这个链接转移到其他地方。例如新打开的窗口等，此时该超级链接就不再是"当前激活"状态了。

8.4 实战技能训练营

实战 1：设计一个默认苹果导航菜单

本实例使用 CSS Sprites 技术模拟苹果界面，设计一个导航菜单，该实例主要用到背景图像的滑动技术以及使用 CSS 精确控制背景图像的定位技术，运行效果如图 8-22 所示。

图 8-22　模拟苹果导航菜单

实战 2：以大小图切换的方式浏览图片

图片浏览的功能主要是展示图片，让图片以特定的方式显示在浏览者面前。本实例利用 CSS 的链接样式、边框样式等知识进行设计，运行结果如图 8-23 所示。

图 8-23　以大小图切换的方式显示图片

第9章 使用CSS3设计表格样式

本章导读

表格是网页中常见的元素，表格通常用来显示数据，还可以用来排版。在传统网页设计中还可以将表格作为工具进行页面布局，现在已很少有人再用表格来设计网页了，但是表格在显示网页数据方面仍然是不可取代的载体。本章就来介绍使用 CSS3 设计表格样式的基本方法和应用技巧。

知识导图

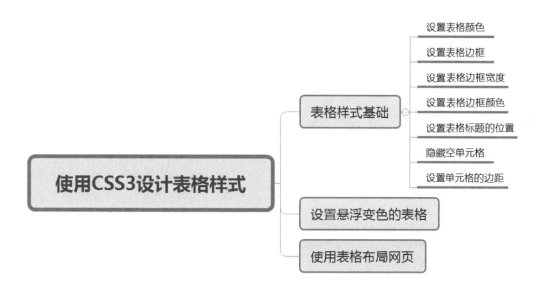

9.1 表格样式基础

使用表格排版，可以使网页更美观，条理更清晰，更易于维护和更新。CSS 表格样式包括表格边框宽度、表格边框颜色、表格边框样式、表格背景、单元格背景等效果，以及如何使用 CSS 控制表格显示特性等。

9.1.1 设置表格颜色

表格颜色包括背景色与前景色，CSS 使用 color 属性设置表格文本的颜色，表格文本颜色也称为前景色；使用 background-color 属性设置表格、行、列或单元格的背景颜色。

▍实例 1：定义表格前景色与背景色

```html
<!DOCTYPE html>
<html>
<head>
    <meta charset="UTF-8">
    <title>定义表格背景色与前景色</title>
    <style type="text/css">
        table{
            background-color:#CCFFFF;
            /*设置表格背景颜色*/
            color:#FF0000;
            /*设置表格文本颜色*/
        }
    </style>
</head>
<body>
<h3>学生信息表</h3>
<table width="400" border="1">
/*设置表格宽度*/
    <tr>
        <th>学号</th>
        <th>姓名</th>
        <th>专业</th>
    </tr>
    <tr>
        <td>202101</td>
        <td>王尚宇</td>
        <td>临床医学</td>
    </tr>
    <tr>
        <td>202102</td>
        <td>张志成</td>
        <td>土木工程</td>
    </tr>
    <tr>
        <td>202103</td>
        <td>李雪</td>
        <td>护理学</td>
    </tr>
```

```html
    <tr>
        <td>202105</td>
        <td>李尚旺</td>
        <td>临床医学</td>
    </tr>
    <tr>
        <td>202106</td>
        <td>石浩宇</td>
        <td>中医药学</td>
    </tr>
</table>
</body>
</html>
```

在浏览器中浏览的效果如图 9-1 所示。在上述代码中，用 <table> 标签创建了一个表格，设置表格的宽度为 400，表格的边框宽度为 1，这里没有设置单位，默认为 px。使用 <tr> 和 <td> 标签创建了一个 6 行 3 列的表格，并利用 CSS 设置了表格背景颜色和字体颜色。

图 9-1　设置表格背景色与字体颜色

9.1.2 设置表格边框

在显示表格数据时，通常都带有表格边框，用来界定不同单元格的数据。当 table 表格的描述标签 border 值大于 0 时，显示边框；如果 border 值为 0，则不显示边框。边框显示之后，可以使用 CSS3 的 border-collapse 属性对边框进行修饰。其语法格式为：

```
border-collapse : separate | collapse
```

其中，separate 是默认值，表示边框会被分开，不会忽略 border-spacing 和 empty-cells 属性。而 collapse 属性表示边框会合并为一个单一的边框，会忽略 border-spacing 和 empty-cells 属性。

▌实例 2：制作一个家庭季度支出表

```
<!DOCTYPE html>
<html>
<head>
<title>家庭季度支出表</title>
<style>
<!--
.tabelist{
    border:1px solid #429fff;
    /*表格边框*/
    font-family:"宋体";
    border-collapse:collapse;
    /*边框重叠*/
}
.tabelist caption{
    padding-top:3px;
    padding-bottom:2px;
    font-weight:bolder;
    font-size:15px;
    font-family:"幼圆";
    border:2px solid #429fff;
    /* 表格标题边框 */
}
.tabelist th{
    font-weight:bold;
    text-align:center;
}
.tabelist td{
    border:1px solid #429fff;
    /* 单元格边框*/
    text-align:right;
    padding:4px;
}
</style>
</head>
<body>
<table class="tabelist">
    <caption class="tabelist">2020年
第3季度</caption>
    <tr>
        <th>月份</th>
```

```
        <th>07月</th>
        <th >08月</th>
        <th>09月</th>
    </tr>
    <tr>
        <td>收入</td>
        <td>8000元</td>
        <td>9000元</td>
        <td>7500元</td>
    </tr>
    <tr>
        <td>吃饭</td>
        <td>600元</td>
        <td>570元</td>
        <td>650元</td>
    </tr>
    <tr>
        <td>购物</td>
        <td>1000元</td>
        <td>800元</td>
        <td>900元</td>
    </tr>
    <tr>
        <td>买衣服</td>
        <td>300元</td>
        <td>500元</td>
        <td>200元</td>
    </tr>
    <tr>
        <td>看电影</td>
        <td>85元</td>
        <td>100元</td>
        <td>120元</td>
    </tr>
    <tr>
        <td>买书</td>
        <td>120元</td>
        <td>67元</td>
        <td>90元</td>
    </tr>
</table>
</body>
</html>
```

在浏览器中浏览的效果如图9-2所示，可以看到表格带有边框显示，其边框宽度为1像素，直线显示，并且边框进行合并。表格标题"2020年第3季度"也带有边框显示，字体大小为15像素并加粗显示。表格中每个单元格都以1像素、直线的方式显示边框，并将显示对象右对齐。

图9-2　设置表格边框样式

9.1.3　设置表格边框宽度

在 CSS3 中，用户可以使用 border-width 属性设置表格边框宽度。如果需要单独设置某一个边框宽度，可以使用 border-width 的衍生属性设置，例如 border-top-width 和 border-left-width 等。

▌实例 3：制作表格并设置边框宽度

```
<!DOCTYPE html>
<html>
<head>
<title>表格边框宽度</title>
<style>
table{
    text-align:center;
    width:500px;
    border-width:3px;
    border-style:double;
    color: blue;
    font-size:22px;
}
td{
    border-width:2px;
    border-style:dashed;
    }
</style>
</head>
<body>
<table border=1 cellspacing="3"
cellpadding="0">
    <tr>
        <td>姓名</td>
        <td>性别</td>
        <td>年龄</td>
    </tr>
    <tr>
        <td>王俊丽</td>
        <td>女</td>
```

```
        <td>31</td>
    </tr>
    <tr>
        <td>李煜</td>
        <td>男</td>
        <td>28</td>
    </tr>
    <tr>
        <td>胡明月</td>
        <td>女</td>
        <td>22</td>
    </tr>
</table>
</body>
</html>
```

在浏览器中浏览的效果如图9-3所示，可以看到表格带有边框，宽度为3像素，双线显示，表格中字体的颜色为蓝色。单元格边框宽度为3像素，显示样式是虚线。

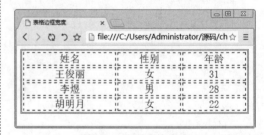

图9-3　设置表格宽度

9.1.4 设置表格边框颜色

表格颜色的设置非常简单，通常使用 CSS3 属性 color 设置表格中文本的颜色，使用 background-color 设置表格背景色。如果为了突出表格中的某一个单元格，还可以使用 background-color 设置某一个单元格的颜色。

实例 4：设置表格边框与单元格的颜色

```
<!DOCTYPE html>
<html>
<head>
<title>设置表格边框颜色</title>
<style>
*{
  padding:0px;
  margin:0px;
}
body{
      font-family:"黑体";
      font-size:20px;
}
table{
background-color:yellow;
text-align:center;
width:500px;
border:2px solid green;
}
td{
    border:2px solid green;
    height:30px;
    line-height:30px;
}
.tds{
    background-color:#CCFFFF;
  }
</style>
</head>
<body>
<table cellspacing="3" cellpadding="0">
  <tr>
```

```
    <td>姓名</td>
    <td class=tds>性别</td>
    <td>年龄</td>
  </tr>
  <tr>
    <td>张三</td>
    <td>男</td>
    <td>32</td>
  </tr>
  <tr>
    <td>小丽</td>
    <td>女</td>
    <td>28</td>
  </tr>
</table>
</body>
</html>
```

在浏览器中浏览的效果如图 9-4 所示，可以看到表格带有边框，边框显示为绿色，表格背景色为黄色，其中一个单元格的背景色为蓝色。

图 9-4　设置表格边框颜色

9.1.5 设置表格标题的位置

使用 CSS3 中的 caption-side 属性可以设置表格标题（<caption> 标签）显示的位置，用法如下：

```
caption-side:top|bottom
```

其中，top 为默认值，表示标题在表格上边显示，bottom 表示标题在表格下边显示。

实例 5：制作一个表格标题在下方显示的表格

```
<!DOCTYPE html>
<html>
```

```
<head>
<title>家庭季度支出表</title>
<style>
<!--
.tabelist{
```

```
        border:1px solid #429fff;
        /*表格边框*/
        font-family:"宋体";
        border-collapse:collapse;
        /*边框重叠*/
    }
    .tabelist caption{
        padding-top:3px;
        padding-bottom:2px;
        font-weight:bolder;
        font-size:15px;
        font-family:"幼圆";
        border:2px solid #429fff;
        /* 表格标题边框 */
    caption-side:bottom;
    }
    .tabelist th{
        font-weight:bold;
        text-align:center;
    }
    .tabelist td{
        border:1px solid #429fff;
        /* 单元格边框*/
        text-align:right;
        padding:4px;
    }
    </style>
    </head>
    <body>
    <table class="tabelist">
        <caption class="tabelist">2020年
第3季度</caption>
        <tr>
          <th>月份</th>
          <th>07月</th>
          <th >08月</th>
          <th>09月</th>
        </tr>
        <tr>
          <td>收入</td>
          <td>8000元</td>
          <td>9000元</td>
          <td>7500元</td>
        </tr>
        <tr>
          <td>吃饭</td>
          <td>600元</td>
          <td>570元</td>
```

```
          <td>650元</td>
        </tr>
        <tr>
          <td>购物</td>
          <td>1000元</td>
          <td>800元</td>
          <td>900元</td>
        </tr>
        <tr>
          <td>买衣服</td>
          <td>300元</td>
          <td>500元</td>
          <td>200元</td>
        </tr>
        <tr>
          <td>看电影</td>
          <td>85元</td>
          <td>100元</td>
          <td>120元</td>
        </tr>
        <tr>
          <td>买书</td>
          <td>120元</td>
          <td>67元</td>
          <td>90元</td>
        </tr>
    </table>
    </body>
    </html>
```

在浏览器中浏览效果如图 9-5 所示，可以看到表格标题在表格的下方显示。

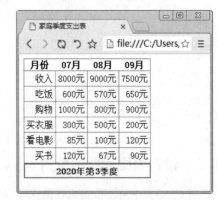

图 9-5　表格标题在下方显示

9.1.6　隐藏空单元格

使用 CSS3 中的 empty-cells 属性可以设置空单元格的显示方式，用法如下：

```
empty-cells:hide|show
```

其中 hide 表示当表格的单元格无内容时，隐藏该单元格的边，show 表示当表格的单元格无内容时，显示该单元格的边框。

实例6：制作一个表格并隐藏表格中的空单元格

```
<!DOCTYPE html>
<html>
<head>
    <meta charset="UTF-8">
    <title>隐藏表格中的空单元格</title>
    <style type="text/css">
        table{
        background-color:#CCFFFF;
            color:#FF0000;
            empty-cells:hide;
            /*隐藏空单元格*/
            border-spacing:5px;
        }
        caption{
        padding:6px ;
        font-size:24px;
        color:red;
        th,td{
         border : blue solid lpx;
        }
    </style>
</head>
<body>
<h3>学生信息表</h3>
<table width="400" border="1">
    <tr>
        <th>学号</th>
        <th>姓名</th>
        <th>专业</th>
    </tr>
    <tr>
        <td>202101</td>
        <td>王尚宇</td>
        <td>临床医学</td>
    </tr>
    <tr>
        <td>202102</td>
        <td>张志成</td>
        <td>土木工程</td>
    </tr>
    <tr>
```

```
        <td>202103</td>
        <td>李雪</td>
        <td>护理学</td>
    </tr>
    <tr>
        <td>202105</td>
        <td>李尚旺</td>
        <td>临床医学</td>
    </tr>
    <tr>
        <td>202106</td>
        <td>石浩宇</td>
        <td>中医药学</td>
    </tr>
    <tr>
        <td></td>
        <td></td>
        <td align="right"><a href=
"#">影视制作</a></td>
    </tr>
</table>
</body>
</html>
```

在浏览器中浏览的效果如图9-6所示，可以看到表格中的空单元格的边框已经被隐藏。

图9-6　隐藏表格中的空单元格

9.1.7 设置单元格的边距

使用 CSS3 中的 border-spacing 属性可以设置单元格之间的间距，包括横向和纵向上的间距，表格不支持使用 margin 来设置单元格的间距。border-spacing 属性的用法如下：

```
border-spacing:length
```

length 可以为一个或两个长度值。如果提供两个值，第一个表示水平方向的间距，第二个表示垂直方向上的间距；如果只提供一个值，这个值将同时表示水平方向和垂直方向上的间距。

注意，只有当表格边框独立，即 border-collapse 属性值为 separate 时才起作用。

实例 7：制作一个表格并设置单元格的边距

```html
<!DOCTYPE html>
<html>
<head>
    <meta charset="UTF-8">
    <title>设置单元格的边距</title>
    <style type="text/css">
        table{
         background-color:#CCFFFF;
            color:#FF0000;
            border-spacing:8px 15px;
/*设置表单元格的边距*/
        }
    </style>
</head>
<body>
<h3>学生信息表</h3>
<table width="400" border="1">
    <tr>
        <th>学号</th>
        <th>姓名</th>
        <th>专业</th>
    </tr>
    <tr>
        <td>202101</td>
        <td>王尚宇</td>
        <td>临床医学</td>
    </tr>
    <tr>
        <td>202102</td>
        <td>张志成</td>
        <td>土木工程</td>
    </tr>
    <tr>
        <td>202103</td>
        <td>李雪</td>
        <td>护理学</td>
```

```html
    </tr>
    <tr>
        <td>202105</td>
        <td>李尚旺</td>
        <td>临床医学</td>
    </tr>
    <tr>
        <td>202106</td>
        <td>石浩宇</td>
        <td>中医药学</td>
    </tr>
</table>
</body>
</html>
```

在浏览器中浏览的效果如图 9-7 所示，可以看到表格中单元格的边框发生了改变。

图 9-7　设置单元格的边距

9.2　设置悬浮变色的表格

本节结合前面学习的知识，创建一个悬浮变色的销售统计表。这里会用到 CSS 样式表来修饰表格的外观效果。

实例 8：设置悬浮变色的表格

下面分步骤来学习悬浮变色的表格效果是如何一步步实现的。

01 创建网页文件，实现基本的表格内容，代码如下：

```html
<!DOCTYPE html>
<html>
<head>
<title>销售统计表</title>
</head>
```

```html
<body>
<table border="0" cellpadding="1"
cellspacing="1">
<caption>销售统计表</caption>
    <tr>
        <th>产品名称</th>
        <th>产品产地</th>
        <th>销售金额</th>
    </tr>
    <tr class="hui">
        <td>洗衣机</td>
        <td>北京</td>
        <td>456万</td>
```

```
    </tr>
    <tr>
      <td>电视机</td>
      <td>上海</td>
      <td>306万</td>
    </tr>
    <tr class="hui">
      <td>空调</td>
      <td>北京</td>
      <td>688万</td>
    </tr>
    <tr>
      <td>热水器</td>
      <td>大连</td>
      <td>108万</td>
    </tr>
    <tr class="hui">
      <td>冰箱</td>
      <td>北京</td>
      <td>206万</td>
    </tr>
    <tr>
      <td>扫地机器人</td>
      <td>广州</td>
      <td>68万</td>
    </tr>
    <tr class="hui">
      <td>电磁炉</td>
      <td>北京</td>
      <td>109万</td>
    </tr>
    <tr>
      <td>吸尘器</td>
      <td>天津</td>
      <td>48万</td>
    </tr>
</table>
</body>
</html>
```

在浏览器中预览的效果如图 9-8 所示。可以看到显示了一个表格，表格没有边框，

字体等都是默认显示。

图 9-8　创建基本表格

02 在 <head>...</head> 中添加 CSS 代码，修饰 table 表格和单元格：

```
<style type="text/css">
table {
    width: 600px;
    margin-top: 0px;
    margin-right: auto;
    margin-bottom: 0px;
    margin-left: auto;
    text-align: center;
    background-color: #000000;
    font-size: 9pt;
}
td {
    padding: 5px;
    background-color: #FFFFFF;
}
</style>
```

运行效果如图 9-9 所示。可以看到显示了一个表格，表格带有边框，行内字体居中显示，但列标题背景色为黑色，其中文字看不见。

销售统计表		
洗衣机	北京	456万
电视机	上海	306万
空调	北京	688万
热水器	大连	108万
冰箱	北京	206万
扫地机器人	广州	68万
电磁炉	北京	109万
吸尘器	天津	48万

图 9-9　设置 table 样式

03 添加 CSS 代码，修饰标题：

```css
caption{
    font-size: 36px;
    font-family: "黑体", "宋体";
    padding-bottom: 15px;
}
tr{
    font-size: 13px;
    background-color: #cad9ea;
    color: #000000;
}
th{
    padding: 5px;
}
```

```css
.hui td {
    background-color: #f5fafe;
}
```

上面代码中，使用类选择器 hui 来定义每个 td 行所显示的背景色，此时需要在表格中的每个奇数行都引入该类选择器。例如 <tr class="hui">，从而设置奇数行的背景色。

运行效果如图 9-10 所示。可以看到，表格中列标题行的背景色显示为浅蓝色，并且表格中奇数行的背景色为浅灰色，而偶数行的背景色显示为默认的白色。

图 9-10　设置奇数行背景色

04 添加 CSS 代码，实现鼠标悬浮变色：

```css
tr:hover td {
    background-color: #FF9900;
}
```

在浏览器中运行的效果如图 9-11 所示。可以看到，当鼠标指针放到不同行的上面时，其背景会显示不同的颜色。

图 9-11　鼠标悬浮改变颜色

9.3 使用表格布局网页

本节结合前面学习的知识，使用表格对网页进行简单的布局。这里会用到 CSS 样式表来修饰布局表格的外观效果。

实例9：使用表格布局一个购物网页

`01` 创建网页文件，实现基本的表格内容，这里创建一个三行一列的表格，并在第一行单元格中添加背景图片，在第 3 行单元格中输入相关内容，代码如下：

```html
<!DOCTYPE html>
<html>
<head>
<meta charset="UTF-8">
<title>表格布局</title>
</head>
<body>
<table width="400" border="1">
    <tr>
    <td><img src="images/bg.jpg"/></td>
    </tr>
    <tr>
      <td>

      </td>
    </tr>
    <tr>
          <td><p>|联系我们    ｜ 关于我们
|</p>
              <p>感谢您的支持，希望明天会
更好！！</p></td>
          </tr>
</table>
</body>
</html>
```

在浏览器中预览的效果如图 9-12 所示。可以看到显示了一个 3 行 1 列的表格，字体以默认方式显示。

图 9-12　创建网页基本表格

`02` 在第 2 行单元格中插入一个一行两列的表格，在第一列单元中输入销售物品的文字信息，在第二列单元格中输入"这里是内容"文字信息，代码如下：

```html
<!DOCTYPE html>
<html>
<head>
<meta charset="UTF-8">
<title>表格布局</title>
</head>
<body>
<table width="400" border="1">
    <tr>
        <td><img src="images/bg.
jpg"/></td>
    </tr>
    <tr>
        <td>
        <table border="2">
            <tr>
                <td><ul>
                    <li><a
href="#">女装 ／ 饰品 ／ 家居</a></li>
                    <li><a
href="#">零食 ／ 生鲜 ／ 茶酒 </a></li>
                    <li><a
href="#">女鞋 ／ 男鞋 ／ 箱包</a></li>
                    <li><a
href="#">母婴 ／ 童装 ／ 玩具</a></li>
                    <li><a
href="#">家纺 ／ 家饰 ／ 鲜花</a></li>
                    <li><a
href="#">美妆 ／ 彩妆 ／ 个护</a></li>
                    <li><a
href="#">手机 ／ 数码 ／ 企业</a></li>
                </ul></td>
                <td>这里是内容</
td>
            </tr>
        </table>
        </td>
    </tr>
    <tr>
        <td><p>|联系我们    ｜ 关于我们
|</p>
              <p>感谢您的支持，希望明天会
更好！！</p></td>
          </tr>
</table>
</body>
</html>
```

在浏览器中预览的效果如图 9-13 所示。可以看到表格的基本布局样式。

图 9-13　在单元格中再插入一个表格

03 在 `<head>` 标签中添加用于修饰 `<body>` 标签的 CSS 代码，为网页添加背景颜色，并使文字居中显示。代码如下：

```
<style>
body {
    background:#e9e8dd;
    text-align:center;
}
</style>
```

在浏览器中预览的效果如图 9-14 所示。可以看到网页添加了背景色。

图 9-14　设置表格背景色

04 在 `<head>` 标签中添加用于修饰表格内容的 CSS 代码。代码如下：

```
.outer{
    width:800px;
```

```
    border:1px #999999 solid;
    margin:0 auto;
}
.inner tr td {
    border:1px red solid;
    text-align:center;
}
.left {
    background-color:#FFFFCC;
    padding-right:40px;
    padding-top:30px;
}
.right {
    width:650px;
    background-color:#CC99FF;
}
ul {
    list-style-type:none;
    width:150px;
    font-weight:bold;
    font-size:15px;
}
li {
    height:40px;
    width:150px;
}
```

在浏览器中预览的效果如图 9-15 所示。可以看到网页中的表格已经被 CSS 修饰。

图 9-15　设置表格样式

05 在 `<head>` 标签中添加用于修饰网页底部信息单元格的 CSS 代码。代码如下：

```
.footer {
    background-color:#FF99CC;
    text-align:center;
    font-size:18px;
    color:#FFFFFF;
    height:100px;
}
```

在浏览器中预览的效果如图 9-16 所示。可以看到网页中底部信息的单元格已经被 CSS 修饰。

图 9-16 设置表格底部单元格样式

9.4 新手常见疑难问题

疑问 1：在使用表格时，会发生一些变形，这是什么原因引起的？

答：其中一个原因是表格的排列设置在不同分辨率下所出现的错位。例如，在 800×600 的分辨率下时，一切正常，而到了 1024×800 时，则多个表格或者有的居中，有的却左排列或右排列。

表格有左、中、右三种排列方式，如果未特别进行设置，则默认为居左排列。在 800×600 的分辨率下，表格恰好就有编辑区域那么宽，不容易察觉，而到了 1024×800 时，就出现了问题，解决的办法比较简单，即都设置为居中，或左居或居右。

疑问 2：使用 <thead>、<tbody> 和 <tfoot> 标签对行进行分组有什么意义？

答：在 HTML 文档中增加 <thead>、<tbody> 和 <tfoot> 标签虽然从外观上不能看出任何变化，但是它们却能使文档的结构更加清晰。使用 <thead>、<tbody> 和 <tfoot> 标签除了使文档更加清晰外，还有一个更重要的意义，就是方便使用 CSS 样式对表格的各个部分进行修饰，从而制作出更炫的表格。

9.5 实战技能训练营

实战 1：制作大学一年级的课程表

结合前面学习的 HTML 表格标签，以及使用 CSS 设计表格样式的知识，来制作一个课程表。在浏览器中预览的效果如图 9-17 所示。

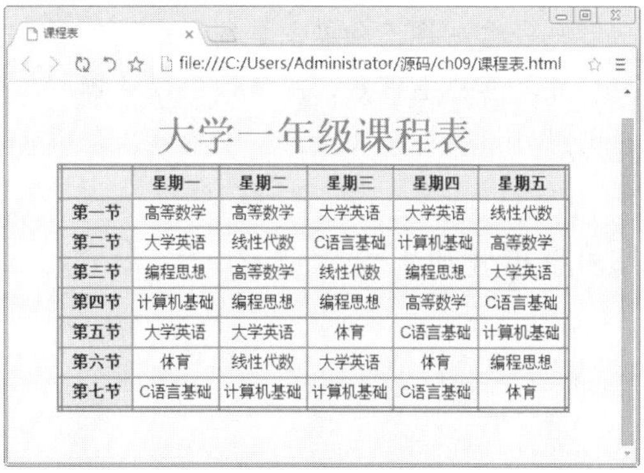

图 9-17 大学课程表

实战 2：制作一个企业加盟商通讯录

结合前面学习的 HTML 表格标签，以及使用 CSS 设计表格样式的知识，来制作一个企业加盟商通讯录。在浏览器中预览的效果如图 9-18 所示。

图 9-18 企业加盟商通讯录

第10章 使用CSS3设计表单样式

本章导读

与表格一样，表单也是网页中比较常见的对象，表单作为客户端和服务器交流的窗口，可以获取客户端信息，并反馈给服务器端。设计表单的主要目的是让表单更美观、更好用，从而提升用户的交互体验。本章就来介绍使用CSS3设计表单样式的基本方法和应用技巧。

知识导图

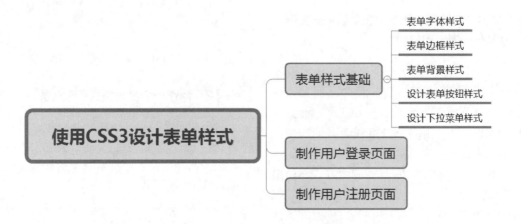

10.1 表单样式基础

表单可以用来向 Web 服务器发送数据，特别是经常被用在主页页面，让用户输入信息然后发送到服务器。在 HTML5 中，常用的表单标签有 form、input、textarea、select 和 option 等。

10.1.1 表单字体样式

表单对象上的显示内容一般为文本或一些提示性文字，使用 CSS3 修改表单对象上的字体样式，能够使表单更加好看。CSS3 中并没有针对表单字体样式的属性，不过使用 CSS3 中的字体样式可以修改表单字体样式。

实例 1：创建一个网站会员登录页面并设置表单字体样式

```html
<!DOCTYPE html>
<html>
<head>
<meta charset="UTF-8">
<title>表单字体样式</title>
<style type="text/css">
#form1 #bold{  /*加粗字体表单样式*/
   font-weight: bold;
   font-size: 15px;
   font-family:"宋体";
    }

#form1 #blue{  /*蓝色字体表单样式*/
   font-size: 15px;
   color: #0000ff;
 }

#form1 select{  /*定义下拉菜单字体以红色显示*/
   font-size: 15px;
   color: #ff0000;
   font-family: verdana,arial;
 }
#form1 textarea {  /*定义文本区域内显示字符为蓝色下划线样式*/
   font-size: 14px;
   color: #000099;
   text-decoration: underline;
   font-family: verdana, arial;
}
#form1 #submit {  /*定义登录按钮字体颜色为绿色*/
   font-size: 16px;
   color:green;
   font-family:"黑体";
}
</style>
</head>
<body>
<form name="form1" action="#" method="post" id="form1">
网站会员登录
<br/>
用户名称
<input maxlength="10" size="10" value="加粗" name="bold" id="bold"m>
<br/>
用户密码
<input type="password" maxlength="12" size="8" name="blue" id="blue">
<br>
选择性别
<select name="select" size="1">
  <option value="2" selected>男</option>
  <option value="1">女</option>
</select>
<br>
自我简介
<br>
<textarea name="txtarea" rows="5" cols="30" align="right">下划线样式</textarea>
<br>
<input type="submit" value="登录" name="submit" id="submit">
<input type="reset" value="取消" name="reset">
</form>
</body>
</html>
```

在浏览器中浏览的效果如图 10-1 所示。在上述代码中，用 <form> 标签创建了一个表单，并添加了相应的表单对象，同时设置了表单对象字体样式的显示方法。例如，名称框的显示方法为加粗、选择列表框的字体为红色、登录按钮的字体为绿色、多行文本框的字体样式为蓝色加下划线显示等。

图 10-1　设置表单字体样式

10.1.2　表单边框样式

表单的边框样式包括边框的显示方式以及各个表单对象之间的间距。在表单设计中，通过重置表单对象的边框和边距效果，可以让表单与页面更加融合，使表单对象操作起来更加容易。使用 CSS3 中的 border 属性可以定义表单对象的边框样式，使用 CSS3 中的 padding 属性可以调整表单对象的边距大小。

▌实例 2：制作个人信息注册页面

```
<!doctype html>
<head>
<meta charset="UTF-8">
<title>个人信息注册页面</title>
<style type=text/css>
body {
/*定义网页背景色，并居中显示*/
    background: #CCFFFF;
    margin: 0;
    padding:0;
    font-family: "宋体";
    text-align: center;
}

#form1 {
/*定义表单边框样式*/
    width:450px;
/*固定表单宽度*/
    background:#fff;
/*定义表单背景为白色*/
    text-align:left;
/*表单对象左对齐*/
    padding:12px 32px;
/*定义表单边框边距*/
    margin:0 auto;
    font-size:12px;
/*统一字体大小*/
    }
    #form1 h3 {
/*定义表单标题样式，并居中显示*/
    border-bottom:dotted 1px #ddd;
    text-align:center;
    font-weight:bolder;
    font-size: 20px;
    }
ul {
    padding:0;
    margin:0;
    list-style-type:none;
    }
input {
    border:groove #ccc 1px;

    }
.field6 {
    color:#666;
    width:32px;
    }
.label {
    font-size:13px;
    font-weight:bold;
    margin-top:0.7em;
    }
</style>
</head>
<body>
<form id=form1 action=#public
method=post enctype=multipart/form-
data>
        <h3>个人信息注册页面</h3>
        <ul>
                <li class="label">姓名
                <li>
                        <input id=field1
size=20 name=field1>
                <li class="label">职业
                <li>
                        <input name=field2
id=field2 size="25">
```

```
                    <li class="label">详
细地址
                    <li>
                        <input name=field3
id=field3 size="50">
                    <li class="label">邮编
                    <li>
                        <input name=field4
id=field4 size="12" maxlength="12">
                    <li class="label">省市
                    <li>
                        <input id=field5
name=field5>
                    <li class="label">
Email
                    <li>
                        <input id=field7
maxlength=255 name=field11>
                    <li class="label">电话
                    <li>
                        <input maxlength=
3 size=6 name=field8>
                        -
                        <input maxlength=
8 size=16 name=field8-1>
                    <li class="label">
                        <input id=
```

```
saveform type=submit value=提交>
                    </li>
                </ul>
            </form>
        </body>
    </html>
```

在浏览器中浏览的效果如图 10-2 所示。

图 10-2　设置表单边框样式

10.1.3　表单背景样式

在网页中，表单元素的背景色默认都是白色，这样的背景色不能美化网页，所以可以使用颜色属性定义表单元素的背景色。表单元素的背景色可以使用 background-color 属性定义，这样可以使表单元素不那么单调。使用示例如下：

```
input{
    background-color: #ADD8E6;
}
```

上面的代码设置了 input 表单元素的背景色，都是统一的颜色。

实例 3：制作一个注册页面并设置表单的背景颜色

```
<!DOCTYPE html>
<HTML>
<head>
<meta charset="UTF-8">
<title>设置表单背景色</title>
<style>
<!--
input{
/* 所有input标记 */
    color: #000;
    }
input.txt{
/* 文本框单独设置 */
```

```
    border: 1px inset #cad9ea;
    background-color: #ADD8E6;
}
input.btn{
/* 按钮单独设置 */
    color: #00008B;
    background-color: #ADD8E6;
    border: 1px outset #cad9ea;
    padding: 1px 2px 1px 2px;
}
select{
    width: 80px;
    color: #00008B;
    background-color: #ADD8E6;
    border: 1px solid #cad9ea;
}
```

```
textarea{
    width: 200px;
    height: 40px;
    color: #00008B;
    background-color: #ADD8E6;
    border: 1px inset #cad9ea;
}
-->
</style>
</head>
<BODY>
<h3>注册页面</h3>
<table border="1" width=400px>
<form method="post">
<tr><td  width="30%">昵称:</td>
<td><input   class=txt>1—20个字符<div
id="qq"></div></td></tr>
    <tr><td>密码:</td><td><input type=
"password" >长度为6~16位</td></tr>
    <tr><td>确认密码:</td><td><input
type="password" ></td></tr>
    <tr><td>真实姓名: </td><td><input
name="username1"></td></tr>
    <tr><td>性别:</td><td><select>
<option>男</option><option>女</option></
select></td></tr>
    <tr><td>E-mail地址:</td><td><input
value="sohu@sohu.com"></td></tr>
    <tr><td>备注:</td><td><textarea
cols=35 rows=10></textarea></td></tr>
    <tr><td><input type="button"
value="提交" class=btn /></td><td><input
type="reset" value="重填"/></td></tr>
    </form>
    </table>
```

```
</BODY>
</HTML>
```

在浏览器中浏览的效果如图 10-3 所示，可以看到表单中的"昵称"输入框、"性别"下拉列表框和"备注"文本框都显示了指定的背景颜色。

图 10-3　美化表单元素

在上面的代码中，首先使用 input 标签选择符定义了 input 表单元素的字体输入颜色；接着分别定义了两个类 txt 和 btn，txt 用来修饰输入框样式，btn 用来修饰按钮样式；最后分别定义了 select 和 textarea 的样式，其样式定义主要涉及边框和背景色。

10.1.4　设计表单按钮样式

通过设置表单元素的背景色，可以在一定程度上美化提交按钮。例如，使用 background-color 属性，将其值设置为 transparent（透明色），就是最常见的一种美化提交按钮的方式。使用方法如下：

```
background-color:transparent;      /* 背景色透明 */
```

▌实例 4：设置表单按钮为透明样式

```
<!DOCTYPE html>
<html>
<head>
<meta charset="UTF-8">
<title>美化提交按钮</title>
<style>
<!--
form{
    margin:0px;
padding:0px;
```

```
font-size:14px;
}
input{
    font-size:14px;
    font-family:"幼圆";
}
.t{
    border-bottom:1px solid #005aa7;
    /* 下划线效果 */
    color:#005aa7;
    border-top:0px; border-left:0px;
    border-right:0px;
```

```
    background-color:transparent;
    /* 背景色透明 */
}
.n{
    background-color:transparent;
    /* 背景色透明 */
    border:0px;
    /* 边框取消 */
}
-->
</style>
    </head>
<body>
<center>
<h1>签名页</h1>
<form method="post">
    值班主任: <input    id="name"
class="t">
    <input  type="submit"  value="提交
上一级签名>>" class="n">
</form>
</center>
```

```
    </body>
    </html>
```

在浏览器中浏览的效果如图 10-4 所示，可以看到输入框只剩下一个下边框显示，其他边框被去掉了，提交按钮只剩下文字显示了，而且常见的矩形形式被去掉了。

图 10-4　设置表单按钮样式

10.1.5　设计下拉菜单样式

在网页设计中，有时为了突出效果，会对文字进行加粗、添加颜色等设定。同样也可以对表单元素中的文字进行修饰。使用 CSS3 的 font 相关属性就可以美化下拉菜单文字，例如 font-size，font-weight 等，对于颜色可以采用 color 和 background-color 属性设置等。

▌实例 5：设置表单下拉菜单样式

```
<!DOCTYPE html>
<html>
<head>
<meta charset="UTF-8">
<title>美化下拉菜单</title>
<style>
<!--
.blue{
    background-color:#7598FB;
    color: #000000;
    font-size:15px;
    font-weight:bolder;
    font-family:"幼圆";
}
.red{
    background-color:#E20A0A;
    color: #ffffff;
    font-size:15px;
    font-weight:bolder;
    font-family:"幼圆";
}
.yellow{
    background-color:#FFFF6F;
    color: #000000;
    font-size:15px;
```

```
    font-weight:bolder;
    font-family:"幼圆";
}
.orange{
    background-color:orange;
    color:#000000;
    font-size:15px;
    font-weight:bolder;
    font-family:"幼圆";
}
-->
</style>
</head>
<body>
<form>
<p>
<label>选择暴雪预警信号级别:</label>
    <select>
    <option>请选择</option>
    <option value="blue" class=
"blue">暴雪蓝色预警信号</option>
    <option value="yellow" class=
"yellow">暴雪黄色预警信号</option>
    <option value="orange" class=
"orange">暴雪橙色预警信号</option>
    <option value="red" class="red">暴
雪红色预警信号</option>
```

```
    </select>
    </p>
    <p><input type="submit" value="提交
"></p>
    </form>
    </body>
    </html>
```

在浏览器中浏览的效果如图 10-5 所示，可以看到下拉菜单中的每个菜单项显示不同的背景色。

图 10-5　设置下拉菜单样式

10.2　制作用户登录页面

本节将结合前面学习的知识，创建一个简单的登录页面，具体操作步骤如下。

实例 6：制作一个用户登录页面

01 创建 HTML5 网页，实现表单。

```
<!DOCTYPE html>
<html>
<head>
<meta charset="UTF-8">
<title>用户登录</title>
</head>
<body>
<div>
<h1>用户登录</h1>
 <form action="" method="post">
姓名: <input type="text" id=name/>
密码: <input type="password" id=
password name="ps"/>
    <input type=submit value="提交"
class=button>
    <input type=reset value="重置"
class=button>
    </form>
    </div>
```

02 添加 CSS3 代码，修饰标题和层，代码如下：

```
<style>
h1{
            font-size:30px;
    }
div{
        width:200px;
        padding:1em 2em 0 2em;
        font-size:25px;
}
</style>
```

在上面的代码中，设置标题大小为 30 像素，div 层宽度为 200 像素，层中字体大小为

```
</body>
</html>
```

在上面的代码中，创建了一个 div 层用来包含表单及其元素。在浏览器中浏览的效果如图 10-6 所示，可以看到显示了一个表单，其中包含两个输入框和两个按钮，输入框用来获取姓名和密码，按钮分别为一个提交按钮和一个重置按钮。

图 10-6　登录表单

25 像素。在浏览器中浏览的效果如图 10-7 所示，可以看到标题变小，并且密码文本框换行显示，布局比原来更加美观合理。

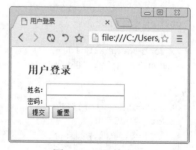

图 10-7　调整布局

03 添加 CSS 代码，修饰文本框和按钮，代码如下：

```
#name,#password{
        border:1px solid #ccc;
        width:160px;
        height:22px;
        padding-left:20px;
        margin:6px 0;
        line-height:20px;
}
.button{margin:6px 0;}
```

在浏览器中浏览的效果如图 10-8 所示，可以看到文本框长度变短，并且表单元素之间距离增大，页面布局更加合理。

图 10-8　修饰文本框和按钮

10.3　制作用户注册页面

本节将结合前面学习的知识，创建一个用户注册页面。注册表单非常简单，通常包含三个部分，需要在页面上方给出标题，标题下方是正文部分，即表单元素，最下方是表单元素提交按钮。在设计这个页面时，需要把"用户注册"标题设置成 H1 大小，正文使用 <p> 标签来限制表单元素。

实例 7：制作一个用户注册页面

构建 HTML 页面，实现基本表单，代码如下：

```
<!DOCTYPE html>
<html>
<head>
<meta charset="UTF-8">
<title>注册页面</title>
</head>
<body>
<h1 align=center>用户注册</h1>
<form method="post" >
<p>姓    名:
<input type="text" class=txt size="12"
maxlength="20" name="username" />
</p><p>性    别:
<input type="radio" value="male" />男
<input type="radio" value="female"/>女
</p><p>年    龄:
<input type="text" class=txt name=
"age"/>
</p>
<p>联系电话:
<input type="text" class=txt name=
"tel" />
</p><p>电子邮件:
<input type="text" class=txt name=
"email" />
</p><p>联系地址:
<input type="text"  class=txt name=
"address" />
```

```
</p>
<p>
<input type="submit" name="submit"
value="提交" class=but />
<input type="reset" name="reset"
value="清除" class=but  />
</p>
</form>
</body>
</html>
```

在浏览器中浏览的效果如图 10-9 所示，可以看到创建了一个注册表单，包含一个标题"用户注册"和"姓名""性别""年龄""联系方式""电子邮件""联系地址"等文本框及"提交""清除"按钮等。其显示样式为默认样式。

图 10-9　注册表单

添加 CSS 代码，修饰全局样式和表单样式，代码如下：

```
<style>
*{
    padding:0px;
    margin:0px;
    }
body{
    font-family:"宋体";
    font-size:20px;
    }
form{
    width:300px;
    margin:0 auto 0 auto;
    font-size:15px;
    color:#000079;
}
</style>
```

在浏览器中浏览的效果如图10-10所示，可以看到页面中的字体变小，表单元素之间距离变小，相比原来的页面更加合理。

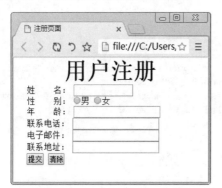

图 10-10　CSS 修饰表单样式

添加 CSS 代码，修饰段落、文本框和按钮。代码如下：

```
form p {
margin:5px 0 0 5px;
text-align:center;
        }
.txt{
    width:200px;
    background-color:#CCCCFF;
    border:#6666FF 1px solid;
    color:#0066FF;
    }
.but{
    border:0px#93bee2solid;
    border-bottom:#93bee21pxsolid;
    border-left:#93bee21pxsolid;
    border-right:#93bee21pxsolid;
    border-top:#93bee21pxsolid;*/
    background-color:#3399CC;
    cursor:hand;
    font-style:normal;
    color:#000079;
}
```

在浏览器中浏览的效果如图10-11所示，可以看到表单元素出现背景色，其输入字体颜色为蓝色，边框颜色为浅蓝色。按钮带有边框，按钮上字体的颜色为蓝色。

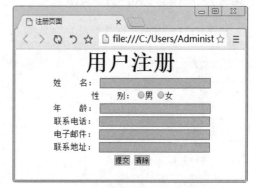

图 10-11　设置文本框和按钮样式

10.4　新手常见疑难问题

▌疑问 1：使用 CSS 修饰表单元素时，采用默认值好还是使用 CSS 修饰好？

答：各个浏览器显示有差异，其中一个原因就是各个浏览器对部分 CSS 属性的默认值不同导致的，通常的解决办法就是指定该值，而不让浏览器使用默认值。

▌疑问 2：文件域上显示的"选择文件"文字可以更改吗？

答：文件域上显示的"选择文件"文字目前还不能直接修改。如果想显示为自定义的文字，可以通过 CSS3 来间接修改显示效果。方法为：首先添加一个普通按钮，然后设置此按钮上显示的文字为自定义文字，最后通过定位设置文件域与普通按钮的位置重合，并且设置文件域的不透明度为 0，这样就可以间接自定义文件域上显示的文字了。

10.5　实战技能训练营

实战 1：编写一个用户反馈表单的页面

创建一个用户反馈表单，包含标题以及"姓名""性别""年龄""联系电话""电子邮件""联系地址""请输入您对网站的建议"等文本框和"提交""清除"按钮等。最终效果如图 10-12 所示。

▌实战 2：编写一个微信中上传身份证验证图片的页面

本实例通过文件域实现图片上传，通过 CSS 修改图片域上显示的文字。最终结果如图 10-13 所示。

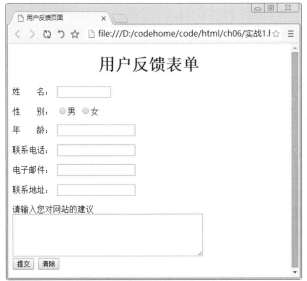

图 10-12　用户反馈表单

图 10-13　微信中上传身份证验证图片的页面

第11章 使用CSS3设计列表与菜单样式

📖 **本章导读**

　　网页中经常会用到列表，使用列表可以制作出美观大方的网页菜单，而且也方便用户管理网页内容。列表有多种形式，比如分类列表、导航列表、新闻列表、链接列表等。本章就来介绍使用 CSS3 设计列表样式和菜单样式的基本方法和应用技巧。

📑 **知识导图**

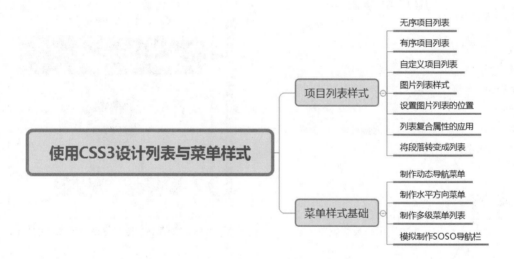

		无序项目列表
		有序项目列表
		自定义项目列表
	项目列表样式	图片列表样式
使用CSS3设计列表与菜单样式		设置图片列表的位置
		列表复合属性的应用
		将段落转变成列表
		制作动态导航菜单
	菜单样式基础	制作水平方向菜单
		制作多级菜单列表
		模拟制作SOSO导航栏

11.1 项目列表样式

项目列表用来罗列显示一系列相关的文本信息，在 HTML5 中提供了 3 种列表结构，包括定义无序列表的 <ul> 标签、定义有序列表的 <ol> 标签、自定义列表的 <di> 标签，使用 CSS3 可以美化项目列表。

11.1.1 无序项目列表

无序列表标签 <ul> 是网页中常见的元素之一，使用 <li> 标签罗列各个项目，并且每个项目前面都带有特殊符号，例如黑色实心圆等。在 CSS3 中，可以通过 list-style-type 属性定义无序列表前面的项目符号。list-style-type 语法的格式如下：

```
list-style-type : disc | circle | square | none
```

list-style-type 的参数如表 11-1 所示。

表 11-1 无序列表常用符号

参　数	说　明	参　数	说　明
disc	实心圆	square	实心方块
circle	空心圆	none	不使用任何标号

可以为 list-style-type 设置不同的特殊符号，从而改变无序列表的样式。

实例 1：制作网页无序焦点新闻栏目

```
<!DOCTYPE html>
<html>
<head>
<title>焦点新闻栏目</title>
<style>
* {
  margin:0px;
  padding:0px;
font-size:15px;
/*设置字体的大小*/
}
p {
  margin:5px 0 0 5px;
  font-size:20px;
font-weight:bolder;
/*设置字体的粗细*/
}
div{
  width:320px;
  margin:10px 0 0 10px;
  border:2px #FF0000 dashed;
/*设置边框样式*/
}
div ul {
```

```
  margin-left:40px;
  list-style-type: disc;
  /*定义列表项符号*/
}
div li {
  margin:5px 0 5px 0;
text-decoration:underline;
/*添加文本下划线*/
}
</style>
</head>
<body>
<div>
  <p>娱乐焦点</p>
  <ul>
<li>换季皮肤"公主病"，美肤急救快登场。</li>
  <li>来自12星座的你，认准跳高轻松瘦。</li>
  <li>男人30"豆腐渣"，如何延缓肌肤衰老？</li>
  <li>打造天生美肌，奢华彩妆高性价比！</li>
  <li>夏裙又有新花样，拼接图案最时髦。</li>
  </ul>
</div>
</body>
</html>
```

165

在浏览器中浏览的效果如图 11-1 所示，可以看到显示了一个娱乐焦点栏目，栏目中有不同的信息，每条信息前面都有实心圆。

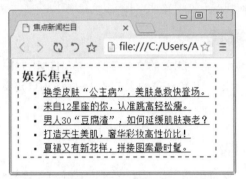

图 11-1　用无序列表制作娱乐焦点栏目

> **提示**：在上面的代码中，使用 list-style-type 设置无序列表中的特殊符号为实心圆，使用 border 设置层 div 的边框为红色、以破折线样式显示、宽度为 2 像素。

11.1.2　有序项目列表

有序列表标签 <ol> 可以创建具有顺序号的列表，例如每条信息前面带有 1、2、3、4 等。如果要改变有序列表前面的符号，同样需要利用 list-style-type 属性，只不过属性值不同。对于有序列表，list-style-type 的语法格式如下：

```
list-style-type : decimal | lower-roman | upper-roman | lower-alpha | upper-
alpha | none
```

list-style-type 的参数如表 11-2 所示。

表 11-2　有序列表常用符号

参　　数	说　　明	参　　数	说　　明
decimal	阿拉伯数字	lower-alpha	小写英文字母
lower-roman	小写罗马数字	upper-alpha	大写英文字母
upper-roman	大写罗马数字	none	不使用项目符号

> **注意**：除了表 11-2 里的这些常用符号外，list-style-type 还有很多不同的参数值。由于不经常使用，这里不再罗列。

实例 2：制作网页有序焦点新闻栏目

```
<!DOCTYPE html>
<html>
<head>
<title>美化有序列表</title>
<style>
* {
  margin:0px;
  padding:0px;
```
```
font-size:17px;
/*设置字体大小*/
}
p {
  margin:5px 0 0 5px;
  font-size:18px;
border-bottom-width:1px;
/*设置底部边框粗细*/
border-bottom-style:solid;
/*设置底部边框样式*/
```

```
    font-weight:bolder;
    /*设置字体粗细*/
}
div{
    width:350px;
    margin:10px 0 0 10px;
    border:2px #F9B1C9 solid;
}
div ol {
    margin-left:40px;
    list-style-type: decimal;
    /*设置列表项符号*/
}
div li {
    margin:5px 0 5px 0;
}
</style>
</head>
<body>
<div>
    <p>娱乐焦点</p>
    <ol>
        <li>换季皮肤"公主病"，美肤急救快登
场。</li>
        <li>来自12星座的你，认准跳高轻松瘦。
</li>
        <li>男人30"豆腐渣"，如何延缓肌肤衰
老? </li>
```

```
        <li>打造天生美肌，奢华彩妆高性价比!
</li>
        <li>夏裙又有新花样，拼接图案最时髦。
</li>
    </ol>
</div>
</body>
</html>
```

在浏览器中浏览的效果如图 11-2 所示，可以看到显示了一个娱乐焦点栏目，栏目信息前面都带有相应的数字，表示其顺序。娱乐栏目具有红色边框，并用一条黑色直线将题目和内容分开。

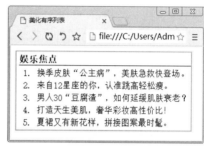

图 11-2 用有序列表制作娱乐焦点栏目

> **注意**：上面的代码中，使用 list-style-type: decimal 语句定义了有序列表前面的符号。严格来说，无论 <ul> 标签还是 <ol> 标签，都可以使用相同的属性值，而且效果完全相同，即二者可以通用 list-style-type。

11.1.3 自定义项目列表

自定义项目列表是列表项目中比较特殊的列表，相对于无序列表和有序列表，使用次数较少。使用 CSS3 属性可以改变自定义列表的显示样式。

实例 3：使用自定义项目列表制作日志信息

```
<!DOCTYPE html>
<html>
<head>
<title>自定义项目列表</title>
<style>
*{
margin:0;
padding:0;
}
body{
font-size:12px;
line-height:1.8;
padding:10px;
```

```
}
dl{
clear:both;
margin-bottom:5px;
float:left;
}
dt,dd{
padding:2px 5px;
float:left;
border:1px solid #3366FF;
width:120px;
}
dd{
position:absolute;
right:5px;
}
h1{
```

167

```
clear:both;
font-size:14px;
}
  </style>
  </head>
<body>
<h1>日志列表</h1>
<div>
<dl>
<dt><a href="#">我多久没有笑了</a></
dt> <dd>（0/11）</dd> </dl>
  <dl> <dt><a href="#">12道营养健康菜
谱</a></dt> <dd>（0/8）</dd> </dl>
  <dl> <dt><a href="#">太有才了</a></
dt> <dd>（0/6）</dd> </dl>
  <dl> <dt><a href="#">怀念童年</a></
dt> <dd>（2/11）</dd> </dl>
  <dl> <dt><a href="#">三字经</a></
dt> <dd>（0/9）</dd> </dl>
  <dl> <dt><a href="#">我的小小心愿</
a></dt> <dd>（0/2）</dd> </dl>
    <dl> <dt><a href="#">想念你，你可知
道</a></dt> <dd>（0/1）</dd> </dl> </div>
```

```
</body>
</html>
```

在浏览器中浏览的效果如图 11-3 所示，可以看到一个日志导航菜单，每个选项都有蓝色边框，并且右侧显示浏览次数等。

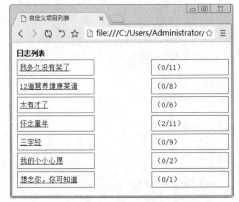

图 11-3　自定义列表制作导航菜单

11.1.4　图片列表样式

使用 list-style-image 属性可以将每项列表前面的项目符号，替换为图片。list-style-image 属性用来定义作为一个有序或无序列表项标志的图像。图像相对于列表项内容的放置位置，通常使用 list-style-position 属性控制。语法格式如下：

```
list-style-image : none | url(url)
```

上面的属性值中，none 表示不指定图像，url 表示使用绝对路径和相对路径指定背景图像。

▌实例 4：使用图片定义项目列表

```
<!DOCTYPE html>
<html>
<head>
<title>图片符号</title>
<style>
div{
    width:320px;
    margin:10px 0 0 10px;
    border:2px #FF0000 dashed;
    /*设置边框样式*/
}
p {
    margin:5px 0 0 5px;
    font-size:20px;
font-weight:bolder;
    /*设置字体粗细*/
}

div ul{
    font-family:Arial;
```

```
    /*设置字体类型*/
    font-size:15px;
    color:#00458c;
    list-style-type:none;
    /*不显示项目符号*/
}
div li{
    list-style-image:url(01.jpg);
    padding-left:15px;
    /*设置图标与文字的间隔*/
    width:350px;
}
</style>
</head>
<body>
<div>
<p>娱乐焦点</p>
<ul>
    <li>换季皮肤"公主病"，美肤急救快登
场。</li>
    <li>来自12星座的你，认准跳高轻松瘦。
</li>
```

```
        <li>男人30 "豆腐渣"，如何延缓肌肤衰
老? </li>
        <li>打造天生美肌，奢华彩妆高性价比!
</li>
        <li>夏裙又有新花样，拼接图案最时髦。
</li>
    </ul>
    </div>
    </body>
    </html>
```

在浏览器中浏览的效果如图 11-4 所示，可以看到一个娱乐焦点栏目，每个信息前面都有一个小图标，这个小图标就是我们设置

的图片列表。

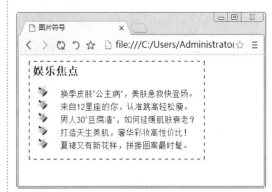

图 11-4　制作图片导航栏

> **提示**：在上面的代码中，使用 list-style-image:url（01.jpg）语句定义了列表前显示的图片，实际上还可以使用 background:url（01.jpg）no-repeat 语句实现这个效果，只不过 background 对图片大小要求比较苛刻。

11.1.5　设置图片列表的位置

使用图片作为列表符号时，图片通常在列表的外部显示，实际上还可以对齐图片列表中的文本信息，从而显示另外一种效果。在 CSS3 中，可以通过 list-style-position 来设置图片显示的位置。list-style-position 属性的语法格式如下：

```
list-style-position : outside | inside
```

其属性值的含义如表 11-3 所示。

表 11-3　列表缩进属性值

属　性	说　明
outside	列表项目标签放置在文本以外，且环绕文本不根据标签对齐
inside	列表项目标签放置在文本以内，且环绕文本根据标签对齐

▍实例 5：设置图片列表显示的位置

```
<!DOCTYPE html>
<html>
<head>
<title>图片位置</title>
<style>
.list1{
    list-style-position:inside;
    /*定义列表项目符号的位置*/
}
.list2{
    list-style-position:outside;
    /*定义列表项目符号的位置*/
}
```

```
.content{
    list-style-image:url(01.jpg);
    list-style-type:none;
    /*不显示项目符号*/
    font-size:20px;
    /*设置字体大小*/
}
</style>
</head>
<body>
<ul class=content>
<li class=list1>打造天生美肌，奢华彩妆
高性价比! </li>
    <li class=list2>打造天生美肌，奢华彩妆
高性价比! </li>
```

```
</ul>
</body>
</html>
```

在浏览器中浏览的效果如图 11-5 所示，可以看到一个图片列表，第一个图片列表选项中图片和文字对齐，即放在文本信息以内，第二个图片列表选项没有和文字对齐，而是放在文本信息以外。

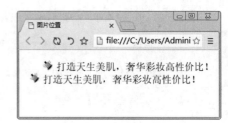

图 11-5　图片缩进

11.1.6　列表复合属性的应用

在前面小节中，分别使用 list-style-type 定义列表的项目符号，使用 list-style-image 定义列表的图片符号选项，使用 list-style-position 定义图片显示位置。实际上在对项目列表操作时，可以直接使用一个复合属性 list-style，将前面的三个属性放在一起设置。

list-style 语法的格式如下：

```
{ list-style: style}
```

style 可以指定以下值（任意次序，最多三个），如表 11-4 所示。

表 11-4　list-style 的常用属性

属　　性	说　　明
图像	可供 list-style-image 属性使用的图像值的任意范围
位置	可供 list-style-position 属性使用的位置值的任意范围
类型	可供 list-style-type 属性使用的类型值的任意范围

实例 6：使用复合属性设置项目列表

```
<!DOCTYPE html>
<html>
<head>
<title>复合属性</title>
<style>
body{
background-color:#CCCCCC;
/*页面背景色*/
}
ul,h1,p{
/*重置标签样式，清除边距或缩进*/
margin:0px;
padding:0px;
}
div{
/*定义栏目框样式*/
background-color:#F8F8F8;
padding:4px;
border:solid lpx #666;
}
#test1
{
    list-style:square inside url("01.
jpg");
    /*定义项目符号为图片*/
}
#test2
{
    list-style:none;
    /*不显示项目符号*/
}
</style>
</head>
<body>
<div>
<ul>
<li id=test1>打造天生美肌，奢华彩妆高性
价比! </li>
    <li id=test2>打造天生美肌，奢华彩妆高性
价比! </li>
    </ul>
</div>
</body>
</html>
```

在浏览器中浏览的效果如图 11-6 所示，可以看到两个列表选项，一个列表选项中带有图片，另一个列表中没有显示符号和图片。

list-style 属性是复合属性。在指定类型和图像值时，除非将图像值设置为 none 或无法显示 URL 所指向的图像，否则图像值的优先级较高。例如在上面的例子中，类 test1 同时设置了符号为方块符号和图片，但只显

示了图片。

图 11-6　复合属性指定列表

11.1.7　将段落转变成列表

CSS 的功能非常强大，可以变幻不同的样式。可以用列表代替表格，同样也可以将一个段落模拟成项目列表。下面利用前面介绍的 CSS 知识，将段落变幻为一个列表。

▌实例 7：将段落模拟成项目列表

首先，创建 HTML，实现基本段落，HTML 中需要包含一个 div 层，几个段落。

```
<!DOCTYPE html>
<html>
<head>
<title>模拟项目列表</title>
</head>
<body>
<div class="big">
    <p  class="one">·换季皮肤 "公主病"，美肤急救快登场。</p>
    <p> ·来自12星座的你，认准跳高轻松瘦。</p>
    <p  class="one"> ·男人30 "豆腐渣"，如何延缓肌肤衰老？</p>
    <p ·打造天生美肌，奢华彩妆高性价比！</p>
    <p class="one"> ·夏裙又有新花样，拼接图案最时髦。</p>
</div>
</body>
</html>
```

在浏览器中浏览的效果如图 11-7 所示，可以看到显示 5 个段落，每个段落前面都使用特殊符号 "·" 引领每一行。

接着，添加 CSS 代码，修饰整个 div 层，代码如下：

```
<style>
.big {
    width:450px;
    /*设置边框样式*/
```

```
    border:#990000 1px solid;
}
</style>
```

图 11-7　段落显示

此处创建了一个类选择器，其属性定义了层的宽度，层带有边框，以直线形式显示。在浏览器中浏览的效果如图 11-8 所示，可以看到段落周围显示了一个矩形区域，其边框显示为红色。

图 11-8　设置 div 层

最后，添加 CSS 代码，修饰段落属性，代码如下：

```
p {
    margin:10px 0 5px 0;
    font-size:14px;
    color:#025BD1;
}
.one {
    text-decoration:underline;
    /*添加文本下划线*/
    font-weight:15px;
    color:#009900;
    /*设置字体颜色*/
}
```

上面代码定义了段落 p 的通用属性，即字体大小和颜色。使用类选择器定义了特殊属性，带有下划线，具有不同的颜色。在浏览器中浏览的效果如图 11-9 所示，可以看到相比图 11-8，其字体颜色发生变化，并带有下划线。

图 11-9　修饰段落属性

11.2　菜单样式基础

使用 CSS3 除了可以美化项目列表外，还可以制作网页中的菜单，并设置不同显示效果的菜单样式。

11.2.1　制作动态导航菜单

在使用 CSS3 制作导航条和菜单之前，需要将 list-style-type 的属性值设置为 none，即去掉列表前的项目符号。下面制作一个动态导航菜单。

实例 8：制作网页动态导航菜单

创建 HTML 文档，添加一个无序列表，列表中的选项表示各个菜单。具体代码如下：

```html
<!DOCTYPE html>
<html>
<head>
<title>动态导航菜单</title>
</head>
<body>
<div>
    <ul>
    <li><a href="#">网站首页</a></li>
    <li><a href="#">产品大全</a></li>
    <li><a href="#">下载专区</a></li>
    <li><a href="#">购买服务</a></li>
    <li><a href="#">服务类型</a></li>
    </ul>
</div>
</body>
</html>
```

在上面的代码中，创建一个 div 层，在层中放置了一个 ul 无序列表，列表中的各个选项就是将来使用的菜单。在浏览器中浏览的效果如图 11-10 所示，可以看到显示了一个无序列表，每个选项带有一个实心圆。

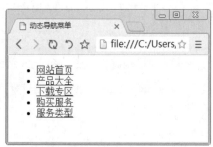

图 11-10　显示项目列表

利用 CSS 相关属性，对 HTML 中的元素进行修饰，例如 div 层、ul 列表和 body 页面。代码如下：

```css
<style>
<!--
body{
    background-color:#84BAE8;
}
div {
    width:200px;
```

```
    font-family:"黑体";
  }
  div ul {
    list-style-type:none;
    /*将项目符号设置为不显示*/
  margin:0px;
    padding:0px;
  }
  -->
</style>
```

在浏览器中浏览的效果如图 11-11 所示，可以看到项目列表变成一个普通的超级链接列表，无项目符号并带有下划线。

图 11-11　链接列表

使用 CSS3 对列表中的各个选项进行修饰，例如去掉超级链接的下划线，并为 li 标签添加边框线，从而增强菜单的实际效果。

```
div li {
  border-bottom:1px solid #ED9F9F;

}
div li a{
  display:block;
padding:5px 5px 5px 0.5em;
  text-decoration:none;
/*设置文本不带有下划线*/
  border-left:12px solid #6EC61C;
/*设置左边框样式*/
  border-right:1px solid #6EC61C;
/*设置右边框样式*/
  }
```

在浏览器中浏览的效果如图 11-12 所示，

可以看到每个选项中，超级链接的左方显示蓝色条，右方显示蓝色线，每个链接下方显示一个黄色边框。

图 11-12　导航菜单

使用 CSS3 设置动态菜单效果，即当鼠标指针悬浮在导航菜单上时，显示另外一种样式，具体的代码如下：

```
div li a:link, div li a:visited{
  background-color:#F0F0F0;
  color:#461737;
}
div li a:hover{
  background-color:#7C7C7C;
  color:#ffff00;
}
```

上面的代码设置了鼠标链接样式、访问后的样式和悬浮时的样式。在浏览器中浏览的效果如图 11-13 所示，可以看到鼠标指针悬浮在菜单上时，会显示灰色。

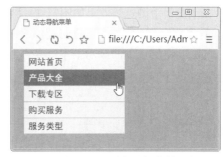

图 11-13　动态导航菜单

11.2.2　制作水平方向菜单

在实际网页设计中，根据题材或业务需求不同，垂直导航菜单有时不能满足要求，这时就需要水平显示导航菜单。例如常见的百度首页，其导航菜单就是水平显示。通过 CSS 属性，不但可以创建垂直导航菜单，还可以创建水平导航菜单。

实例9：制作水平方向导航菜单

创建 HTML 项目列表结构，将要创建的菜单项都用列表选项显示出来。

```
<!DOCTYPE html>
<html>
<head>
<title>制作水平方向导航菜单</title>
<style>
<!--
body{
    background-color:#84BAE8;
}
div {
    font-family:"幼圆";
}
div ul {
    list-style-type:none;
margin:0px;
    padding:0px;
}
</style>
</head>
<body>
<div id="navigation">
<ul>
    <li><a href="#">网站首页</a></li>
    <li><a href="#">产品大全</a></li>
    <li><a href="#">下载专区</a></li>
    <li><a href="#">购买服务</a></li>
    <li><a href="#">服务类型</a></li>
</ul>
</div>
</body>
</html>
```

在浏览器中浏览的效果如图11-14所示，可以看到显示的是一个普通的超级链接列表，与上一个例子中的显示基本一样。

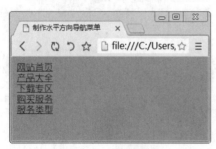

图 11-14　链接列表

利用 CSS 属性 float 将菜单列表设置为水平显示，并设置选项 li 和超级链接的基本样式，代码如下：

```
div li {
    border-bottom:1px solid #ED9F9F;
float:left;
width:150px;
}
div li a{
    display:block;
 padding:5px 5px 5px 0.5em;
    text-decoration:none;
    border-left:12px solid #EBEBEB;
    border-right:1px solid #EBEBEB;
}
```

当 float 属性值为 left 时，导航栏为水平显示。其他设置基本与上一个例子相同。在 IE 11.0 中浏览的效果如图 11-15 所示，可以看到各个链接选项水平地排列在当前页面上。

图 11-15　列表水平显示

设置超级链接样式，和前面一样，也是设置了鼠标动态效果。代码如下：

```
div li a:link, div li a:visited{
    background-color:#F0F0F0;
    color:#461737;
}
div li a:hover{
    background-color:#7C7C7C;
    color:#ffff00;
}
```

在浏览器中浏览的效果如图11-16所示，可以看到当鼠标指针放到菜单上时，会变换为另一种样式。

图 11-16　水平菜单显示

11.2.3　制作多级菜单列表

多级下拉菜单在企业网站中应用比较广泛，其优点是在导航结构繁多的网站中使用会很方便，可节省版面。下面就来制作一个简单的多级菜单列表。

▍实例10：制作多级菜单列表

创建 HTML5 网页，搭建网页的基本结构，代码如下：

```
<!DOCTYPE html>
<html>
<head>
<title>多级菜单</title>
</head>
<body>
<div class="menu">
    <ul>
        <li><a href="#">女装</a>
            <ul>
                <li><a href="#">半身
裙</a></li>
                <li><a href="#">连衣
裙</a></li>
                <li><a href="#">沙滩
裙</a></li>
            </ul>
        </li>
        <li><a href="#">男装</a>
            <ul>
                <li><a href="#">商务
装</a></li>
                <li><a href="#">休闲
装</a></li>
                <li><a href="#">运动
装</a></li>
            </ul>
        </li>
        <li><a href="#">童装</a>
            <ul>
                <li><a href="#">女童
装</a></li>
                <li><a href="#">男童
装</a></li>
            </ul>
        </li>
        <li><a href="#">童鞋</a>
            <ul>
                <li><a href="#">女童
鞋</a></li>
                <li><a href="#">男童
鞋</a></li>
                <li><a href="#">运动
鞋</a></li>
            </ul>
        </li>
    </ul>
    <div class="clear"> </div>
```

```
</div>
</body>
</html>
```

在浏览器中预览的效果如图11-17所示。

图 11-17　网页结构

定义网页的 menu 容器样式，并定义一级菜单中的列表样式。代码如下：

```
<style type="text/css">
.menu {
    font-family: arial, sans-serif;
/*设置字体类型*/
    width:440px;
    margin:0;
}
.menu ul {
    padding:0;
    margin:0;
    list-style-type: none;
/*不显示项目符号*/
}
.menu ul li {
    float:left;
/* 列表横向显示*/
    position:relative;
}
</style>
```

在浏览器中预览的效果如图 11-18 所示。以上代码定义了一级菜单的样式，其中 `<li>` 标签通过 "float:left;" 语句使原本竖向显示的列表项变为横向显示，并用 position: relative 语句设置相对定位，定位包含框，这样包含的二级列表结构可以以当前列表项目作为参照进行定位。

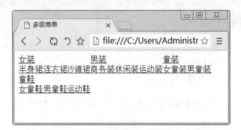

图 11-18　修改一级菜单

设置一级菜单中的 <a> 标签的样式和 <a> 标签在访问过时和鼠标悬停时的样式。代码如下：

```
.menu ul li a, .menu ul li a:visited {
    display:block;
    text-align:center;
    text-decoration:none;
    width:104px;
    height:30px;
    color:#000;
    border:1px solid #fff;
    border-width:1px 1px 0 0;
    background:#5678ee;
    line-height:30px;
    font-size:14px;
}
.menu ul li:hover a {
    color:#fff;
}
```

在浏览器中预览的效果如图 11-19 所示。在以上代码中，首先定义 a 为块级元素，"border:1px solid #fff;" 语句虽然定义了菜单项的边框样式，但由于 "border-width:1px 1px 0;" 语句的作用，所以在这里只显示上边框和右边框，下边框和左边框由于宽度为 0，所以不显示任何效果。

图 11-19　修饰二级菜单

设置二级菜单样式，代码如下：

```
.menu ul li ul {
    display: none;
}
.menu ul li:hover ul {
    display:block;
    position:absolute;
    top:31px;
    left:0;
    width:105px;
}
```

在浏览器中预览的效果如图 11-20 所示。在以上代码中，首先定义了二级菜单的 <ul> 标签样式，语句 "display: none;" 的作用是将其所有内容隐藏，并且使其不再占用文档中的空间；然后定义一级菜单中 <li> 标签的伪类，当鼠标经过一级菜单时，二级菜单开始显示。

图 11-20　修改鼠标经过二级菜单的效果

设置二级菜单的链接样式和鼠标悬停时的效果，代码如下：

```
.menu ul li:hover ul li a {
    display:block;
    background:#ff4321;
    color:#000;
}
.menu ul li:hover ul li a:hover {
    background:#dfc184;
    color:#000;
}
```

在浏览器中预览的效果如图 11-21 所示。在以上代码中，设置了二级菜单的背景色、字体颜色，以及鼠标悬停时的背景色、字体颜色。至此，就完成了多级菜单的制作。

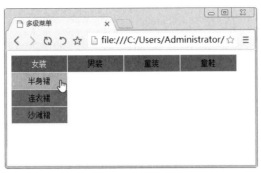

图 11-21　修改链接样式与鼠标经过的效果

11.2.4　模拟制作 SOSO 导航栏

本节结合本章学习的知识，来模拟制作一个 SOSO 导航栏。

实例 11：模拟制作 SOSO 导航栏

创建 HTML5 网页，这里需要利用 HTML 标签实现搜搜图标，导航的项目列表、下方的搜索输入框和按钮等。其代码如下：

```html
<!DOCTYPE html>
<html>
<head>
<title>制作SOSO导航栏</title>
</head>
<body>
<center><br><img src="02.png">
<br><br><br><br>
<div>
<ul>
  <li id=h></li>
  <li><a href="#">网页</a></li>
  <li > <a href="#">图片</a></li>
  <li > <a href="#">视频</a></li>
  <li><a href="#">音乐</a></li>
  <li><a href="#">搜吧</a></li>
  <li><a href="#">问问</a></li>
  <li><a href="#">团购</a></li>
  <li><a href="#">新闻</a></li>
  <li><a href="#">地图</a></li>
  <li id="more"><a href="#">更 多 &gt;
&gt;</a></li>
</ul>
</div>
<p style="height:44px;"> </p>
<div id=s>
<form action="/q?" id="flpage" name=
"flpage">
<input type="text" value="" size=
50px;/>
<input type="submit" value="搜搜">
</form>
```

```html
</div>
</center>
</body>
</html>
```

在浏览器中浏览的效果如图 11-22 所示，可以看到显示了一个图片，即搜搜图标，中间显示了一列项目列表，每个选项都是超级链接，下方是一个表单，包含输入框和按钮。

图 11-22　网页的基本框架

添加 CSS 代码，修饰项目列表，使列表水平显示，同时定义整个 div 层的属性，例如设置背景色、宽度、底部边框和字体大小等。代码如下：

```css
p{ margin:0px; padding:0px;}
```

```
#div{
    margin:0px auto;
    font-size:12px;
    padding:0px;
    border-bottom:1px solid #00c;
    background:#eee;
    width:800px;height:18px;
}
div li{
    float:left;
    list-style-type:none;
    margin:0px;padding:0px;
    width:40px;
}
```

上面的代码中，用 float 属性设置菜单栏水平显示，list-style-type 设置列表不显示项目符号。

在浏览器中浏览的效果如图 11-23 所示，可以看到页面的整体效果和搜搜首页比较相似，下面就可以在细节上进一步修改了。

图 11-23　设置水平方向菜单

01 添加 CSS 代码，修饰超级链接，代码如下：

```
div li a{
    display:block;
    text-decoration:underline;
    padding:4px 0px 0px 0px;
    margin:0px;
font-size:13px;
}
div li a:link, div li a:visited{
    color:#004276;
}
```

上面的代码设置了超级链接，即导航栏中菜单选项的相关属性，例如超级链接以块显示、文本带有下划线，字体大小为 13 像素。并设定了鼠标访问超级链接后的颜色。在浏览器中浏览的效果如图 11-24 所示，可以看到字体颜色发生改变，字体变小。

图 11-24　设置菜单样式

02 添加 CSS 代码，定义对齐方式和表单样式：

```
div li#h{width:10px;height:18px;}
div li#more{width:85px;height:18px;}
#s{
        background-color:#006EB8;
        width:430px;
}
```

上述代码中，h 定义了水平菜单最前方空间的大小，more 定义了更多的长度和宽度，s 定义了表单背景色和宽度。在浏览器中浏览的效果如图 11-25 所示，可以看到水平导航栏和表单对齐，表单背景色为蓝色。

图 11-25　定义对齐方式

添加 CSS 代码，修饰访问默认项，这里修改"网页"列表项目，代码如下：

```
<a href="#" style="text-decoration:
none;color:#020202;font-size:14px;">网页
</a>
```

此代码段设置了被访问时的默认样式。在浏览器中浏览的效果如图 11-26 所示，可以看到"网页"菜单选项，颜色为黑色，没有下划线。

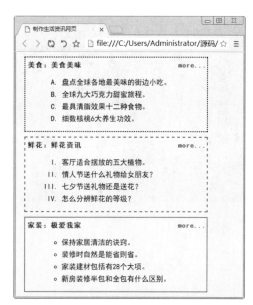

图 11-26　搜搜最终效果

11.3　新手常见疑难问题

疑问 1：使用项目列表制作表单与用 table 表格制作表单相比，项目列表有哪些优势呀？

答：采用项目列表制作水平菜单时，如果没有设置 <ul> 标签的 width 属性，那么当浏览器的宽度缩小时，菜单会自动换行。这是采用 <table> 标签制作的菜单所无法实现的，所以项目列表被经常用于制作网页导航菜单，再通过 CSS3 各个属性的修改，可以实现各种变幻效果的导航菜单。

疑问 2：无序列表 <ul> 元素的作用？

答：无序列表元素主要用于条理化和结构化文本信息。在实际开发中，无序列表在制作导航菜单时使用广泛。导航菜单的结构一般使用无序列表实现。

11.4　实战技能训练营

实战 1：设计一个生活资讯页面

结合本章所学知识，创建了一个生活资讯页面，包括各个栏目中的项目列表，然后使用 CSS3 属性修改项目列表。最终效果如图 11-27 所示。

图 11-27　生活资讯页面

实战 2：使用列表实现图文混排效果

结合本章所学知识，使用列表结构实现图文混排页面。首先构建网页结构，这里使用 <div> 标签定义网页容器，然后通过 <div> 标签创建 title 和 content 两部分，再通过 <ul> 标签分别创建这两部分的项目列表，最后使用 CSS3 属性修饰这些网页元素。最终效果如图 11-28 所示。

图 11-28　图文混排页面

第12章 使用CSS3滤镜设计网页图片特效

本章导读

随着网页设计技术的发展，人们已经不满足于单调地展示页面布局并显示文本，而是希望在页面中能够加入一些多媒体特效而使页面丰富起来。使用滤镜能够实现这些需求，它能够产生各种各样的图片特效，从而大大地提高页面的吸引力。本章就来介绍使用 CSS3 设计图片特效的基本方法和应用技巧。

知识导图

使用CSS3滤镜设计网页图片特效

- 认识CSS3中的滤镜
- 设置基本滤镜效果
  - 高斯模糊（blur）滤镜
  - 明暗度（brightness）滤镜
  - 对比度（contrast）滤镜
  - 阴影（drop-shadow）滤镜
  - 灰度（grayscale）滤镜
  - 反相（invert）滤镜
  - 透明度（opacity）滤镜
  - 饱和度（saturate）滤镜
  - 深褐色（sepia）滤镜
  - 使用复合滤镜效果

12.1 CSS3 中的滤镜

CSS3 Filter（滤镜）属性提供了模糊和改变元素颜色的功能。特别是对于图像，能产生很多绚丽的效果。CSS3 的 Filter（滤镜）常用于调整图像的渲染、背景或边框显示效果，例如灰度、模糊、饱和、老照片等。如图 12-1 所示为使用 CSS3 滤镜产生的各种绚丽的效果。

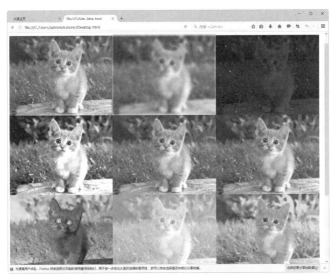

图 12-1 使用 CSS3 产生的各种滤镜效果

目前，并不是所有的浏览器都支持 CSS3 的滤镜，具体支持情况如表 12-1 所示。

表 12-1 常见浏览器对 CSS3 滤镜的支持情况

名　称	图　标	支持滤镜的情况
Chrome 浏览器		18.0 及以上版本支持 CSS3 滤镜
IE 浏览器		不支持 CSS3 滤镜
Mozilla Firefox 浏览器		35.0 及以上版本支持 CSS3 滤镜
Opera 浏览器		15.0 及以上版本支持 CSS3 滤镜
Safari 浏览器		6.0 及以上版本支持 CSS3 滤镜

使用 CSS3 滤镜的语法如下：

```
filter: none | blur() | brightness() | contrast() | drop-shadow() | grayscale()
| hue-rotate() | invert() | opacity() | saturate() | sepia() | url();
```

如果想一次添加多个滤镜效果，可以使用空格分隔多个滤镜。上述各个滤镜参数的含义如图 12-2 所示。

表 12-2　CSS 滤镜参数的含义

参数名称	效　果	参数名称	效　果
blur()	设置图像的高斯模糊效果	hue-rotate()	给图像应用色相旋转
brightness()	设置图像的明暗度效果	invert()	反转输入图像
contrast()	设置图像的对比度	opacity()	转换图像的透明程度
drop-shadow()	设置图像的阴影效果	saturate()	转换图像的饱和度
grayscale()	将图像转换为灰度图像	sepia()	将图像转换为深褐色

12.2　设置基本滤镜效果

本节将学习常用滤镜的设置方法和应用技巧。

12.2.1　高斯模糊（blur）滤镜

blur 滤镜用于设置图像的高斯模糊效果。blur 滤镜的语法格式如下：

```
filter : blur(px)
```

其中，px 的值越大，图像越模糊。

实例 1：为图像添加高斯模糊效果

```
<!DOCTYPE html>
<html>
<title>高斯模糊滤镜</title>
<head>
<style>
img {
    width: 40%;
    height: auto;
}
.blur {
-webkit-filter: blur(4px);filter:
```

```
blur(4px);       /*设置高斯模糊*/
    }
    </style>
    </head>
    <body>
    原始图:
    <img src="1.jpg" alt="原始图"
width="100" height="100">
    高斯模糊效果:
    <img class="blur" src="1.jpg" alt="
高斯模糊图" width="100" height="100">
    </body>
    </html>
```

在浏览器中浏览的效果如图 12-2 所示，可以看到右侧的图片很模糊。

图 12-2　模糊效果

12.2.2　明暗度（brightness）滤镜

brightness 滤镜用于设置图像的明暗度效果。brightness 滤镜的语法格式如下：

```
filter : brightness(%)
```

如果参数值是 0%，图像会全黑；参数值是 100%，则图像无变化；参数值超过 100%，图像会比原来更亮。

实例 2：为图像添加不同的明暗效果

```html
<!DOCTYPE html>
<html>
<title>明暗度滤镜</title>
<head>
<style>
img {
    width: 40%;
    height: auto;
}

.aa{
-webkit-filter: brightness(200%);filter:
brightness(200%);       /*设置图片的明暗度*/
    }
    .bb{
    -webkit-filter: brightness(30%);filter:
brightness(30%);       /*设置图片的明暗度*/
    }
    </style>
    </head>
    <body>
    图像变亮效果：
    <img class="aa" src="2.jpg" alt="变
亮图" width="300" height="300">
    图像变暗效果：
    <img class="bb" src="2.jpg" alt="变
暗图" width="300" height="300">
    </body>
    </html>
```

在浏览器中浏览的效果如图 12-3 所示，可以看到左侧图像变亮，右侧图像变暗。

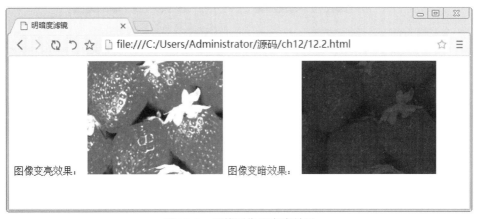

图 12-3　调整图像明亮度效果

12.2.3　对比度（contrast）滤镜

contrast 滤镜用于设置图像的对比度效果。contrast 滤镜的语法格式如下：

```
filter :contrast(%)
```

如果参数值是 0%，图像会全黑；如果值是 100%，图像不变。

实例 3：为图像添加对比度滤镜效果

```
<!DOCTYPE html>
<html>
<title>对比度滤镜</title>
<head>
<style>
img {
    width: 40%;
    height: auto;
}

.aa{
-webkit-filter:  contrast(200%);filter:
contrast(200%);    /*设置图片的对比度*/
}
```

```
.bb{
-webkit-filter:  contrast(30%);filter:
contrast(30%); /*设置图片的对比度*/
}
</style>
</head>
<body>
增加对比度效果：
<img class="aa" src="3.jpg" alt="变
亮图" width="300" height="300">
    减少对比度效果：
<img class="bb" src="3.jpg" alt="变
暗图" width="300" height="300">
</body>
</html>
```

在浏览器中浏览的效果如图 12-4 所示，可以看到左侧图像对比度增加，右侧图像对比度减少。

图 12-4   调整图像的对比度效果

12.2.4   阴影（drop-shadow）滤镜

drop-shadow 滤镜用于设置图像的阴影效果。使元素内容在页面上产生投影，从而实现立体的效果。drop-shadow 滤镜的语法格式如下：

```
filter : drop-shadow(h-shadow v-shadow blur spread color)
```

其中，参数 h-shadow 和 v-shadow 用于设置水平和垂直方向的偏移量；blur 用于设置阴影的模糊度；spread 用于设置阴影的大小，正值会使阴影变大，负值会使阴影缩小；color 用于设置阴影的颜色。

实例 4：为图像添加不同的阴影效果

```
<!DOCTYPE html>
<html>
<title>阴影滤镜</title>
<head>
<style>
img {
    width: 30%;
    height: auto;
```

```
}
.aa{
-webkit-filter:drop-shadow(15px 15px
20px red);filter:drop-shadow(15px 15px
20px red); /*设置图片阴影*/
}
.bb{
-webkit-filter:drop-shadow(30px 30px
10px blue);filter:drop-shadow(30px 30px
10px blue); /*设置图片阴影*/
```

```
    }
    </style>
    </head>
    <body>
    添加阴影效果：
    <img class="aa" src="4.jpg" alt="红
色阴影图" width="300" height="300">
    <img class="bb" src="4.jpg" alt="蓝
色阴影图" width="300" height="300">
    </body>
    </html>
```

在浏览器中浏览的效果如图 12-5 所示，可以看到左侧图像添加了红色阴影效果，右侧图像添加了蓝色阴影效果。

图 12-5　为图像添加阴影效果

12.2.5　灰度（grayscale）滤镜

grayscale 滤镜能够轻松地将彩色图片变为黑白图片。grayscale 滤镜的语法格式如下：

```
filter :grayscale(%)
```

参数值定义转换的比例。如果参数值为 0，则图像无变化；如果参数值为 100%，则完全转为灰度图像。

┃实例 5：为图像添加不同的灰度效果

```
<!DOCTYPE html>
<html>
<title>灰度滤镜</title>
<head>
<style>
img {
    width: 40%;
    height: auto;
}
.aa{
-webkit-filter:grayscale(100%);filter:
grayscale(100%);   /*设置图片的灰度*/
}
.bb{
-webkit-filter:grayscale(30%);filter:
grayscale(30%);/*设置图片的灰度*/
}
</style>
</head>
<body>
不同的灰度效果：
</br>
<img class="aa" src="5.jpg" width=
```

```
"300" height="300">
    <img class="bb" src="5.jpg"
width="300" height="300">
    </body>
    </html>
```

在浏览器中浏览的效果如图 12-6 所示，可以看到左侧图像完全转化为灰度图，右侧图像 30% 转换为灰度。

图 12-6　为图像添加灰度效果

12.2.6　反相（invert）滤镜

invert 滤镜可以把对象的可视化属性全部翻转，包括色彩、饱和度和亮度值，使图片产生一种"底片"或负片的效果。语法格式如下：

```
filter:invert(%)
```

参数值定义反相的比例。如果参数值为 100%，则图像完全反相；如果参数值为 0%，则图像无变化。

实例 6：为图像添加不同的反相效果

```
<!DOCTYPE html>
<html>
<title>反相滤镜</title>
<head>
<style>
img {
    width: 30%;
    height: auto;
}
.aa{
-webkit-filter:invert(100%);filter:
invert(100%);        /*设置图片的反相滤镜*/
}
.bb{
-webkit-filter:grayscale(50%);filter:
grayscale(50%);       /*设置图片的反相滤镜*/
}
</style>
</head>
<body>
不同的反相效果:
</br>
```

```
    <img class="aa" src="2.jpg" width=
"300" height="300">
    <img class="bb" src="2.jpg" width=
"300" height="300">
    </body>
    </html>
```

在浏览器中浏览的效果如图 12-7 所示，可以看到左侧图像是完全反相效果，右侧图像是 50% 反相效果。

图 12-7   为图像添加反相效果

12.2.7   透明度（opacity）滤镜

opacity 滤镜用于设置图像的透明度效果。语法格式如下：

```
filter:opacity(%)
```

参数值定义透明度的比例。如果参数值为 100%，则图像无变化；如果参数值为 0%，则图像完全透明。

实例 7：设置图像的不同透明度

```
<!DOCTYPE html>
<html>
<title>透明度滤镜</title>
<head>
<style>
img {
    width: 40%;
    height: auto;
}

.aa{
-webkit-filter:opacity(30%);filter:
opacity(30%);   /*设置图片的透明度*/
}
```

```
.bb{
-webkit-filter:opacity(80%);filter:
opacity(80%); /*设置图片的透明度*/
}
</style>
</head>
<body>
不同的透明度效果:
</br>
    <img class="aa" src="1.jpg" width=
"300" height="300">
    <img class="bb" src="1.jpg" width=
"300" height="300">
    </body>
    </html>
```

在浏览器中浏览的效果如图 12-8 所示，可以看到左侧图像的透明度为 30%，右侧图像的透明度为 80%。

图 12-8　设置图像的透明度效果

12.2.8　饱和度（saturate）滤镜

saturate 滤镜用于设置图像的饱和度效果。语法格式如下：

```
filter:saturate(%)
```

参数值定义饱和度的比例。如果参数值为 100%，则图像无变化；如果参数值为 0%，则图像完全不饱和。

实例 8：为图像设置不同的饱和度

```
<!DOCTYPE html>
<html>
<title>饱和度滤镜</title>
<head>
<style>
img {
    width: 40%;
    height: auto;
}

.aa{
-webkit-filter:saturate(30%);filter:
saturate(30%);      /*设置图片的饱和度*/
}
.bb{
-webkit-filter:saturate(80%);filter:
saturate(80%);      /*设置图片的饱和度*/
}
</style>
</head>
<body>
不同的饱和度效果:
</br>
```

```
    <img class="aa" src="2.jpg" width=
"300" height="300">
    <img class="bb" src="2.jpg" width=
"300" height="300">
    </body>
    </html>
```

在浏览器中浏览的效果如图 12-9 所示，可以看到左侧图像的饱和度为 30%，右侧图像的饱和度为 80%。

图 12-9　设置图像的不同饱和度效果

12.2.9 深褐色（sepia）滤镜

sepia 滤镜用于将图像转换为深褐。语法格式如下：

```
filter: sepia(%)
```

参数值定义转换的比例。参数值为 100%，则图像完全是深褐色的；参数值为 0%，则图像无变化。

实例 9：添加深褐色滤镜效果

```
<!DOCTYPE html>
<html>
<title>深褐色滤镜</title>
<head>
<style>
img {
    width: 40%;
    height: auto;
}
.aa{
-webkit-filter:sepia(50%);filter:sepia
(50%);    /*设置图片的深褐色滤镜*/
}
.bb{
-webkit-filter:sepia(100%);filter:sepia
(100%);   /*设置图片的深褐色滤镜*/
}
</style>
</head>
<body>
不同的饱和度效果:
</br>
```

```
    <img class="aa" src="3.jpg"
width="300" height="300">
    <img class="bb" src="3.jpg"
width="300" height="300">
    </body>
    </html>
```

在浏览器中浏览的效果如图 12-10 所示，可以看到左侧的图像转换了 50% 深褐色，右侧的图像转换了 100% 深褐色。

图 12-10　转换图像为深褐色的效果

12.2.10 使用复合滤镜效果

上一节中，仅仅对图像添加了单个滤镜效果。如果想添加多个滤镜效果，可以将各个滤镜参数用空格隔开。需要注意的是：滤镜参数的顺序非常重要，不同的顺序将产生不同的最终效果。

实例 10：复合滤镜的应用

```
<!DOCTYPE html>
<html>
<title>复合滤镜</title>
<head>
<style>
img {
    width: 40%;
    height: auto;
}

.aa{
-webkit-filter:contrast(200%) saturate
(50%);filter:contrast(200%) saturate(50%);
```

```
/*使用复合滤镜*/
    }
    .bb{
    -webkit-filter:saturate(50%) contrast
(200%);filter:saturate(50%) contrast(200%);
/*使用复合滤镜*/
    }
    </style>
    </head>
    <body>
    不同顺序的复合滤镜效果:
    </br>
    <img class="aa" src="1.jpg"
width="300" height="300">
    <img class="bb" src="1.jpg" width=
```

```
"300" height="300">
    </body>
    </html>
```

在浏览器中浏览的效果如图12-11所示，可以看到不同的添加顺序，结果并不一样。

图 12-11   不同顺序的复合滤镜效果

12.3   新手常见疑难问题

疑问 1：如何实现图像的光照效果？

答：Light 滤镜是一个高级滤镜，需要结合 JavaScript 使用。该滤镜用来产生类似于光照灯的效果，并可以调节亮度以及颜色。语法格式如下：

```
{filter:Light(enabled=bEnabled)}
```

但是这种滤镜效果只能在 IE 9.0 或者更早期的版本中实现。IE 10.0 及其以后的版本不再支持这种效果。

疑问 2：怎么为一个 html 对象添加多个滤镜效果？

答：在使用滤镜时，若使用多个滤镜，则每个滤镜之间用空格隔开；一个滤镜中的若干个参数用逗号分隔；filter 属性和其他样式属性并用时以分号分隔。

12.4   实战技能训练营

实战 1：制作一个透明的图文信息栏

结合 HTML5、CSS 样式表以及本章所学的滤镜知识，创建一个透明的图文信息栏，最终效果如图 12-12 所示。

实战 2：模糊的图片背景页面

使用 CSS3 中的滤镜功能创建一个模糊的图片背景页面，最终效果如图 12-13 所示。

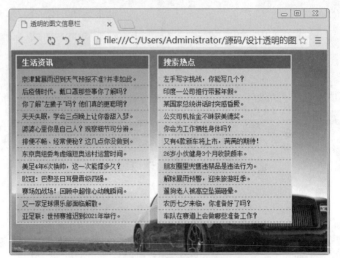

图 12-12　透明图文信息栏

图 12-13　透明图文信息栏

第13章 使用CSS3设计动画效果

📖 **本章导读**

在 CSS3 版本之前，用户如果想在网页中实现图像过渡和动画效果，只有使用 Flash 或者 JavaScript 脚本。在 CSS3 中，用户可以通过新增属性实现图像的过渡和动画效果，不但使用方法简单，而且效果非常炫丽。本章就来详细介绍 CSS3 动画功能及其应用技巧。

📑 **知识导图**

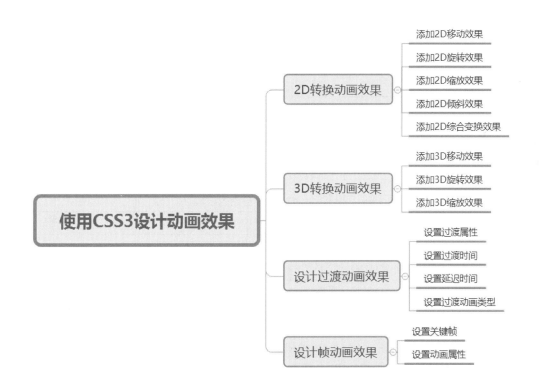

13.1 2D 转换动画效果

CSS3 新增变换属性 transform，使用这个属性可以对对象进行位移、缩放、旋转、倾斜等变换操作，从而实现 2D 转换动画效果。

在 CSS3 中，2D 转换效果主要是指网页元素的形状、大小和位置从一个状态转换到另外一个状态。2D 转换中的属性如下。

（1）transform：用于指定转换元素的方法。

（2）transform-origin：用于更改转换元素的位置。

CSS3 中 2D 转换效果的属性，在浏览器中的支持情况如表 13-1 所示。

表 13-1 常见浏览器对 2D 转换属性的支持情况

名　称	图　标	支持情况
Chrome 浏览器		36.0 及以上版本
IE 浏览器		IE 10.0 及以上版本
Mozilla Firefox 浏览器		16.0 及以上版本
Opera 浏览器		23.0 及以上版本
Safari 浏览器		3.2 及以上版本

13.1.1 添加 2D 移动效果

在 CSS3 中，定义 2D 移动的函数如表 13-2 所示。

表 13-2 定义 2D 移动的函数

函　数	说　明
matrix(n,n,n,n,n,n)	定义 2D 转换，使用六个值的矩阵
translate(x,y)	定义 2D 转换，沿着 X 和 Y 轴移动元素
translateX(n)	定义 2D 转换，沿着 X 轴移动元素
translateY(n)	定义 2D 转换，沿着 Y 轴移动元素

使用 translate() 方法，定义 X 轴、Y 轴和 Z 轴的参数，可以将当前元素移动到指定的位置。例如，将指定元素沿着 X 轴移动 30 个像素，然后沿着 Y 轴移动 60 个像素。代码如下：

```
translate (30px, 60px)
```

实例 1：添加移动转换动画效果

```
<!DOCTYPE html>
<html>
```

```
<head>
<title>2D移转效果</title>
<style type="text/css">
div{
```

```
    margin:100px auto;
    width:200px;
    height:50px;
    background-color:#FFB5B5;
    border-radius:12px;
}
div:hover
{
    -webkit-transform:translate(150px,
50px);
    -moz-transform:translate(150px,50px);
    -o-transform: translate (150px,
50px);
```

```
    transform:translate(150px,50px);
}
</style>
</head>
<body>
<div></div>
</body>
</html>
```

在浏览器中浏览的效果如图 13-1 所示。可以看出移动前和移动后的不同效果。

默认状态　　　　　　　　　　　鼠标经过时被移动

图 13-1　2D 移动效果

13.1.2　添加 2D 旋转效果

使用 rotate() 方法，可以为网页元素按指定的角度添加旋转效果。如果指定的角度是正值，则网页元素按顺时针旋转；如果指定的角度为负值，则网页元素按逆时针旋转。

例如，将网页元素顺时针旋转 30 度，代码如下：

```
rotate(30deg)
```

实例 2：添加旋转动画效果

```
<!DOCTYPE html>
<html>
<head>
<title>2D旋转效果</title>
<style type="text/css">
div{
    margin:100px auto;
    width:200px;
    height:50px;
    background-color:#FFB5B5;
    border-radius:12px;
}
div:hover
{
```

```
    -webkit-transform:rotate(-90deg);
    -moz-transform:rotate(-90deg);  /*
IE 9 */
    -o-transform:rotate(-90deg);
    transform:rotate(-90deg);
}
</style>
</head>
<body>
<div></div>
</body>
</html>
```

在浏览器中浏览效果如图 13-2 所示。可以看出旋转前和旋转后的不同效果。

默认状态   鼠标经过时被旋转

图 13-2　定义旋转动画效果

13.1.3　添加 2D 缩放效果

在 CSS3 中，定义 2D 缩放的函数如表 13-3 所示。

表 13-3　定义 2D 缩放的函数

函　　数	说　　明
scale(x,y)	定义 2D 缩放转换，改变元素的宽度和高度
scaleX(n)	定义 2D 缩放转换，改变元素的宽度
scaleY(n)	定义 2D 缩放转换，改变元素的高度

使用 scale() 方法，可以将一个网页元素按指定的参数进行缩放，缩放后的大小取决于指定的宽度和高度。例如将指定元素的宽度增加为原来的 4 倍，高度增加为原来的 3 倍，代码如下：

```
scale(4,3)
```

▍实例 3：添加缩放动画效果

```
<!DOCTYPE html>
<html>
<head>
<title>2D缩放效果</title>
<style type="text/css">
div{
  margin:80px auto;
  width:200px;
  height:50px;
  background-color:#FFB5B5;
  border-radius:12px;
  box-shadow:2px 2px 2px #999;
}
div:hover
```

```
{
  -webkit-transform: scale(2.5);
  -moz-transform:scale(2.5);
  -o-transform: scale(2.5);
  transform:scale(2.5);
}
</style>
</head>
<body>
<div></div>
</body>
</html>
```

在 IE 11.0 中浏览的效果如图 13-3 所示。可以看出缩放前和缩放后的不同效果。

默认状态   鼠标经过时被放大

图 13-3   2D 缩放效果

13.1.4   添加 2D 倾斜效果

在 CSS3 中，定义 2D 倾斜的函数如表 13-4 所示。

表 13-4   定义 2D 倾斜的函数

函　数	说　明
skew(x-angle,y-angle)	沿着 X 和 Y 轴定义 2D 倾斜转换
skewX(angle)	沿着 X 轴定义 2D 倾斜转换
skewY(angle)	沿着 Y 轴定义 2D 倾斜转换

使用 skew() 方法可以为网页元素添加倾斜效果。语法格式如下：

```
transform:skew(<angle> [,<angle>]);
```

这里包含了两个角度值，分别表示 X 轴和 Y 轴倾斜的角度。如果第二个参数为空，则默认为 0，参数为负表示向相反方向倾斜。

例如，将网页元素围绕 X 轴倾斜 30 度，围绕 Y 轴倾斜 40 度。代码如下：

```
skew(30deg,40deg)
```

另外，如果只在 X 轴（水平方向）倾斜，方法如下：

```
skewX(<angle>);
```

如果只在 Y 轴（垂直方向）倾斜，方法如下：

```
skewY(<angle>);
```

实例 4：添加倾斜动画效果

```
<!DOCTYPE html>
<html>
<head>
<title>2D倾斜效果</title>
<style type="text/css">
div
```

```
{
    margin:80px auto;
    width:200px;
    height:50px;
    background-color:#FFB5B5;
    border-radius:12px;
    box-shadow:2px 2px 2px #999;
}
```

195

```
div:hover
{
  -webkit-transform:skew(30deg,150deg);
  -moz-transform:skew(30deg,150deg);
  -o-transform: skew(30deg,150deg);
  transform:skew(30deg,150deg);
}
</style>
```

```
</head>
<body>
<div></div>
</body>
</html>
```

在浏览器中浏览的效果如图 13-4 所示，可以看出倾斜前和倾斜后的不同效果。

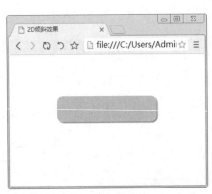
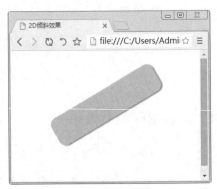

默认状态 　　　　　　　　　　　鼠标经过时倾斜

图 13-4　2D 倾斜效果

13.1.5　添加 2D 综合变换效果

使用 matrix() 方法可以为网页元素添加移动、旋转、缩放和倾斜效果。语法格式如下：

```
transform: matrix(n,n,n,n,n,n)
```

这里包含 6 个参数值，使用这 6 个值的矩阵可以添加不同的 2D 转换效果。

实例 5：添加综合变幻效果

```
<!DOCTYPE html>
<html>
<head>
<title>2D变换效果</title>
<style type="text/css">
div
{
  margin:80px auto;
  width:200px;
  height:50px;
  background-color:#FFB5B5;
  border-radius:12px;
  box-shadow:2px 2px 2px #999;
}
div:hover
{
```

```
  -webkit-transform:matrix(0.888,
0.6,-0.6,0.888,0,0);
  -moz-transform:matrix(0.888,
0.6,-0.6,0.888,0,0);
  -o-transform:matrix(0.888,
0.6,-0.6,0.888,0,0);
  transform:matrix(0.888,0.6,
-0.6,0.888,0,0);
  }
</style>
</head>
<body>
<div></div>
</body>
</html>
```

在浏览器中浏览的效果如图 13-5 所示，可以看出变换前和变换后的不同效果。

默认状态　　　　　　　　　　　　　鼠标经过时被变换

图 13-5　2D 变换效果

13.2　3D 转换动画效果

在 CSS3 中，3D 转换效果主要是指网页元素在三维空间进行转换的效果。其中 3D 转换中的属性如下。

（1）transform：用于指定转换元素的方法。

（2）transform-origin：用于更改转换元素的位置。

（3）transform-style：规定被嵌套元素如何在 3D 空间中显示。

（4）perspective：规定 3D 元素的透视效果。

（5）perspective-origin：规定 3D 元素的底部位置。

（6）backface-visibility：定义元素在不面向屏幕时是否可见。如果在旋转元素后，又不希望看到其背面时，该属性很有用。

CSS3 中 3D 转换效果的属性，在浏览器中的支持情况如表 13-5 所示。

表 13-5　常见浏览器对 3D 转换属性的支持情况

名　　称	图　标	支持情况
Chrome 浏览器		36.0 及以上版本
IE 浏览器		IE 10.0 及以上版本
Mozilla Firefox 浏览器		16.0 及以上版本
Opera 浏览器		23.0 及以上版本
Safari 浏览器		4.0 及以上版本

13.2.1　添加 3D 移动效果

在 CSS3 中，定义 3D 位移的主要函数如表 13-6 所示。

表 13-6　定义 3D 位移的函数

函　　数	说　　明
translate3d(x,y,z)	定义 3D 转换
translateX(x)	定义 3D 转换，仅使用 X 轴的值

函　　数	说　　明
translateY(y)	定义 3D 转换，仅使用 Y 轴的值
translateZ(z)	定义 3D 转换，仅使用 Z 轴的值

（1）translate3d() 函数可以使一个元素在三维空间移动，这种变换的特点是，使用三维向量的坐标定义元素在每个方向移动多少。基本语法如下：

```
translate3d(x,y,z)
```

参数取值说明如下。

① x：代表横向坐标位移向量的长度。

② y：代表纵向坐标位移向量的长度。

③ z：代表 Z 轴位移向量的长度，此值不能是一个百分比值，否则将认为是无效值。

（2）translateZ() 函数的功能是让元素在 3D 空间沿 Z 轴进行位移，其基本语法如下：

```
translateZ(t)
```

参数值 t 指的是 Z 轴的向量位移长度。

使用 translateZ() 函数可以让元素在 Z 轴进行位移。当其值为负值时，元素在 Z 轴越移越远，导致元素变得较小；反之，当其值为正值时，元素在 Z 轴越移越近，导致元素变得较大。

（3）translateX() 函数的功能是让元素在 3D 空间沿 X 轴进行位移，其基本语法如下：

```
translateX(t)
```

参数值 t 指的是 X 轴的向量位移长度。

（4）translateY() 函数的功能是让元素在 3D 空间沿 Y 轴进行位移，其基本语法如下：

```
translateY(t)
```

参数值 t 指的是 Y 轴的向量位移长度。

▍实例 6：添加 3D 移动转换动画效果

```html
<!DOCTYPE html>
<html>
<head>
<title>3D移动效果</title>
<style type="text/css" >
.stage{              /*设置舞台定义观察者距
离*/
    width:500px; height:200px;
    border:solid 2px red;
    -webkit-perspective:1200px;
    -moz-perspective:1200px;
    -ms-perspective:1200px;
    -o-perspective:1200px ;
    perspective:1200px;
}
. container{     /*创建三维空间*/
    -webkit-transform-style:preserve-
3d;
    -moz-transform-style:preserve-3d;
    -ms-transform-style:preserve-3d;
    -o-transform-style:preserve-3d;
    transform- style: preserve-3d;
}
img{width:180px;}
img:nth-child(2){
    -webkit-transform:translate3d(3
0px,30px,200px);
    -moz-transform:translate3d(30px
,30px,200px);
    -ms-transform:translate3d(30px,
30px,200px);
    -o-transform:translate3d(30px,3
0px,200px);
    transform:translate3d(30px,30px
,200px);
    }
```

```
</style>
</head>
<body>
<div class="stage">
<div class="container"><img src=
"images/logo.png"/><img src="images/
logo.png"/></div>
</div>
</body>
</html>
```

在浏览器中浏览的效果如图 13-6 所示，可以看出移动前和移动后的不同效果。这里，Z 轴值越大，元素离浏览者越近，从视觉上元素就变得越大；反之，Z 值越小，元素离浏览者越远，从视觉上元素就变得越小。

图 13-6　3D 移动效果

修改代码中 img:nth-child（2）选择器的样式，将第 2 张图片沿 Z 轴移动 300px，代码如下：

```
img:nth-child(2){
    -webkit-transform:translateZ
(300px);
    -moz-transform:translateZ(300px);
    -ms-transform:translateZ(300px);
    -o-transform:translateZ(300px);
    transform:translateZ(300px);
}
```

在浏览器中浏览的效果如图 13-7 所示，可以看出移动前和移动后的不同效果。translateZ() 函数仅让元素在 Z 轴进行位移，当其值越大时，元素离浏览者越近，视觉上元素放大，反之元素缩小。translateZ() 函数在实际使用中等效于 translate3d（0,0,tz）。

修改代码中 img:nth-child（2）选择器的样式，将第 2 张图片沿 X 轴移动 50px，代码如下：

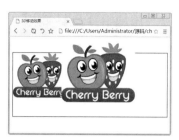

图 13-7　在 Z 轴上移动的效果

```
img:nth-child(2){
    -webkit-transform:translateX(50px);
    -moz-transform:translateX(50px);
    -ms-transform:translateX(50px);
    -o-transform:translateX(50px);
    transform:translateX(50px);
}
```

在浏览器中浏览的效果如图 13-8 所示，可以看出移动前和移动后的不同效果。

图 13-8　在 X 轴上移动的效果

修改代码中 img:nth-child（2）选择器的样式，将第 2 张图片沿 Y 轴移动 50px，代码如下：

```
img:nth-child(2){
    -webkit-transform:translateY
(50px);
    -moz-transform:translateY(50px);
    -ms-transform:translateY(50px);
    -o-transform:translateY(50px);
    transform:translateY(50px);
}
```

在浏览器中浏览的效果如图 13-9 所示，可以看出移动前和移动后的不同效果。

图 13-9　在 Y 轴上移动的效果

13.2.2　添加 3D 旋转效果

在 3D 变换中，可以让元素沿任何轴旋转。为此，CSS3 新增了用户旋转的函数，如表 13-7 所示。

表 13-7　用于 3D 旋转的函数

函　　数	说　　明	函　　数	说　　明
rotateX(angle)	定义沿 X 轴的 3D 旋转	rotateZ(angle)	定义沿 Z 轴的 3D 旋转
rotateY(angle)	定义沿 Y 轴的 3D 旋转	rotate3d(x,y,z,angle)	定义 3D 旋转

下面进行详细介绍。

（1）rotateX() 函数可以指定一个元素围绕 X 轴旋转，旋转的量被定义为指定的角度。如果值为正值，元素围绕 X 轴顺时针旋转；反之，如果值为负值，元素围绕 X 轴逆时针旋转。其基本语法如下：

```
rotateX(angle)
```

其中，angle 指的是一个旋转角度值，其值可以是正值也可以是负值。

（2）rotateY() 函数可以指定一个元素围绕 Y 轴旋转，旋转的量被定义为指定的角度。如果值为正值，元素围绕 Y 轴顺时针旋转；反之，如果值为负值，元素围绕 Y 轴逆时针旋转。其基本语法如下：

```
rotateY(angle)
```

其中，angle 指的是一个旋转角度值，其值可以是正值也可以是负值。

（3）rotateZ() 函数可以指定一个元素围绕 Z 轴旋转，旋转的量被定义为指定的角度。如果值为正值，元素围绕 Z 轴顺时针旋转；反之，如果值为负值，元素围绕 Z 轴逆时针旋转。其基本语法如下：

```
rotateZ(angle)
```

其中，angle 指的是一个旋转角度值，其值可以是正值也可以是负值。

（4）rotate3d() 函数可以指定一个元素围绕 X、Y、Z 轴旋转的角度，基本语法如下：

```
rotate3d(x,y,z,angle)
```

rotate3d() 中的取值说明如下。

① x：是一个 0 到 1 之间的数值，主要用来描述元素围绕 x 轴旋转的矢量值。

② y：是一个 0 到 1 之间的数值，主要用来描述元素围绕 y 轴旋转的矢量值。

③ z：是一个 0 到 1 之间的数值，主要用来描述元素围绕 z 轴旋转的矢量值。

④ angle：是一个角度值，主要用来指定元素在 3D 空间旋转的角度，如果其值为正值，元素顺时针旋转，反之元素逆时针旋转。

在使用时，rotate3d() 函数与 rotateX()、rotateY() 和 rotateZ() 函数在功能上是一样的，具体介绍如下。

（1）rotateX(a) 函数的功能等同于 rotate3d(1,0,0,a)；

（2）rotateY(a) 函数的功能等同于 rotate3d(0,1,0,a)；

（3）rotateZ(a) 函数的功能等同于 rotate3d(0,0,1,a)；

实例7：添加 3D 旋转转换动画效果

```html
<!DOCTYPE html>
<html>
<head>
<title>3D旋转效果</title>
<style type="text/css" >
.stage{        /*设置舞台定义观察者距离*/
  width:500px; height:200px;
  border:solid 2px red;
  -webkit-perspective:1200px;
  -moz-perspective:1200px;
  -ms-perspective:1200px;
  -o-perspective:1200px ;
  perspective:1200px;
  margin:50px auto;
}
. container{ /*创建三维空间*/
  -webkit-transform-style:preserve-3d;
  -moz-transform-style:preserve-3d;
  -ms-transform-style:preserve-3d;
  -o-transform-style:preserve-3d;
  transform- style: preserve-3d;
}
img{width:180px;}
img:nth-child(2){
  -webkit-transform:rotateX(45deg);
  -moz-transform:rotateX(45deg);
  -ms-transform:rotateX(45deg);
  -o-transform: rotateX(45deg);
  transform: rotateX(45deg);
}
</style>
</head>
<body>
<div class="stage">
<div class="container"><img src=
"images/logo.png"/><img src="images/
logo.png"/></div>
</div>
</body>
</html>
```

在浏览器中浏览的效果如图13-10所示，可以看出旋转前和旋转后的不同效果。

图 13-10　在 X 轴上进行旋转的效果

修改代码中 img:nth-child（2）选择器的样式，将第2张图片沿 Y 轴旋转45度，代码如下：

```css
img:nth-child(2){
  -webkit-transform:rotateY(45deg);
  -moz-transform:rotateY(45deg);
  -ms-transform:rotateY(45deg);
  -o-transform: rotateY(45deg);
  transform: rotateY(45deg);
}
```

在浏览器中浏览的效果如图13-11所示。

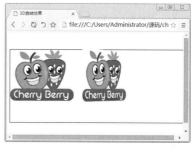

图 13-11　在 Y 轴上进行旋转的效果

修改代码中 img:nth-child（2）选择器的样式，将第2张图片沿 Z 轴旋转45度，代码如下：

```css
img:nth-child(2){
  -webkit-transform:rotateZ(45deg);
  -moz-transform:rotateZ(45deg);
  -ms-transform:rotateZ(45deg);
  -o-transform: rotateZ(45deg);
  transform: rotateZ(45deg);
}
```

在浏览器中浏览的效果如图13-12所示。

图 13-12　在 Z 轴上进行旋转的效果

修改代码中 img:nth-child（2）选择器的样式，将第2张图片沿 X，Y，Z 轴同时旋转，代码如下：

```css
img:nth-child(2){
```

```
    -webkit-transform:rotate3d(.5,1,.
5,45deg);
    -moz-transform:rotate3d(.5,1,.5,
45deg);
    -ms-transform:rotate3d(.5,1,.5,
45deg);
    -o-transform: rotate3d(.5,1,.5,
45deg);
    transform: rotate3d(.5,1,.5,45deg);
}
```

在浏览器中浏览的效果如图13-13所示。

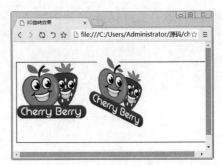

图13-13　在X、Y、Z轴上同时旋转的效果

13.2.3　添加 3D 缩放效果

在 CSS3 中，用于 3D 缩放的函数有 4 种，如表 13-8 所示。

表 13-8　用于 3D 缩放的函数

函　数	说　明
scale3d(x,y,z)	定义 3D 缩放转换
scaleX(x)	定义 3D 缩放转换，通过给定一个 X 轴的值
scaleY(y)	定义 3D 缩放转换，通过给定一个 Y 轴的值
scaleZ(z)	定义 3D 缩放转换，通过给定一个 Z 轴的值

若 scale3d() 函数中的 X 轴和 Y 轴同时为 1，即 scale3d(l,l,z)，则其效果等同于 scaleZ(z)。通过使用 3D 缩放函数，可以让元素在 Z 轴上按比例缩放，默认值为 1，当值大于 1 时，元素放大，当值小于 1 大于 0.01 时，元素缩小。

scale3d() 函数的基本语法如下：

```
scale3d(x, y, z)
```

取值说明如下。

（1）x：X 轴缩放比例。

（2）y：Y 轴缩放比例。

（3）z：Z 轴缩放比例。

scaleZ() 函数的基本语法如下：

```
scaleZ(s)
```

参数值 s 指定元素在 Z 轴的比例。

> **注意**：scaleZ() 和 scale3d() 函数单独使用时没有任何效果，需要配合其他变换函数一起使用才会有效果。

实例 8：添加 3D 缩放转换动画效果

```
<!DOCTYPE html>
<html>
<head>
```

```
<title>3D缩放效果</title>
<style type="text/css">
.stage{              /*设置舞台定义观察者距
离*/
    width:500px; height:200px;
```

```
    border:solid 2px red;
    -webkit-perspective:1200px;
    -moz-perspective:1200px;
    -ms-perspective:1200px;
    -o-perspective:1200px ;
    perspective:1200px;
    margin:50px auto;
}
. container{ /*创建三维空间*/
    -webkit-transform-style:preserve-
3d;
    -moz-transform-style:preserve-
3d;
    -ms-transform-style:preserve-
3d;
    -o-transform-style:preserve-3d;
    transform- style: preserve-3d;
}
img{width:180px;}
img:nth-child(2){
    -webkit-transform: scaleZ(5) rotateX
(45deg);
    -moz-transform: scaleZ(5) rotateX
(45deg);
    -ms-transform: scaleZ(5) rotateX
(45deg);
    -o-transform: scaleZ(5) rotateX
(45deg);
    transform: scaleZ(5) rotateX
(45deg);
}
</style>
</head>
<body>
<div class="stage">
<div class="container"><img src=
"images/logo.png"/><img src="images/
logo.png"/></div>
</div>
</body>
</html>
```

在浏览器中浏览的效果如图13-14所示，可以看出缩放前和缩放后的不同效果。第2张图是沿 Z 轴 3D 放大，并在 X 轴上旋转45度。

图 13-14　在 Z 轴上缩放

修改代码中 img:nth-child（2）选择器的样式，将第 2 张图片沿 Y 轴 3D 放大，并在 X 轴上旋转 45 度，代码如下：

```
img:nth-child(2){
    -webkit-transform: scaleY(2) rotateX
(45deg);
    -moz-transform: scaleY(2) rotateX
(45deg);
    -ms-transform: scaleY(2) rotateX
(45deg);
    -o-transform: scaleY(2) rotateX
(45deg);
    transform: scaleY(2) rotateX
(45deg);
}
```

在浏览器中浏览效果如图 13-15 所示。

图 13-15　在 Y 轴上缩放

修改代码中 img:nth-child（2）选择器的样式，将第 2 张图片沿 X 轴 3D 放大，并在 X 轴上旋转 45 度，代码如下：

```
img:nth-child(2){
    -webkit-transform: scaleX(2) rotateX
(45deg);(
    -moz-transform: scaleX(2) rotateX
(45deg);
    -ms-transform: scaleX(2) rotateX
(45deg);
    -o-transform: scaleX(2) rotateX
(45deg);
    transform: scaleX(2) rotateX
(45deg);
}
```

在浏览器中浏览的效果如图13-16所示。

修改代码中 img:nth-child（2）选择器的样式，将第 2 张图片沿 X，Y，Z 轴同时 3D 缩放，代码如下：

```
img:nth-child(2){
    -webkit-transform: scale3d (.5,
```

```
1,.5);
        -moz-transform: scale3d(.5,1,.5);
        -ms-transform: scale3d(.5,1,.5);
        -o-transform: scale3d(.5,1,.5);
```

```
transform: scale3d(.5,1,.5)
}
```

在浏览器中浏览的效果如图 13-17 所示。

图 13-16　在 X 轴上缩放

图 13-17　在 X、Y、Z 轴上同时缩放

13.3　设计过渡动画效果

在 CSS3 中，过渡效果主要是指网页元素从一种样式逐渐改变为另一种样式的效果。能实现过渡效果的属性如表 13-9 所示。

表 13-9　CSS3 过渡效果的属性

属　　性	描　　述	CSS
transition	简写属性，用于在一个属性中设置四个过渡属性	3
transition-property	规定应用过渡的 CSS 属性的名称	3
transition-duration	定义过渡效果花费的时间。默认是 0	3
transition-timing-function	规定过渡效果的时间曲线。默认是 "ease"	3
transition-delay	规定过渡效果何时开始。默认是 0	

CSS3 中过渡效果的属性，在浏览器中的支持情况如表 13-10 所示。

表 13-10　常见浏览器对过渡属性的支持情况

名　　称	图　标	支持情况
Chrome 浏览器		26.0 及以上版本
IE 浏览器		IE 10.0 及以上版本
Mozilla Firefox 浏览器		16.0 及以上版本
Opera 浏览器		15.0 及以上版本 CSS3 滤镜
Safari 浏览器		6.1 及以上版本 CSS3 滤镜

13.3.1　设置过渡属性

transition-property 属性用来定义过渡动画的 CSS 属性名称，基本语法如下：

```
transition-property: none|all| property;
```

取值简单说明如下。

（1）none：没有属性会获得过渡效果。

（2）all：所有属性都将获得过渡效果。

（3）property：定义应用过渡效果的 CSS 属性名称列表，列表以逗号分隔。几乎所有与色彩、大小或位置等相关的 CSS 属性，包括许多新添加的 CSS3 属性，都可以应用过渡效果，如 CSS3 变换中的放大、缩小、旋转、斜切、渐变等。

实例 9：通过过渡属性添加动画效果

```
<!DOCTYPE html>
<html>
<head>
<title>过渡属性</title>
<style>
div{
  width:100px; height:100px;
  border:solid 2px red;
  transition-property: width;
   -webkit-transition-property:
width;
  -moz-transition-property:width;
  -o-transition- property:width;
}
div:hover
{
  width:300px;
}
</style>
</head>
<body>
<div></div>
</body>
</html>
```

在浏览器中浏览的效果如图13-18所示。当鼠标移过矩形框时，矩形框的宽度发生了改变。

默认状态

鼠标经过时宽度变大

图 13-18　定义简单的宽度变换动画

13.3.2　设置过渡时间

transition-duration 属性用来定义转换动画的时间长度，基本语法如下：

```
transition-duration: time;
```

初始值为 0，适用于所有元素，以及 :before 和 :after 伪元素。在默认情况下，动画的过渡时间为 0 秒，所以当指定元素动画时，会看不到过渡的过程，而是直接看到结果。

实例 10：通过过渡属性与时间添加动画效果

```
<!DOCTYPE html>
<html>
<head>
<title>过渡时间</title>
<style>
div{
  width:100px; height:100px;
```

```
  border:solid 2px red;
  transition-property: width;
   -webkit-transition-property:
width;
  -moz-transition-property:width;
  -o-transition- property:width;
  -webkit- transition-duration:2s;
  - moz-transition-duration :2s;
  -o-transition-duration:2s;
  transition-duration:2s;}
```

205

```
div:hover
{
    width:300px;
}
</style>
</head>
<body>
<div></div>
```

```
</body>
</html>
```

在浏览器中浏览的效果如图13-19所示。这里设置过渡时间为2s，当鼠标移过矩形框时，矩形框的宽度逐渐发生改变，这里是矩形的宽度从 100px 逐步变化为 300px。

 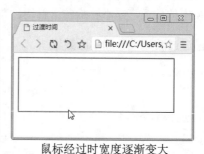

默认状态　　　　　　　　鼠标经过时宽度逐渐变大

图 13-19　定义逐渐宽度变大动画

13.3.3　设置延迟时间

transition-delay 属性用来定义开启过渡动画的延迟时间，基本语法如下：

```
transition-delay: time;
```

初始值为 0，适用于所有元素，以及 :before 和 :after 伪元素。设置时间可以为正整数、负整数和零，非零的时候必须设置单位是 s（秒）或者 ms（毫秒）；为负数时，过渡的动作会从该时间点开始显示，之前的动作被截断；为正数时，过渡的动作会延迟触发。

实例 11：设置动画效果的延迟时间

```
<!DOCTYPE html>
<html>
<head>
<title>过渡延迟</title>
<style>
div{
  width:300px; height:100px;
  border:solid 2px red;
  background-color:orange;
   transition-property: background-
color;
    -webkit-transition-property:background-
color;
    -moz-transition-property:background-
color;
    -o-transition-property:background-
color;
  -webkit-transition-duration:2s;
  - moz-transition-duration :2s;
  -o-transition-duration:2s;
```

```
  transition-duration:2s;
  -webkit-transition-delay:2s;
  -moz-transition-delay:2s;
  -o-transition-delay:2s;
  transition-delay:2s;
}
div:hover{ background-color:blue;}
</style>
</head>
<body>
<div></div>
</body>
</html>
```

在浏览器中浏览的效果如图13-20所示。这里设置过渡动画推迟 2 秒钟后执行，则当鼠标移过对象时，会看不到任何变化，过了 2 秒钟之后，才发现背景色从黄色逐渐过渡到蓝色。

默认状态　　　　　　　　　鼠标经过时背景色改变

图 13-20　定义背景色变换动画的延迟时间

13.3.4　设置过渡动画类型

transition-timing-function 属性用来定义过渡动画的类型，基本语法如下：

```
transition-timing-function: linear|ease|ease-in|ease-out|ease-in-out|cubic-
bezier(n,n,n,n);
```

初始值为 ease，取值的简单说明如表 13-11 所示。

表 13-11　transition-timing-function 属性取值

值	描　　述
linear	规定以相同速度开始至结束的过渡效果（等于 cubic-bezier(0,0,1,1)）
ease	规定慢速开始，然后变快，然后慢速结束的过渡效果（cubic-bezier (0.25,0.1,0.25,1)）
ease-in	规定以慢速开始的过渡效果（等于 cubic-bezier(0.42,0,1,1)）
ease-out	规定以慢速结束的过渡效果（等于 cubic-bezier(0,0,0.58,1)）
ease-in-out	规定以慢速开始和结束的过渡效果（等于 cubic-bezier(0.42,0,0.58,1)）
cubic-bezier(n,n,n,n)	在 cubic-bezier 函数中定义自己的值。可能的值是 0 至 1 之间的数值

实例 12：设置过渡动画的类型

```
<!DOCTYPE html>
<html>
<head>
<title>过渡动画类型</title>
<style>
div{
  width:300px; height:100px;
  border:solid 2px red;
  background-color:orange;
  transition-property: background-
color;
    -webkit-transition-property:
background-color;
     -moz-transition-property:
background-color;
      -o-transition-property:
background-color;
    -webkit-transition-duration:10s;
    - moz-transition-duration :10s;
    -o-transition-duration:10s;
    transition-duration:10s;
     -webkit-transition-timing-function:
linear;
     -moz-transition-timing-function:
linear;
     -o- transition-timing-function:
linear;
     transition-timing-function:
linear;}
  div:hover{background-color:blue;}
</style>
</head>
<body>
<div></div>
</body>
</html>
```

在浏览器中浏览的效果如图 13-21 所示。这里设置过渡时间为 10s，则当鼠标移过对象时，背景色以线性过渡类型从黄色逐渐过渡到蓝色。如图 13-22 所示为过渡中的颜色变化，如图 13-23 所示为 10s 后背景色最后显示的颜色。

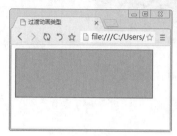 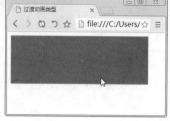 

图 13-21　默认状态　　　图 13-22　背景色的过渡颜色　图 13-23　背景色变换后的最终颜色

13.4　设计帧动画效果

通过 CSS3 提供的 animation 属性可以定义帧动画，从而制作出很多具有动感效果的网页来取代网页动画图像。

> **提示**：Animations 的功能与 Transition 的功能相同，都是通过改变元素的属性值来实现动画效果的。它们的区别在于，Transitions 功能只能通过指定属性的开始值与结束值，然后在这两个属性值之间进行平滑过渡的方式来实现动画效果，因此不能实现比较复杂的动画效果；而 Animations 功能则可以通过定义多个关键帧以及定义每个关键帧中元素的属性值来实现更为复杂的动画效果。

13.4.1　设置关键帧

CSS3 使用 @keyframes 定义关键帧，具体用法如下：

```
@keyframes animationname {
    keyframes-selector {
        css-styles;
```

具体参数说明如下。

（1）animationname：定义动画的名称。

（2）keyframes-selector：定义帧的时间，也就是动画持续时间的百分比，合法的值包括 100%、from（等价于 0%）、to（等价于 100%）。

（3）css-styles：表示一个或多个合法的 CSS 样式属性。

在 CSS3 中，动画效果其实就是元素从一种样式逐渐变化为另一种样式的效果。在创建动画时，首先需要创建动画规则 @keyframes，然后将 @keyframes 绑定到指定的选择器上。

> **提示**：创建动画规则，至少需要规定动画的名称和持续的时间，然后将动画规则绑定到选择器上，否则动画不会有任何效果。

在规定动画规则时，可以使用关键字 from 和 to 来规定动画的初始时间和结束时间，也可以使用百分比来规定变化发生的时间，0% 表示动画开始，100% 表示动画结束。

下面定义一个动画规则，将实现网页背景从蓝色转换为红色的动画效果，代码如下：

```
@keyframes colorchange
{
    from {background:blue;}
    to {background: red;}
}
```

```
@-webkit-keyframes colorchange
/* Safari 与 Chrome */
    {
        from {background:blue;}
        to {background: red;}
    }
```

动画规则定义完成，就可以将其规则绑定到指定的选择器上，然后指定动画持续的时间。例如，将 colorchange 动画捆绑到 div 元素，动画持续时间设置为 10 秒，代码如下：

```
div
{
    animation:colorchange 10s;
```

```
    -webkit-animation:colorchange
10s; /* Safari与Chrome */
    }
```

> **注意**：这里需要注意的是，必须指定动画持续的时间，否则将无动画效果，因为动画默认的持续时间为 0。

实例 13：制作帧动画效果

本实例制作的帧动画不仅能改变颜色，还可以改变元素的位置，主要是在 0%、50%、100% 三个时间点改变元素的样式和位置。

```
<!DOCTYPE html>
<html>
<head>
<title>帧动画效果</title>
<style>
div
{
    width:100px;
    height:100px;
    background:blue;
    position:relative;
    animation:mydh 10s;
    -webkit-animation:mydh 10s;
/* Safari and Chrome */
    }

@keyframes mydh
{
    0%    {background:blue;left:0px;
top:0px;}
```

```
    50%    {background: red;left:100px;
top:200px;}
    100%   {background:yellow; left:
200px; top:0px;}
    }
    @-webkit-keyframes mydh
    {
    0%    {background:blue; left:0px;
top:0px;}
    50%   {background:red; left:100px;
top:200px;}
    100%  {background:yellow; left:
200px; top:0px;}
    }
    </style>
    </head>
    <body>
    <p><b>查看动画效果</b></p>
    <div> </div>
    </body>
    </html>
```

在浏览器中浏览的效果如图 13-24 所示。动画过渡中的效果如图 13-25 所示。动画过渡后的效果如图 13-26 所示。

图 13-24　过渡前的动画效果

图 13-25　过渡中的动画效果

图 13-26　过渡后的动画效果

13.4.2　设置动画属性

在添加动画效果之前，用户需要了解有关动画的属性。如表 13-12 所示为动画属性的说明信息。

表 13-12　动画属性

属　性	描　述	CSS
@keyframes	规定动画	3
animation	所有动画属性的简写属性	3
animation-name	规定 @keyframes 动画的名称	3
animation-duration	规定动画完成一个周期所花费的秒或毫秒。默认是 0	3
animation-timing-function	规定动画的速度曲线。默认是 ease	3
animation-fill-mode	规定当动画不播放时（当动画完成时，或当动画有一个延迟未开始播放时），要应用到元素的样式	3
animation-delay	规定动画何时开始。默认是 0	3
animation-iteration-count	规定动画被播放的次数。默认是 1	3
animation-direction	规定动画是否在下一周期逆向播放。默认是 normal	3
animation-play-state	规定动画是否正在运行或暂停。默认是 running	3

1. 定义动画名称

使用 animation-name 属性可以定义 CSS 动画的名称，语法格式如下：

```
animation-name: keyframename|none;
```

主要参数介绍如下。

（1）keyframename：指定要绑定到选择器的关键帧的名称。

（2）none：指定有没有动画。

2. 定义动画时间

使用 animation-duration 属性定义动画完成一个周期需要多少秒或毫秒。语法格式如下：

```
animation-duration: time;
```

指定动画播放完成花费的时间。默认值为 0，意味着没有动画效果。

3. 定义动画类型

使用 animation-timing-function 属性可以定义动画的类型。即指定动画将如何完成一个周期，速度曲线定义动画从一套 CSS 样式变为另一套 CSS 样式所用的时间，速度曲线用于使变化更为平滑。语法格式如下：

```
animation-timing-function: value;
```

animation-timing-function 属性使用的数学函数，称为三次贝塞尔曲线。使用此函数，可以使用自己的值，或使用预先定义的值。

（1）linear：动画从头到尾的速度是相同的。

（2）ease：默认。动画以低速开始，然后加快，在结束前变慢。

（3）ease-in：动画以低速开始。

（4）ease-out：动画以低速结束。

（5）ease-in-out：动画以低速开始和结束。

（6）cubic-bezier(n,n,n,n)：在 cubic-bezier 函数中使用自己的值。可能的值是从 0 到 1 的数值。

4. 定义动画类型

使用 animation-fill-mode 属性定义动画不播放时的状态，即当动画完成时，或当动画有一个延迟未开始播放时，要应用到元素的样式。语法格式如下：

```
animation-fill-mode: none|forwards|backwards|both|initial|inherit;
```

主要参数介绍如下。

（1）none：默认值。动画在执行之前和之后不会应用任何样式到目标元素。

（2）forwards：在动画结束后（由 animation-iteration-count 决定），动画将应用该属性值。

（3）backwards：动画将应用在 animation-delay 定义期间启动动画的第一次迭代的关键帧中定义的属性值。这些都是 from 关键帧中的值（当 animation-direction 为 normal 或 alternate 时）或 to 关键帧中的值（当 animation-direction 为 reverse 或 alternate-reverse 时）。

（4）both：动画遵循 forwards 和 backwards 的规则。也就是说，动画会在两个方向上扩展动画属性。

（5）initial：设置该属性为它的默认值。

（6）inherit：从父元素继承该属性。

5. 定义延迟时间

使用 animation-delay 属性可以定义 CSS 动画延迟播放的时间，语法格式如下：

```
animation-delay: time;
```

time 定义动画开始前等待的时间，以秒或毫秒计，默认值为 0。

6. 定义播放次数

使用 animation-iteration-count 属性定义 CSS 动画的播放次数，语法格式如下：

```
animation-iteration-count: infinite <number>;
```

默认值为 1，这意味着动画将从开始到结束播放一次。infinite 表示无限次，即 CSS 动画永远重复。如果取值为非整数，将导致动画结束于一个周期的一部分，如果取值为负值，则将导致动画在交替周期内反向播放。

7. 定义播放方向

使用 animation-direction 属性定义是否循环交替反向播放动画。语法格式如下：

```
animation-direction : normal | alternate;
```

默认值为 normal。当为默认值时，动画的每次循环都向前播放。另一个值是 alternate，设置该值则表示偶数次向前播放，奇数次向反方向播放。

8. 定义播放状态

使用 animation-play-state 属性指定动画是否正在运行或已暂停。语法格式如下：

```
animation-play-state: paused|running;
```

paused 指定暂停动画，running 指定正在运行的动画。

实例 14：制作帧动画效果

```
<!DOCTYPE html>
<html>
<head>
<title>圆球运动动画</title>
<style>
div
{
   width:50px;
   height:50px;
   background:#93FB40;
   border-radius:100%;
   box-shadow: 2px 2px 2px #999;
   position:relative;
   animation-name:myfirst;
   animation-duration:5s;
   animation-timing-function:
linear;
   animation-delay:2s;
   animation-iteration-count:
infinite;
   animation-direction:alternate;
   animation-play-state:running;
   /* Safari and Chrome: */
   -webkit-animation-name:myfirst;
   -webkit-animation-duration:5s;
   -webkit-animation-timing-function:
linear;
   -webkit-animation-delay:2s;
   -webkit-animation-iteration-count:
infinite;
   -webkit-animation-direction:
alternate;
   -webkit-animation-play-state:
running;
}
@keyframes myfirst
{
    0%     {background:red; left:0px;
top:0px;}
    25%    {background:yellow; left:
200px; top:0px;}
    50%    {background:blue; left:
200px; top:200px;}
    75%    {background:green; left:0px;
top:200px;}
    100%   {background:red; left:0px;
top:0px;}
}
@-webkit-keyframes myfirst
{
    0%     {background:red; left:0px;
top:0px;}
    25%    {background:yellow; left:
200px; top:0px;}
    50%    {background:blue; left:
200px; top:200px;}
    75%    {background:green; left:0px;
top:200px;}
    100%   {background:red; left:0px;
top:0px;}
}
</style>
</head>
<body>
<div></div>
</body>
</html>
```

在浏览器中浏览的效果如图 13-27 所示。小球沿着设置的轨迹一直运动，其自身的颜色也在不断变化。

图 13-27　帧动画运动效果

13.5　新手常见疑难问题

疑问 1：添加了动画效果后，为什么在 IE 浏览器中没有出现动画效果？

答：首先需要仔细检查代码，在设置参数时有没有多余的空格。确认代码无误后，可以查看 IE 浏览器的版本，如果浏览器的版本为 IE 9.0 或者更低，则需要升级到 IE 10.0 或者更高的版本，才能查看添加的动画效果。

疑问 2：定义动画的时间是用百分比，还是用关键字 from 和 to？

答：一般情况下，使用百分比和使用关键字 from 和 to 的效果是一样的，但是对于以下两种情况，用户需要考虑使用百分比来定义时间。

（1）定义多于两种以上的动画状态时，需要使用百分比来定义动画时间。

（2）考虑要在多种浏览器上查看动画效果时，使用百分比的方式会获得更好的兼容效果。

13.6 实战技能训练营

实战 1：设计动态显示当前时间的页面

结合所学知识，制作一个动态时钟，实现动态显示当前时间。运行结果如图 13-28 所示。

图 13-28 动态时钟

实战 2：设计一个商城计算器

编写具有能对两个操作数进行加、减、乘、除运算的简易计算器，效果如图 13-29 所示。加法运算效果如图 13-30 所示，减法运算效果如图 13-31 所示，乘法运算效果如图 13-32 所示，除法运算效果如图 13-33 所示。

图 13-29 程序效果

图 13-30 加法运算

图 13-31 减法运算

图 13-32 乘法运算

图 13-33 除法运算

第14章　使用CSS中的盒子模型

本章导读

　　在设计网页时，能否控制好各个模块在页面中的位置是非常关键的，把每个元素都精确定位到合理位置，才是构建美观大方的页面的前提。在前面各章中，我们详细介绍了使用CSS3控制网页基本对象的方法，本章将在此基础上对CSS3中的盒子模型作详细介绍。

知识导图

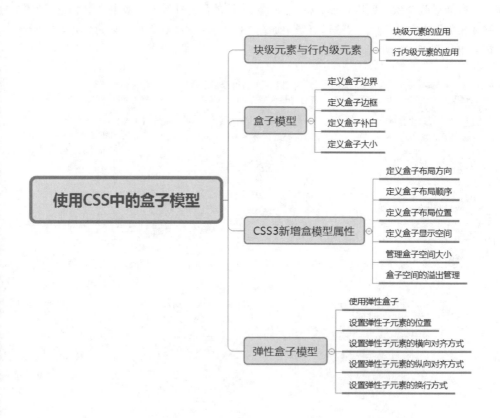

14.1 块级元素与行内级元素

通过块元素可以把 html 里 <p> 和 <h1> 之类的文本标签定义成类似 div 分区的效果，而通过内联元素可以把元素设置成"行内"元素，这两种元素的 CSS 作用比较小，但是也有一定的使用价值。

14.1.1 块级元素的应用

块元素是指在没有 CSS 样式作用下，新的块元素会另起一行顺序排列下去。div 就是块元素之一。块元素使用 CSS 中的 block 定义，具体的特点如下。

（1）总是在新行上开始。

（2）行高以及顶和底边距都可控制。

（3）如果用户不设置宽度，则会默认为整个容器；而如果我们设置了值，则按照设置的值显示。

常用的 <p>、<h1>、<from>、<ul> 和 <li> 标签都是块元素，块元素的用户比较简单，下面给出一个块元素应用案例。

▎实例 1：制作网页导航栏目

```
<!DOCTYPE html>
<html>
<head>
<title>块元素</title>
<style>
    .big{
        width:800px;
        height:105px;
        background-image:url(images/
07.jpg);
    }
    a{
        font-size:12px;
        display:block;
        width:100px;
        height:20px;
        line-height:20px;
        background-color:#F4FAFB;
        text-align:center;
        text-decoration:none;
        border-bottom:1px dotted #6666FF;
        color:black;
    }
    a:hover{
        font-size:13px;
        display:block;
        width:100px;
        height:20px;
        line-height:20px;
        text-align:center;
```

```
        text-decoration:none;
        color:green;
    }
</style>
</head>
<body>
<div class="big">
    <p>
<a href="#">管理应用</a>
<a href="#">财务管理</a>
<a href="#">在线管理</a>
<a href="#">客户关系管理</a>
<a href="#">一体化管理</a>
    </p>
    </div>
</body>
</html>
```

在浏览器中浏览的效果如图 14-1 所示，可以看到左边显示了一个导航栏，右边显示了一个图片。其导航栏就是以块元素形式显示。

图 14-1　块元素显示

14.1.2 行内元素的应用

通过 display:inline 语句，可以把元素定义为行内元素。行内元素的特点如下。

（1）和其他元素显示在同一行。

（2）行高以及顶和底边距不可改变。

（3）宽度就是它的文字或图片的宽度，不可改变。

常见的行内元素有 <span>、<a>、<label>、<input>、<img> 和 <strong> 等，行内元素的应用也比较简单。

▎实例 2：设置 HTML 标签为行内元素

```html
<!DOCTYPE html>
<html>
<head>
<title>行内元素</title>
<style type="text/css">
.hang {
    display:inline;
}
</style>
</head>
<body>
<div>
<a href="#" class="hang">这是a标签</a>
<span class="hang">这是span标签</span>
<strong class="hang">这是strong标签
```

```html
</strong>
    </div>
    </body>
    </html>
```

在浏览器中浏览的效果如图 14-2 所示，可以看到页面显示了三个 HTML 元素，都在同一行显示，包括超级链接、文本信息。

图 14-2 行内元素显示

14.2 盒子模型

将网页上的每个 HTML 元素，都认为是长方形的盒子，是网页设计上的一大创新。在控制页面方面，盒子模型有着至关重要的作用，熟练掌握盒子模型及其各个属性，是控制页面中每个 HTML 元素的前提。

在 CSS3 中，所有的页面元素都可以包含在一个矩形框内，这个矩形框称为盒子。盒子模型由 margin（边界）、border（边框）、padding（空白）和 content（内容）几个属性组成。此外在盒子模型中，还有高度和宽度两个辅助属性。盒子模型示意如图 14-3 所示。

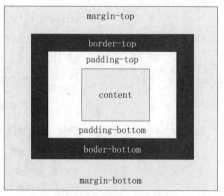

图 14-3 盒子模型示意

从图 14-3 中可以看出，盒子模型包含如下四个部分。

（1）content（内容）：内容是盒子模型不可缺少的一部分，内容可以是文字、图片等元素。

（2）padding（空白）：也称内边距或补白，用来设置内容和边框之间的距离。

（3）border（边框）：可以设置内容边框线的粗细、颜色和样式等，前面已经介绍过。

（4）margin（边界）：外边距，用来设置内容与内容之间的距离。

一个盒子的实际高度（宽度）是由 content+padding+border+margin 组成的。在 CSS3 中，可以通过设定 width 和 height 来控制 content 的大小，并且对于任何一个盒子，都可以分别设定 4 条边的 border（边框）、padding（补白）和 margin（边界）。

14.2.1　定义盒子边界

margin 边界用来设置页面中元素和元素之间的距离，即定义元素周围的空间范围，是页面排版中一个比较重要的概念。语法格式如下：

```
margin : auto | length
```

其中，auto 表示根据内容自动调整，length 表示由浮点数字和单位标识符组成的长度值或百分数。margin 属性可以有一到四个值。例如：

```
margin:25px 50px 75px 100px;
```

表示盒子模型的上边距为 25px、右边距为 50px、下边距为 75px、左边距为 100px。

```
margin:25px 50px 75px;
```

表示盒子模型的上边距为 25px、左右边距为 50px、下边距为 75px。

```
margin:25px 50px;
```

表示盒子模型的上下边距为 25px、左右边距为 50px。

```
margin:25px;
```

表示盒子模型的 4 个边距都是 25px。

margin 一个复合属性，CSS3 为其定义了 4 个子属性，即一个页面元素四周的边距样式，如表 14-1 所示。

表 14-1　margin 属性的子属性

子 属 性	描　　述	子 属 性	描　　述
margin-top	设置对象顶边的外边距	margin-left	设置对象左边的外边距
margin-bottom	设置对象底边的外边距	margin-right	设置对象右边的外边距

在 CSS 中，它可以为不同的侧面指定不同的边距，代码如下：

```
margin-top:100px;                    margin-right:50px;
margin-bottom:100px;                 margin-left:50px;
```

如果希望很精确地控制块的位置，需要对 margin 有更深入的了解。margin 设置可以分为行内元素块之间设置，非行内元素块之间设置和父子块之间设置。

实例 3：行内元素 margin 的设置

```html
<!DOCTYPE html>
<html>
<head>
<title>行内元素margin的设置</title>
<style type="text/css">
<!--
span{
  background-color:#a2d2ff;
  text-align:center;
  font-family:"宋体";
  font-size:15px;
  padding:10px;
  border:2px #ddeecc solid;
  width:150px;
  height:100px;
}
span.left{
  margin-right:50px;
  background-color:#a9d6ff;
}
span.right{
  margin-left:50px;
  background-color:#eeb0b0;
}
-->
</style>
</head>
<body>
  <span class="left">行内元素1</span>
  <span class="right">行内元素2</span>
</body>
</html>
```

在浏览器中浏览的效果如图 14-4 所示，可以看到一个蓝色盒子和红色盒子，二者之间的距离使用 margin 设置，其距离是左边盒子的右边距 margin-right 加上右边盒子的左边距 margin-left。

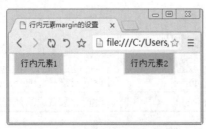

图 14-4　行内元素 margin 设置

如果不是行内元素，而是产生换行效果的块级元素，情况就会发生变化。两个换行块级元素之间的距离不再是 margin-bottom 和 margin-top 的和，而是两者中的较大者。

实例 4：块级元素 margin 的设置

```html
<!DOCTYPE html>
<html>
<head>
<title>块级元素的margin设置</title>
<style type="text/css">
<!--
h1{
  background-color:#ddeecc;
  text-align:center;
  font-family:"宋体";
  font-size:15px;
  padding:10px;
  border:1px #445566 solid;
  display:block;
}
-->
</style>
</head>
<body>
  <h1 style="margin-bottom:50px;">距离下面块的距离</h1>
  <h1 style="margin-top:30px;">距离上面块的距离</h1>
</body>
</html>
```

在浏览器中浏览的效果如图 14-5 所示，可以看到两个 h1 盒子，二者之间的距离为 margin-bottom 和 margin-top 中较大的值，即 50 像素。如果修改下面 h1 盒子元素的 margin-top 为 40 像素，会发现执行结果没有任何变化。如果修改其值为 60 像素，会发现下面的盒子向下移动了 10 个像素。

图 14-5　设置 margin 距离

当一个 div 块包含在另一个 div 块中间时，二者便会形成一个典型的父子关系。其中子块的 margin 设置将会以父块的 content 为参考。

实例 5：父子块之间的 margin 设置

```
<!DOCTYPE html>
<html>
<head>
<title>包含块的margin设置</title>
<style type="text/css">
<!--
div{
    background-color:#fffebb;
    padding:10px;
    border:1px solid #000000;
}
h1{
    background-color:#a2d2ff;
    margin-top:0px;
    margin-bottom:30px;
    padding:15px;
    border:1px dashed #004993;
    text-align:center;
    font-family:"宋体";
    font-size:15px;
}
-->
</style>
```

```
</head>
<body>
    <div >
        <h1>子块div</h1>
    </div>
</body>
</html>
```

在浏览器中浏览的效果如图 14-6 所示，可以看到子块 h1 盒子距离父块下边界为 40 像素（子块 30 像素的外边距加上父块 10 像素的内边距），其他 3 边距离都是父块的 padding 距离，即 10 像素。

图 14-6　设置包括盒子的 margin 距离

14.2.2　定义盒子边框

border 边框是内边距和外边距的分界线，可以分离不同的 HTML 元素。border 主要有三个属性，分别是边框样式（style）、颜色（color）和宽度（width），针对不同的属性还有其子属性。如表 14-2 所示为 CSS 边框的属性，使用这些属性可以定义盒子模型的边框样式。

表 14-2　CSS 边框的属性

属　　性	描　　述
border	简写属性，用于把针对四个边的属性设置在一个声明中
border-style	用于设置元素所有边框的样式，或者单独为各边设置边框样式
border-width	简写属性，用于为元素的所有边框设置宽度，或者单独为各边边框设置宽度
border-color	简写属性，设置元素的所有边框中可见部分的颜色，或为 4 个边分别设置颜色
border-bottom	简写属性，用于把下边框的所有属性设置到一个声明中
border-bottom-color	设置元素下边框的颜色
border-bottom-style	设置元素下边框的样式
border-bottom-width	设置元素下边框的宽度
border-left	简写属性，用于把左边框的所有属性设置到一个声明中
border-left-color	设置元素左边框的颜色
border-left-style	设置元素左边框的样式
border-left-width	设置元素左边框的宽度
border-right	简写属性，用于把右边框的所有属性设置到一个声明中
border-right-color	设置元素右边框的颜色
border-right-style	设置元素右边框的样式

续表

属　性	描　述
border-right-width	设置元素右边框的宽度
border-top	简写属性，用于把上边框的所有属性设置到一个声明中
border-top-color	设置元素上边框的颜色
border-top-style	设置元素上边框的样式
border-top-width	设置元素上边框的宽度

实例 6：设置盒子模型的边框样式

```
<!DOCTYPE html>
<html>
<head>
<title>盒子模型的边框样式</title>
  <style type="text/css">
    .div1{
    border-width:10px;
    border-color:red;
    border-style:solid;
    width:410px;
    }
    .div2{
      border-width:2px;
      border-color:blue;
      border-style:dotted;
      width:410px;
    }
    .div3{
      border-width:2px;
      border-color:black;
      border-style:dashed;
      width:410px;
    }
  </style>
</head>
<body>
  <div class="div1">
      这是一个宽度为10px的实线边框。
  </div>
  <br /><br />
```

```
<div class="div2">
    这是一个宽度为2px的虚线边框。
</div>
<br /><br />
<div class="div3">
    这是一个宽度为2px的点状边框。
</div>
</body>
</html>
```

在浏览器中浏览的效果如图 14-7 所示，可以看到显示了三个不同风格的盒子。第一个盒子的边框线宽度为 10 像素，边框样式为实线，颜色为红色；第二个盒子的边框线宽度为 2 像素，边框样式为虚线，颜色为蓝色；第三个盒子的边框宽度为 2 像素，边框样式为点状，颜色为黑色。

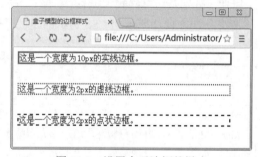

图 14-7　设置盒子边框的样式

14.2.3　定义盒子补白

在 CSS3 中，可以设置 padding 属性定义内容与边框之间的距离，即内边距的距离。语法格式如下：

```
padding : length
```

padding 属性值可以是一个具体的长度，也可以是一个相对于上级元素的百分比，但不可以使用负值。padding 属性能为盒子定义上、下、左、右间隙的宽度，也可以单独定义各方位的宽度。常用形式如下：

```
padding :padding-top | padding-right | padding-bottom | padding-left
```

如果提供 4 个参数值，将按顺时针的顺序作用于四边。如果只提供 1 个参数值，将作用于四条边；如果提供 2 个参数值，第一个作用于上下两边，第 2 个作用于左右两边；如果提供 3 个参数值，第 1 个作用于上边，第 2 个作用于左、右两边，第 3 个作用于下边。如表14-3 所示为所有的 CSS 填充属性。

表 14-3　所有的 CSS 填充属性

属　　性	说　　明
padding	使用简写属性在一个声明中设置所有的填充属性
padding-bottom	设置元素的底部填充
padding-left	设置元素的左部填充
padding-right	设置元素的右部填充
padding-top	设置元素的顶部填充

▍实例 7：设置盒子模型的补白样式

```
<!DOCTYPE html>
<html>
<head>
<title>padding</title>
  <style type="text/css">
    .wai{
      width:400px;
      height:250px;
      border:1px #993399 solid;
    }
    img{
      max-height:120px;
      padding-left:50px;
      padding-top:20px;
      }
  </style>
</head>
<body>
  <div class="wai">
    <img src="images/01.jpg" />
        <p>这张图片的左内边距是50px,
顶内边距是20px</p>
    </div>
```

```
  </body>
</html>
```

在浏览器中浏览的效果如图 14-8 所示，可以看到一个 div 层中，显示了一个图片。此图片可以看作一个盒子模型，并定义了图片的左内边距和顶内边距的效果。可以看出，内边距其实是对象 img 和外层 DIV 之间的距离。

图 14-8　设置内边距

14.2.4　定义盒子大小

CSS 使用 width 和 height 定义内容区域的大小，语法格式如下：

```
width:length | percentage |auto
height:length | percentage | auto
```

取值说明如下。

auto：默认值，无特定宽度或高度值，取决于其他属性值。

length：用长度值来定义宽度或高度，不允许为负值。

percentage：用百分比定义宽度或高度，不允许负值。

> **注意**：在网页布局中，元素所占用的空间，不仅要考虑内容区域，还要考虑边界、边框和补白区域。因此，我们要区分下面三个概念。
> （1）元素的总高度和总宽度：包括边界、边框、补白、内容区域。
> （2）元素的实际高度和实际宽度：包括边框、补白、内容区域。
> （3）元素的高度和宽度：仅包括内容区域。

实例 8：设置盒子模型的高度与宽度

```html
<!DOCTYPE html>
<html>
<head>
<title>盒子模型的宽度和高度</title>
<style type="text/css">
div {
   float:left;
     height:100px;
     width:160px;
     border:10px solid red;
     margin:10px;
     padding:10px;
     }
</style>
</head>
<body>
<div class="left">左侧栏目</div>
<div class="mid">中间栏目</div>
<div class="right">右侧栏目</div>
</body>
</html>
```

在浏览器中浏览的效果如图 14-9 所示。

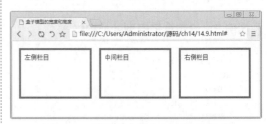

图 14-9　设置元素的实际宽度和高度

另外，CSS 还提供了 4 个与尺寸相关的辅助属性，用于定义内容区域的可限定性显示。这些属性在弹性页面设计中具有重要的应用价值。它们的用法与 width 和 height 属性相同，但是取值不包括 auto，其中 min-width 和 min-height 的默认值为 0，max-width 和 max-height 的默认值为 none。如表 14-4 所示为与大小相关的辅助属性。

表 14-4　与大小相关的辅助属性

名　称	说　明	名　称	说　明
min-width	设置对象的最小宽度	max-width	设置对象的最大宽度
min-height	设置对象的最小高度	max-height	设置对象的最大高度

14.3　CSS3 新增的盒子模型属性

CSS3 引入了新的盒子模型处理机制，该模型决定了元素在盒子中的分布方式以及如何处理盒子的可用空间。通过盒子模型，可用轻松地设计出自适应浏览器窗口的流动布局或自适应字体大小的网页布局。CSS3 新增的盒子模型属性如表 14-5 所示。

表 14-5　CSS3 新增的盒子模型属性

属　性	说　明
box-orient	定义盒子分布的坐标轴
box-align	定义子元素在盒子内垂直方向上的空间分配方式
box-direction	定义盒子的显示顺序

属　性	说　明
box-flex	定义子元素在盒子内的自适应尺寸
box-flex-group	定义自适应子元素群组
box-lines	定义子元素分布显示
box-ordinal-group	定义子元素在盒子内的显示位置
box-pack	定义子元素在盒子内水平方向上的空间分配方式

14.3.1　定义盒子的布局方向

box-orient 属性用于定义盒子元素内部的流动布局方向，即是横着排还是竖着走。语法格式如下：

```
box-orient:horizontal | vertical | inline-axis | block-axis
```

box-orient 的属性值如表 14-6 所示。

表 14-6　box-orient 的属性值

属　性　值	说　明
horizontal	盒子元素从左到右在一条水平线上显示它的子元素
vertical	盒子元素从上到下在一条垂直线上显示它的子元素
inline-axis	盒子元素沿着内联轴显示它的子元素
block-axis	盒子元素沿着块轴显示它的子元素

实例 9：定义网页元素水平并列显示

```
<!DOCTYPE html>
<html>
<head>
<title>box-orient属性的应用</title>
<style>
div{height:50px;text-align:center;}
    .d1{background-color:#F6F;width:100
px;height:500px}
    .d2{background-color:#3F9;width:230
px;height:500px}
    .d3{background-color:#FCd;width:100
px;height:500px}
    body{
        display:box;
/*标准声明，盒子显示*/
        orient:horizontal;
/*定义元素为盒子显示*/
        display:-moz-box;
/*兼容Mozilla Gecko引擎浏览器*/
        -moz-box-orient:horizontal;
/*兼容Mozilla Gecko引擎浏览器*/
        display:-webkit-box;
/*兼容Safari, Opera, and Chrome引擎浏览器*/
        -webkit-box-orient:horizontal;
```

```
    /* 兼容Safari, Opera, and Chrome引擎浏
览器*/
        box-orient:horizontal;/*CSS3标准
化设置*/
    }
</style>
</head>
<body>
<div class=d1>左侧布局</div>
<div class=d2>中间布局</div>
<div class=d3>右侧布局</div>
</body>
</html>
```

在上面的代码中，CSS 样式首先定义了每个 div 层的背景色和大小，在 body 标记选择器中，定义了 body 容器中的元素以盒子模型显示，并使用 box-orient 定义元素水平并列显示。

在浏览器中浏览的效果如图14-10所示，可以看到显示了三个层，三个 div 层并列显示，分别为"左侧布局""中间布局"和"右侧布局"。

图 14-10　盒子元素水平并列显示

14.3.2　定义盒子的布局顺序

box-direction 用来确定子元素的排列顺序，也可以说是内部元素的流动顺序。语法格式如下：

box-direction:normal | reverse | inherit

box-direction 的属性值如表 14-7 所示。

表 14-7　box-direction 的属性值

属性值	说　明
normal	正常显示顺序，即如果盒子元素的 box-orient 属性值为 horizontal，则其包含的子元素按照从左到右的顺序显示，即每个子元素的左边总是靠近前一个子元素的右边；如果盒子元素的 box-orient 属性值为 vertical，则其包含的子元素按照从上到下的顺序显示
reverse	反向显示，盒子所包含的子元素的显示顺序与 normal 相反
inherit	继承上级元素的显示顺序

实例 10：定义网页元素的排列顺序

```
<!DOCTYPE html>
<html>
<head>
<title>box-direction属性的应用</title>
<style>
div{height:50px;text-align:center;}
.d1{background-color:#F6F;width:100
px;height:500px}
.d2{background-color:#3F9;width:230
px;height:500px}
.d3{background-color:#FCd;width:100
px;height:500px}
body{
    display:box;/*标准声明，盒子显示*/
    orient:horizontal;
/*定义元素为盒子显示*/
    display:-moz-box;
/*兼容Mozilla Gecko引擎浏览器*/
    -moz-box-orient:horizontal;
/*兼容Mozilla Gecko引擎浏览器*/
    display:-webkit-box;
/*兼容Safari, Opera, and Chrome引擎浏览器*/
```

```
    -webkit-box-orient:horizontal;
/* 兼容Safari, Opera, and Chrome引擎浏览器*/
    box-orient:horizontal;
/*CSS3标准化设置*/
    box-direction:reverse;
    }
</style>
</head>
<body>
<div class=d1>左侧布局</div>
<div class=d2>中间布局</div>
<div class=d3>右侧布局</div>
</body>
</html>
```

可以发现此案例代码和上一个案例代码基本相同，只不过多了一个 box-direction 属性设置，此处设置布局进行反向显示。在浏览器中浏览的效果如图 14-11 所示，可以发现与上一个图形相比较，左侧布局和右侧布局进行了互换。

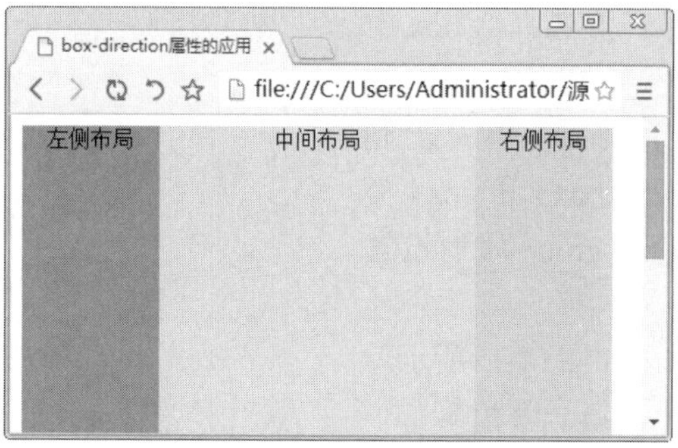

图 14-11　盒子布局顺序设置

14.3.3　定义盒子的布局位置

box-ordinal-group 属性用于设置每个子元素在盒子中的具体位置。语法格式如下：

```
box-ordinal-group:<integer>
```

参数值 integer 是一个自然数，从 1 开始，用来设置子元素的位置序号。子元素分别根据这个属性值从小到大进行排列。在默认情况下，子元素将根据元素的位置进行排列，如果没有设置 box-ordinal-group 属性值的子元素序号，则其序号默认为 1，并且序号相同的元素将按照它们在文档中加载的顺序进行排列。

▌实例 11：定义网页元素的布局位置

```html
<!DOCTYPE html>
<html>
<head>
<title>box-ordinal-group属性的应用</
title>
<style>
body{
  margin:0;
  padding:0;
  text-align:center;
  background-color:#d9bfe8;
}
.box{
  margin:auto;
  text-align:center;
  width:988px;
  display:-moz-box;
  display:box;
  display:-webkit-box;
  box-orient:vertical;
  -moz-box-orient:vertical;
  -webkit-box-orient:vertical;
}
.box1{
  -moz-box-ordinal-group:2;
  box-ordinal-group:2;
  -webkit-box-ordinal-group:2;
}
```

```css
.box2{
  -moz-box-ordinal-group:3;
  box-ordinal-group:3;
  -webkit-box-ordinal-group:3;
}
.box3{
  -moz-box-ordinal-group:1;
  box-ordinal-group:1;
  -webkit-box-ordinal-group:1;
}
.box4{
  -moz-box-ordinal-group:4;
  box-ordinal-group:4;
  -webkit-box-ordinal-group:4;
}
</style>
</head>
<body>
<div class="box">
<div class="box1"><img src="images/
1.jpg"/></div>
  <div class="box2"><img src="images/
2.jpg"/></div>
  <div class="box3"><img src="images/
3.jpg"/></div>
  <div class="box4"><img src="images/
4.jpg"/></div>
</div>
</body>
</html>
```

在上面的样式代码中，类选择器 box 中的代码 display:box 设置容器以盒子方式显示，box-orient:vertical 代码设置排列方向从上到下。在下面的 box1、box2、box3 和 box4 类选择器中都使用 box-ordinal-group 属性设置了其显示顺序。

在浏览器中浏览的效果如图 14-12 所示，可以看到第三个层次显示在第一个和第二个层次之上。

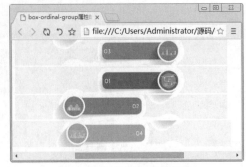

图 14-12　设置层显示顺序

14.3.4　定义盒子的显示空间

box-flex 属性能够灵活地控制子元素在盒子中的显示空间。显示空间包括子元素的宽度和高度，而不只是子元素所在栏目的宽度，也可以说是子元素在盒子中所占的面积。

语法格式如下：

```
box-flex:<number>
```

number 属性值为一个整数或者小数。当盒子中包含多个定义了 box-flex 属性的子元素时，浏览器会把这些子元素的 box-flex 属性值相加，然后根据它们各自的值占总值的比例来分配盒子剩余的空间。

▌实例 12：定义网页盒子的弹性空间

```
<!DOCTYPE html>
<html>
<head>
<title>box-flex属性的应用</title>
<style>
body{
margin:0;
padding:0;
text-align:center;
}
.box{
height:50px;
text-align:center;
width:960px;
overflow:hidden;
    orient:horizontal;
    /*定义元素为盒子显示*/
    display:box;
    /*标准声明，盒子显示*/
    display:-moz-box;
    display:-webkit-box;
    -mozbox-box-orient:horizontal;
    box-orient:horizontal;
    -webkit-box-orient:horizontal;
}
.d1{
background-color:#F6F;
```

```
width:180px;
height:500px;
}
.d2,.d3{
  border:solid 1px #CCC;
  margin:2px;
}
.d2{
-moz-box-flex:2;
box-flex:2;
background-color:#3F9;
width:180px;
}
.d3{
-moz-box-flex:4;
box-flex:4;
background-color:#FCd;
width:180px;
}
.d2 div,.d3 div{display:inline;}
</style>
</head>
<body>
<div class=box>
<div class="d1">左侧布局</div>
<div class="d2">中间布局</div>
<div class="d3">右侧布局</div>
</div>
</body>
</html>
```

在浏览器中浏览的效果如图14-13所示。上面的 CSS 样式代码中，使用 display:box 语句设定容器内元素以盒子方式布局，box-orient:horizontal 语句设定盒子在水平方向上并列显示，类选择器 d1 中使用 width 和 height 设定显示层的大小，而在 d2 和 d3 中，

使用 box-flex 分别设定两个盒子的显示面积。

图 14-13　设置盒子面积

14.3.5　管理盒子空间的大小

当弹性元素和非弹性元素混合排版时，可能会出现所有子元素的尺寸大于或小于盒子的尺寸，从而出现盒子空间不足或者富余的情况，这时就需要一种方法来管理盒子的空间。如果子元素的总尺寸小于盒子的尺寸，则可以使用 box-align 和 box-pack 属性进行管理。

box-pack 属性用于设置子容器在水平轴上的空间分配方式，语法格式如下：

```
box-pack:start|end|center|justify
```

box-pack 的属性值如表 14-8 所示。

表 14-8　box-pack 的属性值

属 性 值	说　　明
start	所有子容器都分布在父容器的左侧，右侧留空
end	所有子容器都分布在父容器的右侧，左侧留空
justify	所有子容器平均分布（默认值）
center	平均分配父容器剩余的空间（能压缩子容器的大小，并且有全局居中的效果）

box-align 属性用于管理子容器在竖轴上的空间分配方式，语法格式如下：

```
box-align: start|end|center|baseline|stretch
```

box-align 的属性值如表 14-9 所示。

表 14-9　box-align 的属性值

属 性 值	说　　明
start	子容器从父容器顶部开始排列，富余空间显示在盒子底部
end	子容器从父容器底部开始排列，富余空间显示在盒子顶部
center	子容器横向居中，富余空间在子容器两侧分配，上面一半下面一半
baseline	所有盒子沿着它们的基线排列，富余的空间可前可后显示
stretch	每个子元素的高度被调整到适合盒子的高度显示。即所有子容器和父容器保持同一高度

实例 13：定义网页盒子居中显示

```
<!DOCTYPE html>
<html>
<head>
```

```
<title>box-pack属性的应用</title>
<style>
body,html{
height:100%;
width:100%;
```

227

```
    }
    body{
        margin:0;
        padding:0;
        display:box;/*标准声明，盒子显示*/
        display:-moz-box;
        display:-webkit-box;
        -mozbox-box-orient:horizontal;
        box-orient:horizontal;
        -webkit-box-orient:horizontal;
        -moz-box-pack:center;
        box-pack:center;
        -webkit-box-pack:center;
        -moz-box-align:center;
        box-align:center;
        -webkit-box-align:center;
        background:#04082b url(images/
a.jpg) no-repeat top center;
    }
    .box{
    border:solid 1px red;
    padding:4px;
    }
    </style>
    </head>
    <body>
    <div class=box>
    <img src=images/yueji.jpg>
```

```
    </div>
    </body>
    </html>
```

在浏览器中浏览的效果如图 14-14 所示，可以看到中间盒子在容器中部显示。上面代码中，display:box 语句定义了容器内元素以盒子形式显示，box-orient:horizontal 定义盒子水平显示，box-pack:center 定义盒子两侧空间平均分配，box-align:center 语句定义盒子上下两侧平均分配，即图片盒子居中显示。

图 14-14　设置盒子居中显示

14.3.6　盒子空间的溢出管理

弹性布局盒子内的元素很容易出现空间溢出的现象，与传统的盒子模型一样，CSS3 允许使用 overflow 属性来处理溢出内容的显示。当然还可以使用 box-lines 属性来避免空间溢出的问题。语法格式如下：

```
box-lines:single|multiple
```

参数值 single 表示子元素都单行或单列显示，multiple 表示子元素可以多行或多列显示。

实例 14：网页盒子空间的溢出管理

```
<!DOCTYPE html>
<html>
<head>
<title>box-lines属性的应用</title>
<style>
.box{
border:solid 2px red;
width:600px;
height:400px;
display:box;
display:-moz-box;
display:-webkit-box;
-moz-box-orient:horizontal;
-webkit-box-orient:horizontal
-moz-box-lines:multiple;
```

```
box-lines:multiple;
-webkit-box-lines:multiple;
}
.box div{
    margin:4px;
    border:solid 2px #aaa;
    -moz-box-flex:1;
    box-flex:1;
    -webkit-box-flex:1;
}
.box div img{width120px;}
</style>
</head>
<body>
<div class=box>
<div><img src="images/b.jpg"></div>
<div><img src="images/c.jpg"></div>
```

```
<div><img src="images/d.jpg"></div>
<div><img src="images/e.jpg"></div>
<div><img src="images/f.jpg"></div>
</div>
</body>
</html>
```

在浏览器中浏览的效果如图14-15所示，可以看到盒子右边还是发生溢出现象。这是因为目前各大主流浏览器还没有明确支持这种用法，所以导致box-lines属性在实际应用时显示无效。相信在不久的将来，各个浏览器都会支持该属性。

图14-15　溢出管理

14.4　弹性盒子模型

弹性盒子是CSS3的一种新的布局模式。CSS3弹性盒子是一种当页面需要适应不同的屏幕大小以及设备类型时确保元素拥有恰当的行为的布局方式。引入弹性盒布局模型的目的是提供一种更加有效的方式来对一个容器中的子元素进行排列、对齐和分配空白空间，从而创建相应式页面。

14.4.1　使用弹性盒子

弹性盒子由弹性容器（Flex container）和弹性子元素（Flex item）组成。通过设置display属性的值为flex或inline-flex将其定义为弹性容器。弹性容器包含一个或多个弹性子元素。弹性子元素通常在弹性盒子中的同一行显示，默认情况下每个容器只有一行。

在CSS3中，弹性盒子的属性含义如下。

（1）display：指定HTML元素盒子的类型。

（2）flex-direction：指定弹性容器中子元素的排列方式。

（3）justify-content：设置弹性盒子元素在主轴（横轴）方向上的对齐方式。

（4）align-items：设置弹性盒子元素在侧轴（纵轴）方向上的对齐方式。

（5）flex-wrap：设置弹性盒子的子元素超出父容器时是否换行。

（6）align-content：修改flex-wrap属性的行为，类似align-items，但不是设置子元素对齐，而是设置行对齐。

（7）flex-flow：flex-direction和flex-wrap的简写。

（8）order：设置弹性盒子子元素的排列顺序。

（9）align-self：在弹性子元素上使用，覆盖容器的align-items属性。

（10）flex：设置弹性盒子的子元素分配空间的方式。

CSS3中这些弹性盒子的属性，在浏览器中的支持情况如表14-10所示。

> **注意**：弹性盒子模型是W3C标准化组织于2009年发布的，目前还没有主流浏览器对其支持，不过采用Webkit和Mozilla渲染引擎的浏览器都自定义了一套私有属性，用来支持弹性盒子模型。

表 14-10　常见浏览器对弹性盒子属性的支持情况

名　称	图　标	支持情况
Chrome 浏览器		29.0 及以上版本支持 CSS3 弹性盒子
IE 浏览器		IE 11.0 及以上版本支持 CSS3 弹性盒子
Mozilla Firefox 浏览器		22.0 及以上版本支持 CSS3 弹性盒子
Opera 浏览器		12.0 及以上版本支持 CSS3 弹性盒子
Safari 浏览器		6.1 及以上版本支持 CSS3 弹性盒子

实例 15：使用弹性盒子布局网页

```
<!DOCTYPE html>
<html>
<title>使用弹性盒子模型</title>
<head>
<style>
.flex-container {
    display: -webkit-flex;
    display: flex;
    width: 450px;
    height: 150px;
    background-color:#FFB5B5;
}

.flex-item {
    background-color:#CCFFFF;
    width: 140px;
    height: 100px;
    margin: 10px;
}
</style>
</head>
<body>
<div class="flex-container">
  <div class="flex-item">第1个弹性子元
素</div>
    <div class="flex-item">第2个弹性子元
素</div>
    <div class="flex-item">第3个弹性子元
素</div>
  </div>
  </body>
  </html>
```

在浏览器中浏览的效果如图 14-16 所示，可以看到弹性子元素在一行中显示。

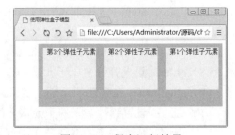

图 14-16　弹性子元素默认显示方式

如果用户想改变弹性子元素的排列方式，可以通过设置 direction 属性来实现。例如，下面设置弹性子元素的排列方式为 rtl（right-to-left）。需要在 <style> 标签中添加如下 CSS 样式：

```
body {
    direction:rtl;
}
```

然后在浏览器中浏览网页，效果如图 14-17 所示。可以看到弹性子元素的排列方式发生了改变，页面布局也跟着改变了。

图 14-17　程序运行结果

> **注意**：弹性盒子只定义了弹性子元素如何在弹性容器内布局，并不控制弹性子元素的外观样式。

14.4.2 设置弹性子元素的位置

如果想具体设置每个弹性子元素在父容器中的位置，可以使用 flex-direction 属性，语法规则如下：

```
flex-direction: row | row-reverse | column | column-reverse
```

各个参数的含义如下。

（1）row：横向从左到右排列（左对齐），默认的排列方式。

（2）row-reverse：反转横向排列（右对齐），从后往前排，最后一项排在最前面。

（3）column：纵向排列。

（4）column-reverse：反转纵向排列，从后往前排，最后一项排在最上面。

下面以反转纵向排列 column-reverse 的使用方法为例进行讲解。

▌ 实例 16：反转纵向排列弹性子元素

```html
<!DOCTYPE html>
<html>
<head>
<title>设置弹性子元素的位置</title>
<style>
.flex-container {
    display: -webkit-flex;
    display: flex;
     -webkit-flex-direction: column-
reverse;
    flex-direction: column-reverse;
    width: 400px;
    height: 300px;
    background-color: #FFB5B5;
}
.flex-item {
    background-color: #CCFFFF;
    width: 100px;
    height: 100px;
    margin: 10px;
}
</style>
</head>
<body>
<div class="flex-container">
```

```html
        <div class="flex-item">第1个弹性子元
素</div>
        <div class="flex-item">第2个弹性子元
素</div>
        <div class="flex-item">第3个弹性子元
素</div>
    </div>
    </body>
    </html>
```

在浏览器中浏览的效果如图 14-18 所示。弹性子元素的排列方式为反转纵向排列。

图 14-18　程序运行结果

14.4.3 设置弹性子元素的横向对齐方式

在 CSS3 中，justify-content 属性用于设置横向对齐方式，主要是将弹性子元素沿着弹性容器的主轴线对齐。语法格式如下：

```
justify-content: flex-start | flex-end | center | space-between | space-around
```

各个参数的含义如下。

（1）flex-start：弹性子元素向行头紧挨着填充。这个是默认值。

（2）flex-end：弹性子元素向行尾紧挨着填充。

（3）center：弹性子元素居中紧挨着填充。

（4）space-between：弹性子元素平均分布在该行上。

（5）space-around：弹性项目平均分布在该行上，两边留有一半的间隔空间。

实例 17：横向排列弹性子元素

```
<!DOCTYPE html>
<html>
<head>
<title> flex-start对齐方式</title>
<style>
.flex-container {
    display: -webkit-flex;
    display: flex;
     -webkit-justify-content: flex-
start;
    justify-content: flex-start;
    width: 420px;
    height: 300px;
    background-color: #FFB5B5;
}
.flex-item {
    background-color:#CCFFFF;
    width: 120px;
    height: 100px;
    margin: 10px;
}
</style>
</head>
<body>
<div class="flex-container">
    <div class="flex-item">第1个弹性子元
素</div>
    <div class="flex-item">第2个弹性子元
素</div>
    <div class="flex-item">第3个弹性子元
素</div>
</div>
</body>
</html>
```

在浏览器中浏览的效果如图14-19所示。

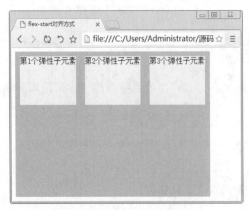

图 14-19　flex-start 对齐方式

设置 flex-end 对齐方式，修改的代码如下：

```
.flex-container {
    display: -webkit-flex;
    display: flex;
    -webkit-justify-content:flex-end;
    justify-content:flex-end;
    width: 500px;
    height: 300px;
    background-color: #FFB5B5;
}
```

在浏览器中浏览的效果如图14-20所示。

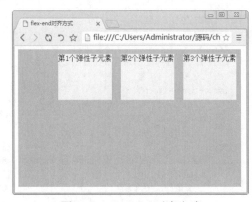

图 14-20　flex-end 对齐方式

设置 center 对齐方式，修改的代码如下：

```
.flex-container {
    display: -webkit-flex;
    display: flex;
    -webkit-justify-content:
center;
    justify-content: center;
    width: 600px;
    height: 300px;
    background-color: #FFB5B5;
}
```

在浏览器中浏览的效果如图14-21所示。

设置 space-between 对齐方式，修改的代码如下：

```
.flex-container {
    display: -webkit-flex;
    display: flex;
     -webkit-justify-content: space-
between;
    justify-content: space-between;
```

```
    width: 600px;
    height: 300px;
    background-color: #FFB5B5;
}
```

在浏览器中浏览的效果如图 14-22 所示。

图 14-21　center 对齐方式

图 14-22　space-between 对齐方式

设置 space-around 对齐方式，修改的代码如下：

```
.flex-container {
    display: -webkit-flex;
    display: flex;
     -webkit-justify-content: space-
around;
    justify-content: space-around;
    width: 600px;
    height: 300px;
    background-color: #FFB5B5;
}
```

在浏览器中浏览的效果如图 14-23 所示。

图 14-23　space-around 对齐方式

14.4.4　设置弹性子元素的纵向对齐方式

在 CSS3 中，align-items 属性用于设置纵向对齐方式，主要是将弹性子元素沿着弹性容器的纵轴线对齐。语法格式如下：

```
justify-content: flex-start | flex-end | center | baseline | stretch
```

各个参数的含义如下。

（1）flex-start：弹性子元素沿着纵轴起始位置的边界填充。

（2）flex-end：弹性子元素沿着纵轴结束位置的边界填充。

（3）center：弹性子元素在该行的纵轴居中填充。

（4）baseline：弹性子元素将与基线对齐。

（5）stretch：如果设置纵轴大小的属性值为 auto，则 stretch 会使弹性子元素边距的尺寸尽可能接近所在行的尺寸。

由于设置方法与弹性子元素的横向对齐方式类似，这里只介绍 stretch 的使用方法，其他的类似。

实例18：纵向排列弹性子元素

```
<!DOCTYPE html>
<html>
<head>
<title> stretch对齐方式</title>
<style>
.flex-container {
    display: -webkit-flex;
    display: flex;
    -webkit-align-items: stretch;
    align-items: stretch;
    width: 420px;
    height: 300px;
    background-color: #FFB5B5;
}
.flex-item {
    background-color: cornflowerblue;
    width: 120px;
    margin: 10px;
}
</style>
</head>
<body>
<div class="flex-container">
    <div class="flex-item">第1个弹性子元
素</div>
```

```
    <div class="flex-item">第2个弹性子元
素</div>
    <div class="flex-item">第3个弹性子元
素</div>
    </div>
    </body>
    </html>
```

在浏览器中浏览的效果如图14-24所示。

图 14-24　stretch 对齐方式

14.4.5　设置弹性子元素的换行方式

flex-wrap 属性用于指定弹性盒子中子元素的换行方式。语法格式如下：

```
flex-flow: nowrap| wrap | wrap-reverse |
```

各个参数的含义如下。

（1）nowrap：默认换行方式。弹性容器为单行，该情况下弹性子元素可能会溢出容器。

（2）wrap：弹性容器为多行，该情况下弹性子元素溢出的部分会被放置到新行，子元素内部会发生断行。

（3）wrap-reverse：反转 wrap 排列。

实例19：弹性子元素的换行方式

```
<!DOCTYPE html>
<html>
<head>
<title>nowrap换行方式</title>
<style>
.flex-container {
    display: -webkit-flex;
    display: flex;
    -webkit-flex-wrap: nowrap;
    flex-wrap: nowrap;
    width: 450px;
    height: 250px;
    background-color: #FFB5B5;
```

```
}
.flex-item {
    background-color:
cornflowerblue;
    width: 120px;
    height: 100px;
    margin: 10px;
}
</style>
</head>
<body>
<div class="flex-container">
    <div class="flex-item">第1个弹性子元
素</div>
    <div class="flex-item">第2个弹性子元
```

素</div>
```
        <div class="flex-item">第3个弹性子元
素</div>
    </div>
    </body>
    </html>
```

在浏览器中浏览的效果如图14-25所示。

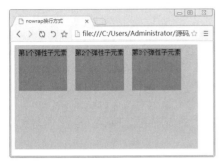

图 14-25　nowrap 换行方式

设置 wrap 换行方式，修改代码如下：

```
.flex-container {
    display: -webkit-flex;
    display: flex;
    -webkit-flex-wrap: wrap;
    flex-wrap: wrap;
    width: 300px;
    height: 250px;
    background-color: #FFB5B5;
}
```

在浏览器中浏览的效果如图14-26所示。

设置 wrap-reverse 换行方式，修改代码如下：

图 14-26　wrap 换行方式

```
.flex-container {
    display: -webkit-flex;
    display: flex;
    -webkit-flex-wrap: wrap-reverse;
    flex-wrap: wrap-reverse;
    width: 300px;
    height: 250px;
    background-color: #FFB5B5;
}
```

在浏览器中浏览的效果如图14-27所示。

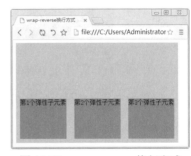

图 14-27　wrap-reverse 换行方式

14.5　新手常见疑难问题

疑问 1：margin:0 auto 表示什么含义？

答：margin:0 auto 定义元素向上补白 0 像素，左右为自动使用。这样按照浏览器解析习惯是可以让页面居中显示的，一般这个语句会在 body 标签中。在使用 margin:0 auto 语句使页面居中的时候，一定要给元素设置一个高度并且不要让元素浮动，即不要加 float，否则效果失效。

疑问 2：如何理解 margin 的加倍问题？

答：当 div 层被设置为 float 时，在 IE 下设置的 margin 会加倍。这是每个 IE 都存在的 bug。其解决办法是，在这个 div 中加上 display:inline。

例如：

```
<#div id="imfloat"></#DIV>
```

相应的 CSS 为

```
#IamFloat{
    float:left;
    margin:5px;
    display:inline;
}
```

14.6　实战技能训练营

▌实战 1：制作一个旅游宣传网页

一个宣传页，需要包括文字和图片信息。本案例将结合前面学习的盒子模型及其相关属性，创建一个旅游宣传页，运行结果如图 14-28 所示。

图 14-28　旅游页面

▌实战 2：使用弹性盒子创建响应式页面

通过 CSS3 中的弹性盒子可以创建响应式页面。所谓响应式页面，就是能够智能地根据用户行为以及使用的设备环境（系统平台、屏幕尺寸、屏幕定向等）相对应地布局。下面通过一个案例来学习如何使用弹性盒子创建响应式页面。

在浏览器中浏览的效果如图 14-29 所示。拖曳浏览器的右边框，增加浏览器的宽度，效果如图 14-30 所示。继续增加浏览器的宽度，效果如图 14-31 所示，可见该网页是一个简单的响应式页面。

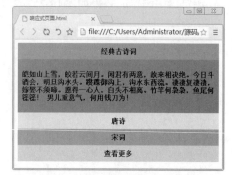

图 14-29　程序运行结果

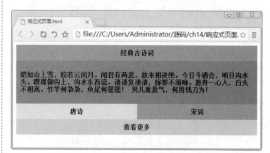

图 14-30　增加浏览器的宽度

图 14-31　再次增加浏览器的宽度

第15章 CSS+DIV布局的浮动与定位

本章导读

　　CSS+DIV 是 Web 标准中的常用术语之一，与早期的表格定位方式比较，CSS+DIV 可以非常灵活地布局页面，可以制作出漂亮而又充满个性的网页。本章就来学习 CSS+DIV 布局的浮动与定位方法。

知识导图

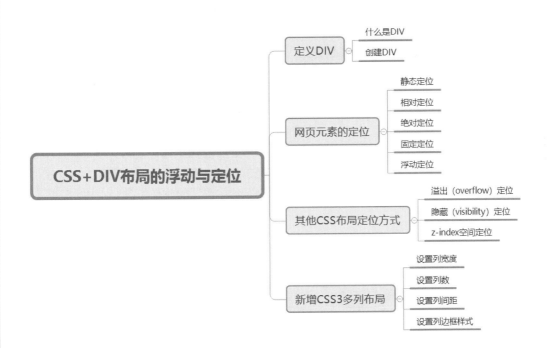

15.1 定义 DIV

使用 DIV 进行网页排版，是现在流行的一种趋势。例如使用 CSS 属性，可以轻易设置 DIV 的位置，演变出多种不同的布局方式。

15.1.1 什么是 DIV

<div> 标签作为一个容器标签被广泛地应用在 <html> 语言中。利用这个标签，通过 CSS 对其控制，可以很方便地实现各种效果。<div> 标签早在 HTML3.0 时代就已经出现，但那时并不常用，直到 CSS 出现，才逐渐发挥出它的优势。

15.1.2 创建 DIV

<div>（division）简单而言就是一个区块容器标签，即 <div> 与 </div> 之间相当于一个容器，可以容纳段落、标题、表格、图片，乃至章节、摘要和备注等各种 HTML 元素。因此，可以把 <div> 与 </div> 中的内容视为一个独立的对象。声明时只需要对 <div> 进行相应的控制，其中的各标签元素都会因此而改变。

▌实例 1：创建并设置 DIV 层的 CSS 样式

```
<!DOCTYPE html>
<html>
<head>
<title>认识div层</title>
<style type="text/css">
<!--
div{
    font-size:18px;
    font-weight:bolder;
    font-family:"宋体";
    color:#FF0000;
    background-color:#eeddcc;
    text-align:center;
    width:300px;
    height:100px;
    border:2px #992211 dotted;
}
-->
</style>
</head>
<body>
<center>
```

```
    <div>
    这是div层
    </div>
</center>
</body>
</html>
```

上面的例子通过 CSS 控制 div 层，绘制了一个 div 容器，容器中放置了一段文字。在浏览器中浏览的效果如图 15-1 所示，可以看到一个矩形方块的 div 层，居中显示，字体显示为红色，边框为浅红色，背景为浅黄色。

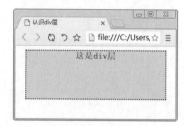

图 15-1　div 层显示

15.2 网页元素的定位

在 CSS3 中，可以通过 position 这个属性，对页面中的元素进行定位。语法格式如下：

```
position : static | absolute | fixed | relative
```

position 属性的参数说明如表 15-1 所示。

表 15-1　position 属性的参数

参　　数	说　　明
static	元素定位的默认值，无特殊定位，对象遵循 HTML 定位规则，不能通过 z-index 进行层次分级
relative	相对定位，对象不可重叠，可以通过 left、right、bottom 和 top 等属性在正常文档中偏移位置，可以通过 z-index 进行层次分级
absolute	生成绝对定位的元素，相对于 static 定位以外的第一个父元素进行定位。元素的位置通过 left、top、right 以及 bottom 属性进行规定
fixed	生成绝对定位的元素，相对于浏览器窗口进行定位。元素的位置通过 left、top、right 以及 bottom 属性进行规定

15.2.1　静态定位

静态定位就是指没有使用任何移动效果的定义方式，语法格式如下：

```
position : static
```

这是 HTML 元素的默认值，即没有定位，遵循正常的文档流对象。静态定位的元素不会受 top、bottom、left 和 right 的影响。

实例 2：静态定位网页元素

```
<!DOCTYPE html>
<html>
<title>静态定位</title>
<head>
<style type="text/css">
h2.pos_left{
    position:static;
    left:-20px
}
h2.pos_right{
    position:static;
    left:20px
}
</style>
</head>
<body>
<h2>这是位于正常位置的标题</h2>
<h2 class="pos_left">这个标题相对于其
正常位置不会向左移动</h2>
```

```
    <h2 class="pos_right">这个标题相对于
其正常位置不会向右移动</h2>
    </body>
    </html>
```

在浏览器中浏览的效果如图 15-2 所示，可以看到页面显示了三个标题，最上面的标题正常显示，下面两个标题虽然设置了向左或向右移动，但结果还是以正常状态显示，这就是静态定位。

图 15-2　静态定位显示

15.2.2　相对定位

对一个元素进行相对定位，通过设置垂直或水平位置，让这个元素"相对于"它的原始起点进行移动。另外，相对定位时，无论是否进行移动，元素仍然占据原来的空间。相对定位的语法格式如下：

```
position:relative
```

相对定位元素是指相对其正常位置定位。

实例 3：相对定位网页元素

```
<!DOCTYPE html>
<html>
<title>相对定位</title>
<head>
<style type="text/css">
h2.pos_left{
    position:relative;
    left:-10px
}
h2.pos_right{
    position:relative;
    left:20px
}
</style>
</head>
<body>
<h2>这是位于正常位置的标题</h2>
<h2  class="pos_left">这个标题相对于其
正常位置向左移动</h2>
```

```
    <h2  class="pos_right">这个标题相对于
其正常位置向右移动</h2>
    </body>
    </html>
```

在浏览器中浏览的效果如图 15-3 所示，可以看到页面显示了三个标题，最上面的标题正常显示，第二个标题以正常标题为原点，向左移动了 10 像素，第三个标题以正常标题为原点，向右移动了 20 像素。

图 15-3　相对定位显示

15.2.3　绝对定位

绝对定位是参照浏览器的左上角，配合 top、left、bottom 和 right 进行定位的，如果没有设置上述四个值，则默认以父级的坐标原点为原始点。绝对定位可以通过上、下、左、右来设置元素，使之处在任何一个位置。

绝对定位与相对定位的区别在于：绝对定位的坐标原点为上级元素的原点，与上级元素有关；相对定位的坐标原点为本身偏移前的原点，与上级元素无关。

在父层 position 属性为默认值时：上、下、左、右的坐标原点以 body 的坐标原点为起始位置。绝对定位的语法格式如下：

```
position:absolute
```

只要将上面代码加入样式中，使用样式的元素就可以以绝对定位的方式显示了。

实例 4：绝对定位网页元素

```
<!DOCTYPE html>
<html>
<head>
<title>绝对定位</title>
</head>
<body>
    <div style="background-color:
blue; width:300px; height:200px">
     <h2 style=" position:absolute;
left:80px; top:80px; width:150px;
height:50px;background-color:Red;">这是
绝对定位</h2>
    </div>
    </body>
    </html>
```

在浏览器中浏览的效果如图 15-4 所示，可以看到红色元素框以浏览器的左上角为原点，坐标位置为（80px，80px），宽度为 150 像素，高度为 50 像素。

图 15-4　绝对定位

15.2.4　固定定位

固定定位的参照位置不是上级元素块而是浏览器窗口，所以可以使用固定定位来设定类似传统框架样式布局，以及广告框架或导航框架等。使用固定定位的元素可以脱离页面，无论页面如何滚动，始终处在页面的同一位置。固定定位语法格式如下：

```
position:fixed
```

实例 5：固定定位网页元素

```
<!DOCTYPE html>
<html>
<head>
<title>固定定位</title>
<style type="text/css">
* {
    padding:0;
    margin:0;
}
#fixedLayer {
    width:120px;
    line-height:30px;
    background: #FC6;
    border:1px solid #F90;
    position:fixed;
    left:10px;
    top:10px;
}
</style>
</head>
<body>
<div id="fixedLayer">《明天会更好》</div>
<p>轻轻敲醒沉睡的心灵，慢慢张开你的眼睛。</p>
<p>看那忙碌的世界是否依然孤独地转个不停。</p>
<p>春风不解风情，吹动少年的心。</p>
<p>让昨日脸上的泪痕，随记忆风干了。</p>
<p>抬头寻找天空的翅膀，候鸟出现它的影迹。</p>
```

```
<p>带来远处的饥荒无情的战火依然存在的消息。</p>
<p>玉山白雪飘零，燃烧少年的心。</p>
<p>使真情溶化成音符，倾诉遥远的祝福。</p>
<p>唱出你的热情，伸出你双手。</p>
<p>让我拥抱着你的梦，让我拥有你真心的面孔。</p>
<p>让我们的笑容，充满着青春的骄傲。</p>
<p>为明天献出虔诚的祈祷。</p>
</body>
</html>
```

在浏览器中浏览的效果如图 15-5 所示，可以看到拉动滚动条时，无论页面内容怎么变化，其黄色框《明天会更好》始终位于页面的左上角。

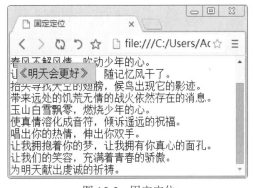

图 15-5　固定定位

15.2.5　浮动定位

除了使用 position 进行定位外，还可以使用 float 定位。float 定位只能在水平方向上定位，而不能在垂直方向上定位。float 为浮动属性，用来改变元素块的显示方式。

float 的语法格式如下：

```
float : none | left |right
```

float 的属性值如表 15-2 所示。

表 15-2　float 的属性值

属性值	说　明	属性值	说　明	属性值	说　明
none	元素不浮动	left	浮动在左面	right	浮动在右面

实际上，使用 float 可以实现两列布局，也就是让一个元素在左浮动，一个元素在右浮动，并控制好这两个元素的宽度。

实例 6：浮动定位网页元素

```
<!DOCTYPE html>
<html>
<head>
<title>浮动定位</title>
<style>
* {
    padding:0px;
    margin:0px;
}
.big {
    width:600px;
    height:100px;
    margin:0 auto 0 auto;
    border:#332533 1px solid;
}
.one {
    width:300px;
    height:20px;
    float:left;
    border:#996600 1px solid;
}
.two {
    width:290px;
    height:20px;
    float:right;
    margin-left:5px;
    display:inline;
    border:#FF3300 1px solid;
}
</style>
</head>
<body>
<div class="big">
  <div class="one">
  <p>非诚勿扰</p>
  </div>
  <div class="two">
  <p>开心一刻</p>
  </div>
</div>
```

```
</body>
</html>
```

在浏览器中浏览的效果如图 15-6 所示，可以看到显示了一个大矩形框，大矩形框中存在两个小的矩形框，并且并列显示。

图 15-6　float 浮动布局

使用 float 属性不但可以改变元素的显示位置，同时还会对相邻内容造成影响。定义了 float 属性的元素会覆盖其他元素，而被覆盖的区域将处于不可见状态。使用 float 属性能够实现内容环绕图片的效果。

如果不想让 float 下面的其他元素浮动环绕在该元素周围，可以使用 CSS3 属性 clear，清除这些浮动元素。

clear 的语法格式如下：

```
clear : none | left |right | both
```

其中，none 表示允许两边都可以有浮动对象，both 表示不允许有浮动对象，left 表示不允许左边有浮动对象，right 表示不允许右边有浮动对象。使用 float 以后，在必要的时候就需要通过 clear 语句清除 float 带来的影响，以免出现"其他 DIV 层跟着浮动"的效果。

15.3　其他 CSS 布局定位方式

了解了网页元素的定位之后，下面再来介绍其他的 CSS 布局定位方式。

15.3.1 溢出（overflow）定位

如果元素框被指定了大小，而元素的内容不适合该大小，例如元素内容较多，元素框显示不下，此时则可以使用溢出属性 overflow 来控制这种情况。

overflow 的语法格式如下：

```
overflow : visible | auto | hidden | scroll
```

overflow 的属性值及其说明如表 15-3 所示。

表 15-3　overflow 的属性值

属 性 值	说　　明
visible	若内容溢出，则溢出内容可见
hidden	若内容溢出，则溢出内容隐藏
scroll	保持元素框大小，在框内应用滚动条显示内容
auto	等同于 scroll，它表示在需要时应用滚动条

overflow 属性适用于以下情况。

（1）当元素有负边界时。

（2）元素框宽于上级元素内容区，换行不被允许。

（3）元素框宽于上级元素区域宽度。

（4）元素框高于上级元素区域高度。

（5）元素定义了绝对定位。

▌实例 7：溢出定位网页元素

```
<!DOCTYPE html>
<html>
<head>
  <title>overflow属性</title>
  <style >
  div{
  position:absolute;
  color:#445633;
  height:200px;
  width: 30%;
  float:left;
  margin: 0px;
  padding: 0px;
  border-right: 2px dotted #cccccc;
  border-bottom: 2px solid #cccccc;
  padding-right: 10px;
  overflow:auto;
  }
  </style>
</head>
<body >
  <div>
  <p>综艺节目排名</p><p>1 非诚勿扰</p>
<p>2 康熙来了</p>
  <p>3 快乐大本营</p><p>4 娱乐大风暴</
```

```
p><p>5 天天向上</p><p>6 爱情连连看</p>
       <p>7 锵锵三人行</p><p>8 我们约会吧
</p>
       </div>
  </body>
</html>
```

在浏览器中浏览的效果如图 15-7 所示，可以看到在一个元素框中显示了多个元素，拉动滚动条可以查看全部元素。如果 overflow 设置的值为 hidden，则会隐藏多余元素。

图 15-7　溢出定位

15.3.2 隐藏（visibility）定位

visibility 属性指定是否显示一个元素生成的元素框。这意味着元素仍占据其本来的空间，不过可以完全不可见。即设定元素的可见性。visibility 的语法格式如下：

```
visibility : visible | collapse | hidden
```

visibility 的属性值如表 15-4 所示。

表 15-4　visibility 的属性值

属 性 值	说　　明
visible	元素可见
hidden	元素隐藏
collapse	主要用来隐藏表格的行或列。隐藏的行或列能够被其他内容使用。对于表格外的其他对象，其作用等同于 hidden

如果元素 visibility 属性的属性值设定为 hidden，表现为元素隐藏，即不可见。但是，元素不可见，并不等同于元素不存在，它仍旧会占据部分页面位置，影响页面的布局，就如同可见一样。换句话说，元素仍然位于页面中，只是无法看到它而已。

▌实例 8：溢出定位网页元素

```html
<!DOCTYPE html>
<html>
<head>
  <title>visibility属性</title>
  <style type="text/css">
    .div{
      padding:5px;
    }
    .pic{
      float:left;
      padding:20px;
      visibility:visible;
    }
    h1{
        font-weight:bold;
        text-align:center;
    }
  </style>
</head>
<body>
  <h2>《天净沙·秋思》</h2>
  <div class="div">
    <div class="pic">
    <img src="images/01.jpg" width=
180px height=120px />
    </div>
    <p>枯藤老树昏鸦，小桥流水人家，古道西
风瘦马。夕阳西下，断肠人在天涯。
    </p>
    <h2>《天净沙·秋思》译文</h2>
    <p>
```

天色黄昏，一群乌鸦落在枯藤缠绕的老树上，发出凄厉的哀鸣。
小桥下流水哗哗作响，小桥边庄户人家炊烟袅袅。
古道上一匹瘦马，顶着西风艰难地前行。
夕阳渐渐地失去了光泽，从西边落下。
凄寒的夜色里，只有孤独的旅人漂泊在遥远的地方。

```html
    </p>
    </div>
</body>
</html>
```

在浏览器中浏览的效果如图 15-8 所示，可以看到图片在左边显示，并被文本信息所环绕。此时 visibility 属性为 visible，表示图片可以看见。

图 15-8　隐藏定位

15.3.3　z-index 空间定位

z-index 属性用于调整定位时重叠块的上下位置，与它的名称一样，想象页面为 x-y 轴，垂直于页面的方向为 z 轴，z-index 值大的页面位于其值小的上方，如图 15-9 所示。

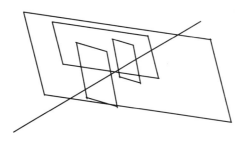

图 15-9　z-index 空间定位模型

实例 9：使用 z-index 属性定位网页元素

```
<!DOCTYPE html>
<html>
<title>z-index属性</title>
<style type="text/css">
<!--
body{
  margin:10px;
  font-family:Arial;
  font-size:13px;}
#block1{
  background-color:#ff0000;
  border:1px dashed#000000;
  padding:10px;
  position:absolute;
  left:20px;
  top:30px;
  z-index:1;          /*高低值1*/
}
#block2{
  background-color:#ffc24c;
  border:1px dashed#000000;
  padding:10px;
  position:absolute;
  left:40px;
  top:50px;
  z-index:0;          /*高低值0*/
}
#block3{
  background-color:#c7ff9d;
```

```
  border:1px dashed#000000;
  padding:10px;
  position:absolute;
  left:60px;
  top:70px;
  z-index:-1;         /*高低值-1*/
  }
-->
</style>
</head>
<body>
  <div id="block1">AAAAAAAAAA</div>
  <div id="block2">BBBBBBBBBB</div>
  <div id="block3">CCCCCCCCCC</div>
</body>
</html>
```

在上面的例子中为 3 个有重叠关系的块分别设置了 z-index 值，在浏览器中浏览的效果如图 15-10 所示。

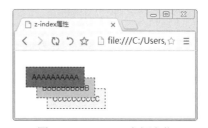

图 15-10　z-index 空间定位

15.4　新增 CSS3 多列布局

在 CSS3 出来之前，网页设计者如果要设计多列布局，不外乎有两种方式，一种是浮动布局，另一种是定位布局。浮动布局比较灵活，但容易发生错位。定位布局可以精确地确定位置，不会发生错位，但无法满足模块的适应能力。为了解决多列布局的难题，CSS3 新增了多列自动布局。

15.4.1 设置列宽度

在 CSS3 中，可以使用 column-width 属性定义多列布局中每列的宽度，可以单独使用，也可以和其他多列布局属性组合使用。

column-width 的语法格式如下：

```
column-width: [<length> | auto]
```

其中属性值 <length> 是由浮点数和单位标识符组成的长度值，不可为负值。auto 根据浏览器计算值自动设置。

■ 实例 10：设置多列布局中每列的宽度

```
<!DOCTYPE html>
<html>
<head>
<title>多列布局属性</title>
<style>
body{
    -moz-column-width:200px;
    /*兼容Webkit引擎，指定列宽是200像素*/
    column-width:200px;
    /*CSS3标准化指定列宽是200像素*/
    -webkit-column-width:200px;
}
h1{
    color:#333333;
    background-color:#DCDCDC;
    padding:5px 8px;
    font-size:20px;
    text-align:center;
    padding:12px;
}
h2{
    font-size:16px;text-align:center;
}
p{color:#333333;font-size:14px;line-
height:180%;text-indent:2em;}
</style>
</head>
<body>
<h1>《念奴娇·赤壁怀古》</h1>
<h2>作者：苏轼</h2>
<p>
大江东去，浪淘尽，千古风流人物。
故垒西边，人道是，三国周郎赤壁。
乱石穿空，惊涛拍岸，卷起千堆雪。
```

```
</p><p>
江山如画，一时多少豪杰。
遥想公瑾当年，小乔初嫁了，雄姿英发。
羽扇纶巾，谈笑间，樯橹灰飞烟灭。
</p><p>
故国神游，多情应笑我，早生华发。
人生如梦，一尊还酹江月。
</p>
…
</body>
</html>
```

在上面代码的 body 标签选择器中，使用 column-width 指定了要显示的多列布局中每列的宽度。然后分别定义标题 h1、h3 和段落 p 的样式，例如字体大小、字体颜色、行高和对齐方式等。

在浏览器中浏览的效果如图 15-11 所示，可以看到页面文章分为两列显示，列宽相同。

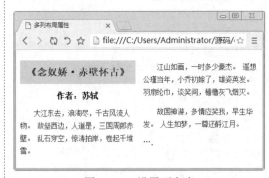

图 15-11 设置列宽度

15.4.2 设置列数

在 CSS3 中，可以直接使用 column-count 指定多列布局的列数，而不需要通过列宽自动调整列数。

column-count 的语法格式如下：

```
column-count: auto | <integer>
```

上面的属性值 <integer> 表示值是一个整数，用于定义列数，取值为大于 0 的整数，不可以为负数。auto 属性值表示根据浏览器计算值自动设置。

实例 11：设计网页页面的列数

```html
<!DOCTYPE html>
<html>
<head>
<title>多列布局属性</title>
<style>
body{
    -moz-column-count:3;
    /*Webkit引擎定义多列布局列数*/
    column-count:3;
    /*CSS3标准定义多列布局列数*/
    -webkit-column-count:3;

}
h1{
    color:#333333;
    background-color:#DCDCDC;
    padding:5px 8px;
    font-size:20px;
    text-align:center;
    padding:12px;
}
h2{
    font-size:16px;text-align:center;
}
p{color:#333333;font-size:14px;line-
height:180%;text-indent:2em;}
</style>
</head>
<body>
<h1>《念奴娇·赤壁怀古》</h1>
<h2>作者：苏轼</h2>
<p>
大江东去，浪淘尽，千古风流人物。
故垒西边，人道是，三国周郎赤壁。
乱石穿空，惊涛拍岸，卷起千堆雪。
</p><p>
江山如画，一时多少豪杰。
遥想公瑾当年，小乔初嫁了，雄姿英发。
羽扇纶巾，谈笑间，樯橹灰飞烟灭。
</p>
故国神游，多情应笑我，早生华发。
人生如梦，一尊还酹江月。
</p>
```

```html
<h1>《念奴娇·赤壁怀古》译文</h1>
<p>
大江浩浩荡荡向东流去，滔滔巨浪淘尽千古英雄人物。
那旧营垒的西边，人们说那就是三国周瑜鏖战的赤壁。
陡峭的石壁直耸云天，如雷的惊涛拍击着江岸，激起的浪花好似卷起千万堆白雪。
雄壮的江山奇丽如图画，一时间涌现出多少英雄豪杰。
遥想当年的周瑜春风得意，绝代佳人小乔刚嫁给他，他英姿奋发豪气满怀。
手摇羽扇头戴纶巾，谈笑之间，强敌的战船烧得灰飞烟灭。
我今日神游当年的战地，可笑我多情善感，过早地生出满头白发。
人生犹如一场梦，且洒一杯酒祭奠江上的明月。
</p>
</body>
</html>
```

上面的 CSS 代码除了 column-count 属性设置外，其他样式属性和上一个例子基本相同，就不再介绍了。

在 Firefox 中浏览的效果如图 15-12 所示，可以看到页面根据指定的情况，显示了 3 列布局，其布局宽度由浏览器自动调整。

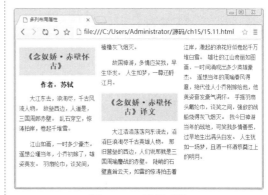

图 15-12 设置列数

15.4.3 设置列间距

多列布局中，可以根据内容和喜好的不同，调整多列布局中各列之间的距离，从而完成整体版式规划。在 CSS3 中，column-gap 属性用于定义两列之间的间距。

column-gap 的语法格式如下：

```
column-gap: normal | <length>
```

其中，属性值 normal 表示根据浏览器默认设置进行解析，一般为 1em；属性值 length 表示由浮点数和单位标识符组成的长度值，不可为负值。

▌实例12：设计网页页面列间距

```
<!DOCTYPE html>
<html>
<head>
<title>多列布局属性</title>
<style>
body{
    -moz-column-count:2;
    /*Webkit引擎定义多列布局列数*/
    column-count:2;
    /*CSS3定义多列布局列数*/
    -webkit-column-count:2;
    -moz-column-gap:5em;
    /*Webkit引擎定义多列布局列间距*/
    column-gap:5em;
    /*CSS3定义多列布局列间距*/
    -webkit-column-gap:5em;
    line-height:2.5em;
}
h1{
    color:#333333;
    background-color:#DCDCDC;
    padding:5px 8px;
    font-size:20px;
    text-align:center;
    padding:12px;
}
h2{
    font-size:16px;text-align:center;
}
p{color:#333333;font-size:14px;line-
height:180%;text-indent:2em;}
</style>
</head>
<body>
<h1>《念奴娇·赤壁怀古》</h1>
<h2>作者：苏轼</h2>
<p>
大江东去，浪淘尽，千古风流人物。
```

```
故垒西边，人道是，三国周郎赤壁。
乱石穿空，惊涛拍岸，卷起千堆雪。
</p><p>
江山如画，一时多少豪杰。
遥想公瑾当年，小乔初嫁了，雄姿英发。
羽扇纶巾，谈笑间，樯橹灰飞烟灭。
</p><p>
故国神游，多情应笑我，早生华发。
人生如梦，一尊还酹江月。
</p>
…
</body>
</html>
```

上面的代码中，使用 -moz-column-count 私有属性设定了多列布局的列数，-moz-column-gap 私有属性设定列间距为 5em，行高为 2.5em。

在浏览器中浏览的效果如图 15-13 所示，可以看到页面还是分为两列，但列之间的距离相较原来增大了不少。

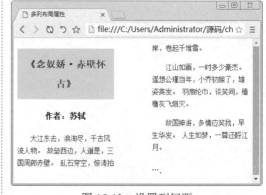

图 15-13　设置列间距

15.4.4　设置列边框样式

在 CSS3 中，边框样式使用 column-rule 属性定义，包括边框宽度、边框颜色和边框样式等。column-rule 的语法格式如下：

```
column-rule: <length> | <style> | <color>
```

column-rule 的属性值如表 15-5 所示。

表 15-5　column-rule 的属性值

属 性 值	含　义
\<length\>	由浮点数和单位标识符组成的长度值，不可为负值。用于定义边框宽度，功能和 column-rule-width 属性相同
\<style\>	定义边框样式，功能和 column-rule-style 属性相同
\<color\>	定义边框颜色，功能和 column-rule-color 属性相同

实例 13：设计网页页面列的边框样式

```
<!DOCTYPE html>
<html>
<head>
<title>多列布局属性</title>
<style>
body{
    -moz-column-count:3;
    column-count:3;
    -webkit-column-count:3;
    -moz-column-gap:3em;
    column-gap:3em;
    -webkit-column-gap:3em;
    line-height:2.5em;
    -moz-column-rule:dashed 2px gray ;
    /*Webkit引擎定义多列布局边框样式*/
    column-rule:dashed 2px gray;
    /*CSS3定义多列布局边框样式*/
     -webkit-column-rule:dashed 2px
gray;
    }
    h1{
        color:#333333;
        background-color:#DCDCDC;
        padding:5px 8px;
        font-size:20px;
        text-align:center;
         padding:12px;
    }
    h2{
    font-size:16px;text-align:center;
```

```
    }
    p{color:#333333;font-size:14px;line-
height:180%;text-indent:2em;}
    </style>
    </head>
    <body>
    <h1>《念奴娇·赤壁怀古》</h1>
    <h2>作者：苏轼</h2>
    <p>
    大江东去，浪淘尽，千古风流人物。
    故垒西边，人道是，三国周郎赤壁。
    乱石穿空，惊涛拍岸，卷起千堆雪。
    </p><p>
    江山如画，一时多少豪杰。
    遥想公瑾当年，小乔初嫁了，雄姿英发。
    羽扇纶巾，谈笑间，樯橹灰飞烟灭。
    </p><p>
    故国神游，多情应笑我，早生华发。
    人生如梦，一尊还酹江月。
    </p>
    …
    </body>
    </html>
```

在 body 标签选择器中，定义了多列布局的列数、列间距和列边框样式，其边框样式是灰色虚线样式，宽度为 2 像素。

在浏览器中浏览的效果如图 15-14 所示，可以看到页面列之间添加了一个边框，其样式为虚线。

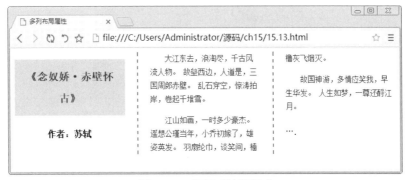

图 15-14　设置列边框样式

15.5 新手常见疑难问题

疑问1：如何将 DIV 块居中显示？

答：如果想让 DIV 居中显示，需要将 margin 的属性参数设置为块参数的一半数值。举例说明，如果 DIV 的宽度和高度分别为 500px 和 400px，需要设置以下参数：margin-left:-250px margin-top:-200px。

疑问2：position 设置对 CSS 布局有什么影响？

答：CSS 中常见的 4 个属性是 top、right、bottom 和 left，表示块在页面中的具体位置，但是这些属性的设置必须和 position 配合使用才会产生效果。当 position 属性设置为 relative 时，上述 CSS 的 4 个属性表示各个边界离原来位置的距离；当 position 属性设置为 absolute 时，表示块的各个边界离页面边框的距离。然而，当 position 属性设置为 static 时，则上述 4 个属性的设置不能生效，子块的位置也不会发生变化。

15.6 实战技能训练营

实战1：创建左右布局的网页页面

一个美观大方的页面，必然是一个布局合理的页面。左右布局是网页中比较常见的一种方式，即根据信息种类不同，将信息分别显示在当前页面的左右两侧。本案例将利用前面学习的知识，创建一个左右布局的网页页面。运行结果如图 15-15 所示。

实战2：制作网上购物导航菜单

网上购物已经成为一种时尚，本案例结合前面学习的知识，创建一个网上购物宣传导航页面。运行结果如图 15-16 所示。

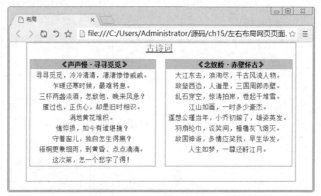

图 15-15　左右布局网页页面

图 15-16　网上购物导航菜单

第16章　使用CSS3布局网页版式

📖 本章导读

　　使用 CSS+DIV 布局可以使网页结构清晰化，并将内容、结构与表现相分离，以方便设计人员对网页进行改版和引用数据。本章就来对固定宽度网页布局进行剖析并制作相关的网页布局样式。

📖 知识导图

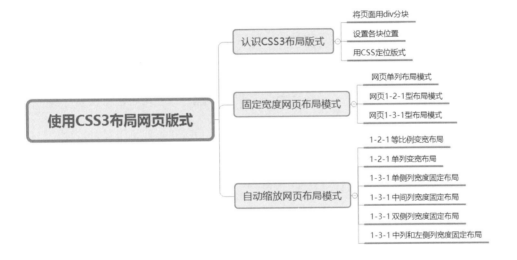

16.1 认识 CSS3 布局版式

DIV 在 CSS+DIV 页面排版中是一个块的概念，DIV 的起始标签和结束标签之间的所有内容都是用来构成这个块的，其中所包含元素的特性由 DIV 标签属性来控制，或者通过使用样式表格式化这个块来进行控制。CSS+DIV 页面排版的思路是首先在整体上进行 <div> 标签的分块，然后对各个块进行 CSS 定位，最后在各个块中添加相应的内容。

16.1.1 将页面用 DIV 分块

使用 DIV+CSS 页面排版布局，需要对网页有一个整体构思，即网页可以划分几个部分。例如上中下结构，还是左右两列结构，还是三列结构。这时就可以根据网页构思，将页面划分为几个 DIV 块，用来存放不同的内容。另外，大块中还可以存放不同的小块。最后，通过 CSS 属性，对这些 DIV 块进行定位。

在现在的网页设计中，一般情况下的网站是上中下结构，即上面是页面头部，中间是页面内容，最下面是页脚，整个上中下结构最后放到一个 DIV 容器中，方便控制。页面头部一般用来存放 Logo 和导航菜单，页面内容包含页面要展示的信息、链接和广告等，页脚存放版权信息和联系方式等。

将上中下结构放置到一个 DIV 容器中，方便后面排版并且方便对页面进行整体调整，如图 16-1 所示。

图 16-1　上中下网页结构

16.1.2 设置各块位置

复杂的网页布局，不是单纯的一种结构，而是包含多种网页结构。例如总体上是上中下，中间又分为两列布局等，如图 16-2 所示。

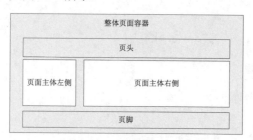

图 16-2　复杂的网页结构

页面的总体结构确定后，一般情况下，页头和页脚变化就不大了。会发生变化的，就是页面主体，此时需要根据页面展示的内容，决定中间布局采用什么样式，三列水平分布还是两列分布等。

16.1.3 用 CSS 定位版式

页面版式确定后，就可以利用 CSS 对 DIV 进行定位，使其在指定位置出现，从而实现对页面的整体规划。然后向各个页面添加内容。

下面创建一个总体为上中下布局，页面主体为左右布局的页面。

实例 1：创建上中下布局的网页版式

1. 创建 HTML 页面，使用 DIV 构建层

首先构建 HTML 网页，使用 DIV 划分最基本的布局块，其代码如下：

```
<!DOCTYPE html>
<html>
<head>
<title>CSS排版</title><body>
<div id="container">
  <div id="banner">页面头部</div>
  <div id=content >
  <div id="right">
页面主体右侧
  </div>
  <div id="left">
页面主体左侧
  </div>
</div>
  <div id="footer">页脚</div>
</div>
</body>
</html>
```

上面的代码创建了 5 个层，其中 ID 名称为 container 的 DIV 层，是一个布局容器，即所有的页面结构和内容都在这个容器内实现；名称为 banner 的 DIV 层，是页头部分；名称为 footer 的 DIV 层，是页脚部分。名称为 content 的 DIV 层，是中间主体，该层包含两个层，一个是 right 层，一个 left 层，分别放置不同的内容。

在浏览器中浏览的效果如图 16-3 所示，可以看到网页中显示了这几个层，从上到下依次排列。

2. CSS 设置网页整体样式

其次需要对 body 标签和 container 层（布局容器）进行 CSS 修饰，从而对整体样式进

图 16-3　使用 DIV 构建层

行定义，代码如下：

```
<style type="text/css">
<!--
body {
    margin:0px;
    font-size:16px;
    font-family:"宋体";
}
#container{
    position:relative;
    width:100%;
}
-->
</style>
```

上面的代码只是设置了文字大小、字形、布局容器 container 的宽度、层定位方式，布局容器撑满整个浏览器。

在浏览器中浏览的效果如图 16-4 所示，可以看到相比较上一个显示页面，发生的变化不大，只不过字形和字体大小发生了变化，因为 container 没有设置边框和背景色，无法显示该层。

3. CSS 定义页头部分

接下来就可以使用 CSS 对页头进行定位，即 banner 层，使其在网页上显示，代码如下：

```
#banner{
    height:80px;
```

```
border:1px solid #000000;
text-align:center;
background-color:#a2d9ff;
padding:10px;
margin-bottom:2px;
}
```

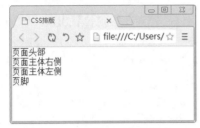

图 16-4　设置网页整体样式

上面的代码首先设置了 banner 层的高度为 80 像素，接着设置了边框样式、字体对齐方式、背景色、内边距等。

在浏览器中浏览的效果如图 16-5 所示，可以看到在页面顶部显示了一个浅绿色的边框，边框充满整个浏览器，中间显示了一个"页面头部"的文本信息。

图 16-5　定义网页头部

4. CSS 定义页面主体

页面主体的两个层如果并列显示，需要使用 float 属性，将一个层设置到左边，一个层设置到右边。其代码如下：

```
#right{
    float:right;
    text-align:center;
    width:80%;
    border:1px solid #ddeecc;
    margin-left:1px;
    height:200px;
}
#left{
    float:left;
    width:19%;
```

```
    border:1px solid #000000;
    text-align:center;
    height:200px;
    background-color:#bcbcbc;
}
```

上面的代码设置了这两个层的宽度，right 层占有空间的 80%，left 层占有空间的 19%，并分别设置了两个层的边框样式、对齐方式、背景色等。

在浏览器中浏览的效果如图 16-6 所示，可以看到页面主体部分，分为两个层并列显示，左边背景色为灰色，占有空间较小，右侧背景色为白色，占有空间较大。

图 16-6　定义网页主体

5. CSS 定义页脚

最后需要设置页脚部分，页脚通常在主体的下面。因为页面主体使用了 float 属性设置层浮动，所以需要在页脚层设置 clear 属性，使其不受浮动的影响。其代码如下：

```
#footer{
    clear:both;     /* 不受float影响 */
    text-align:center;
    height:30px;
    border:1px solid #000000;
    background-color:#ddeecc;
}
```

上面的代码设置了页脚对齐方式、高度、边框和背景色等。在 IE 11.0 中浏览的效果如图 16-7 所示，可以看到页面底部显示了一个边框，背景色为浅绿色，边框充满整个 DIV 布局容器。

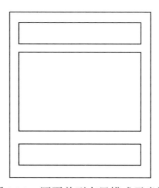

图 16-7　定义网页页脚

16.2　固定宽度网页布局模式

　　CSS 排版是一种全新的排版理念，与传统的表格排版布局完全不同，首先在页面上分块，然后应用 CSS 属性重新定位。在本节中，我们对固定宽度布局进行深入的讲解，使读者能够熟练掌握这些方法。

16.2.1　网页单列布局模式

　　网页单列布局模式是最简单的一种布局形式，也被称为"网页 1-1-1 型布局模式"。如图 16-8 所示为网页单列布局模式示意图。

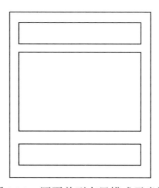

图 16-8　网页单列布局模式示意图

▎实例 2：创建单列布局的网页版式

01 打开记事本文件，在其中输入如下代码，该段代码的作用是在页面中放置一个圆角矩形框。

```
<!DOCTYPE html>
<html>
<head>
<title>单列网页布局</title>
</head>
```

```
<body>
<div class="rounded">
<h2>页头</h2>
<div class="main">
<p>
锄禾日当午，汗滴禾下土<br/>
锄禾日当午，汗滴禾下土</p>
</div>
<div class="footer">
<p></p>
</div>
</div>
</body>
```

```
</html>
```

代码中 <div>...</div> 之间的内容是固定结构的，其作用就是实现一个可以变化宽度的圆角框。在浏览器中浏览的效果如图 16-9 所示。

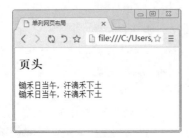

图 16-9　添加网页圆角框

02 设置圆角框的 CSS 样式。为了实现圆角框效果，加入如下样式代码：

```
<style>
body {
    background: #FFF;
    font: 14px 宋体;
    margin:0;
    padding:0;
}

.rounded {
    background: url(images/left-top.
gif) top left no-repeat;
    width:100%;
}
.rounded h2 {
    background:
    url(images/right-top.gif)
    top right no-repeat;
    padding:20px 20px 10px;
    margin:0;

}
.rounded .main {
    background:
    url(images/right.gif)
    top right repeat-y;
    padding:10px 20px;
    margin:-20px 0 0 0;
```

```
}
.rounded .footer {
    background:url(images/left-
bottom.gif);
    bottom left no-repeat;
}
.rounded .footer p {
    color:red;
    text-align:right;
    background:url(images/right-
bottom.gif) bottom right no-repeat;
    display:block;
    padding:10px 20px 20px;
    margin:-20px 0 0 0;
    font:0/0;
}
</style>
```

在代码中定义了整个盒子的样式，如文字大小等，其后的 5 段以 .rounded 开头的 CSS 样式都是为实现圆角框进行的设置。这段 CSS 代码在后面的制作中，都不需要调整，直接放置在 <style></sty|e> 之间即可，在浏览器中浏览效果如图 16-10 所示。

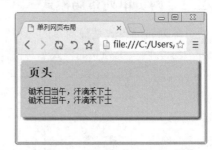

图 16-10　设置圆角框的 CSS 样式

03 设置网页固定宽度。为该圆角框单独设置一个 id，把针对它的 CSS 样式放到这个 id 的样式定义部分。设置 margin 实现在页面中居中，并用 width 属性确定固定宽度，代码如下：

```
#header {
    margin:0 auto;
    width:760px;}
```

> **注意**：这个宽度不要设置在与 ".rounded" 相关的 CSS 样式中，因为该样式会被页面中的各个部分公用，如果设置了固定宽度，其他部分就不能正确显示了。

另外，在 HTML 部分的 <div class="rounded">...</div> 的外面套一个 div，代码如下：

```
<div id="header">
<div class="rounded">
<h2>页头</h2>
<div class="main">
```

```
<p>
锄禾日当午，汗滴禾下土<br/>
锄禾日当午，汗滴禾下土</p>
</div>
<div class="footer">
<p></p>
```

```
</div>
</div>
</div>
```

在浏览器中浏览的效果如图16-11所示。

图 16-11　设置网页固定宽度

04 设置其他圆角矩形框。将圆角框再复制出两个，并分别设置 id 为 content 和 footer，分别代表"内容"和"页脚"。完整的页面框架代码如下：

```
<div id="header">
<div class="rounded">
<h2>页头</h2>
<div class="main">
<p>
锄禾日当午，汗滴禾下土<br/>
锄禾日当午，汗滴禾下土</p>
</div>
<div class="footer">
<p></p>
</div>
</div>
</div>
<div id="content">
<div class="rounded">
<h2>正文</h2>
<div class="main">
<p>
锄禾日当午，汗滴禾下土<br />
锄禾日当午，汗滴禾下土</p>
</div>
<div class="footer">
<p>
查看详细信息&gt;&gt;
</p>
</div>
</div>
</div>
<div id="pagefooter">
<div class="rounded">
<h2>页脚</h2>
```

```
<div class="main">
<p>
锄禾日当午，汗滴禾下土</p>
</div>
<div class="footer">
<p>
</p>
</div>
</div>
</div>
```

修改 CSS 样式代码如下：

```
#header,#pagefooter,#content{
    margin:0 auto;
    width:760px;}
```

从 CSS 代码中可以看到，3 个 DIV 的宽度都设置为固定值 760 像素，并且通过设置 margin 的值来实现居中放置，即左右 margin 都设置为 auto。在浏览器中浏览的效果如图 16-12 所示。

图 16-12　添加其他圆角框

16.2.2　网页 1-2-1 型布局模式

网页 1-2-1 型布局模式是网页制作中最常用的模式之一，模式结构如图 16-13 所示。在布局结构中，增加了一个 side 栏。但是通常状况下，两个 div 只能竖向排列。为了让 content 和 side 能够水平排列，必须把它们放到另一个 div 中，然后使用浮动或者绝对定位的方法，使 content 和 side 并列显示。

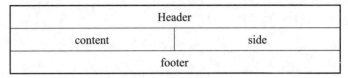

Header	
content	side
footer	

图 16-13　网页 1-2-1 型布局模式示意图

▌实例 3：创建 1-2-1 型布局的网页版式

01 修改网页单列布局的结果代码。这一步用 16.2.1 节完成的结果作为素材，在 HTML 中把 content 部分复制出一个新的，这个新的 id 设置为 side。然后在它们的外面套一个 div，命名为 container。修改部分的框架代码如下：

```
<div id="container">
<div id="content">
<div class="rounded">
<h2>正文1</h2>
<div class="main">
<p>
锄禾日当午，汗滴禾下土<br />
锄禾日当午，汗滴禾下土</p>
</div>
<div class="footer">
<p>
查看详细信息&gt;&gt;
</p>
</div>
</div>
</div>
<div id="side">
<div class="rounded">
<h2>正文2</h2>
<div class="main">
<p>
锄禾日当午，汗滴禾下土<br />
锄禾日当午，汗滴禾下土</p>
</div>
<div class="footer">
<p>
查看详细信息&gt;&gt;
</p>
</div>
</div>
</div>
</div>
```

```
</div>
```

修改 CSS 样式代码如下：

```
#header,#pagefooter,#container{
    margin:0 auto;
    width:760px;}
#content{}
#side{}
```

从上述代码中可以看出 #container、#header、#pagefooter 并列使用相同的样式，#content、#side 的样式暂时未设置，这时的效果如图 16-14 所示。

图 16-14　修改网页单列布局样式

02 实现正文 1 与正文 2 并列显示。这里有两种方法来实现，首先使用绝对定位法来实现，具体的代码如下：

```
#header,#pagefooter,#container{
    margin:0 auto;
    width:760px;}
```

```
#container{
    position:relative; }
#content{
    position:absolute;
    top:0;
    left:0;
    width:500px;
}
#side{
    margin:0 0 0 500px;
}
```

在上述代码中，为了使 #content 能够使用绝对定位，必须考虑用哪个元素作为它的

定位基准。显然应该是 container 这个 DIV。因此将 #container 的 position 属性设置为 relative，使它成为下级元素的绝对定位基准，然后将 #content 这个 DIV 的 position 设置为 absolute，即绝对定位，这样它就脱离了标准流，#side 就会向上移动占据原来 #content 所在的位置。将 #content 的宽度和 #side 的左侧 margin 设置为相同的数值，就正好可以保证它们并列紧挨着放置，且不会相互重叠。运行结果如图 16-15 所示。

图 16-15　使用绝对定位的效果

03 实现正文 1 与正文 2 并列显示，使用浮动法来实现。在 CSS 样式部分，稍做修改，加入如下样式代码：

```
#content{
    float:left;
    width:500px;
```

```
}
#side{
    float:right;
    width:260px;
}
```

运行结果如图 16-16 所示。

图 16-16　使用浮动定位的效果

提示：使用浮动法修改正文布局模式非常灵活，例如要将 side 从页面右边移动到左边，即交换与 content 的位置，只需要稍微修改 CSS 代码即可实现，代码如下：

```
#content{
    float:right;
    width:500px;
}
```

```
#side{ float:left;
    width:260px;
}
```

16.2.3　网页 1-3-1 型布局模式

网页 1-3-1 型布局模式也是网页制作中常用的模式之一，模式结构如图 16-17 所示。

Header		
Left	content	side
footer		

图 16-17　网页 1-3-1 型布局模式示意图

这里使用浮动方式来排列横向并排的 3 栏，制作过程与 1-1-1 到 1-2-1 布局转换一样，只要控制好 #left、#content、#side 这 3 栏都使用浮动方式，3 列的宽度之和正好等于总宽度。

实例 4：创建 1-3-1 型布局的网页版式

```
<!DOCTYPE html>
<head>
<title>1-3-1固定宽度布局</title>
<style type="text/css">
body {
    background: #FFF;
    font: 14px 宋体;
    margin:0;

}

.rounded {
    background: url(images/left-top.
gif)  top left no-repeat;
    width:100%;

.rounded h2 {
    background:
    url(images/right-top.gif)
    top right no-repeat;
    padding:20px 20px 10px;
    margin:0;
}
.rounded .main {
    background:
    url(images/right.gif)
    top right repeat-y;
    padding:10px 20px;
    margin:-20px 0 0 0;
}
.rounded .footer {
    background:
    url(images/left-bottom.gif)
```

```
    bottom left no-repeat;
}
.rounded .footer p {
    color:red;
    text-align:right;
    background:url(images/right-
bottom.gif) bottom right no-repeat;
    display:block;
    padding:10px 20px 20px;
    margin:-20px 0 0 0;
    font:0/0;
}
#header,#pagefooter,#container{
    margin:0 auto;
    width:760px;}
#left{
    float:left;
    width:200px;
}

#content{
    float:left;
    width:300px;
}
#side{
    float:left;
    width:260px;
}

#pagefooter{
    clear:both;
}
</style>
</head>
<body>
```

```
<div id="header">
  <div class="rounded">
    <h2>页头</h2>
    <div class="main">
    <p>
    锄禾日当午，汗滴禾下土<br/>
    锄禾日当午，汗滴禾下土</p>
    </div>
    <div class="footer">
    <p></p>
    </div>
  </div>
</div>

<div id="container">
<div id="left">
  <div class="rounded">
    <h2>正文</h2>
    <div class="main">
    <p>
    锄禾日当午，汗滴禾下土<br />
    锄禾日当午，汗滴禾下土
    </p>

    </div>
    <div class="footer">
    <p>
    查看详细信息&gt;&gt;
    </p>
    </div>
  </div>
</div>
<div id="content">
  <div class="rounded">
    <h2>正文1</h2>
    <div class="main">
    <p>
    锄禾日当午，汗滴禾下土<br />
    锄禾日当午，汗滴禾下土
    </p>

    </div>
    <div class="footer">
```

```
    <p>
    查看详细信息&gt;&gt;
    </p>
    </div>
  </div>
</div>
<div id="side">
  <div class="rounded">
    <h2>正文2</h2>
    <div class="main">
    <p>
    锄禾日当午，汗滴禾下土<br />
    锄禾日当午，汗滴禾下土
    </p>
    </div>
    <div class="footer">
    <p>
    查看详细信息&gt;&gt;
    </p>
    </div>
  </div>
</div>
<div id="pagefooter">
  <div class="rounded">
    <h2>页脚</h2>
    <div class="main">
    <p>
    锄禾日当午，汗滴禾下土
    </p>
    </div>
    <div class="footer">
    <p>

    </p>
    </div>
  </div>
</div>
</body>
</html>
```

在浏览器中浏览的效果如图16-18所示。

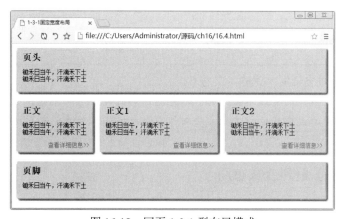

图 16-18 网页 1-3-1 型布局模式

16.3 自动缩放网页布局模式

对于 1-2-1 变宽度的布局样式，会产生两种不同的情况：一是这两列按照一定的比例同时变化；二是一列固定，另一列变化。

16.3.1 1-2-1 等比例变宽布局

对于等比例变宽布局样式，可以在前面制作的固定宽度网页布局样式中的 1-2-1 浮动法布局的基础上完成。原来的 1-2-1 浮动布局中的宽度都是用像素数值确定的固定宽度，下面就来对它进行改造，使它能够自动调整各个模块的宽度。

实例 5：创建 1-2-1 等比例变宽布局的网页版式

具体的代码如下：

```
#header,#pagefooter,#container{
  margin:0 auto;
  Width: 768px; /*删除原来的固定宽度
  width: 85%; } /*改为比例宽度*/
#content{
  float:right;
  Width:500px; /*删除原来的固定宽度*/
  width: 66%; } /*改为比例宽度*/
```

```
#side{
  float:left;
  width: 260px; /*删除原来的固定宽度*/
  width:33%; } /*改为比例宽度*/
```

在浏览器中浏览的效果如图 16-19 所示。在这个页面中，网页内容的宽度为浏览器窗口宽度的 85%，页面中左侧边栏的宽度和右侧内容栏的宽度保持 1：2 的比例，可以看到无论浏览器窗口宽度如何变化，它们都等比例变化。这样就实现了各个 DIV 的宽度都会等比例适应浏览器窗口。

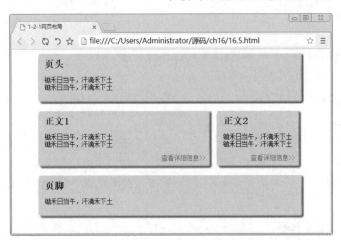

图 16-19 网页 1-2-1 布局样式

> **注意**：在实际应用中还需要注意以下两点。
> （1）确保一列或多列的宽度不会太大，以免其内部的文字行宽太宽，造成阅读困难。
> （2）限制圆角框的最宽宽度，这种方法制作的圆角框如果超过一定宽度就会出现裂缝。

16.3.2 1-2-1 单列变宽布局

1-2-1 单列变宽布局样式是常用的网页布局样式，用户可以通过 margin 属性变通地实现单列变宽布局。

实例6：创建1-2-1单列变宽布局的网页版式

这里仍然在 1-2-1 浮动法布局的基础上进行修改，修改之后的代码如下：

```
#header,#pagefooter,#container{
    margin:0 auto;
    width:85%;
    min-width:500px;
    max-width:800px;
}
#contentWrap{
    margin-left:-260px;
```

```
    float:left;
    width:100%;
}
#content{
    margin-left:260px;
}
#side{
    float:right;
    width:260px;
}
#pagefooter{
    clear:both;
}
```

在浏览器中浏览的效果如图16-20所示。

图 16-20 网页 1-2-1 单列变宽布局

16.3.3 1-3-1 单侧列宽度固定布局

对于一列固定、其他两列按比例适应宽度的情况，可以使用浮动方法进行制作。解决的方法同 1-2-1 单列固定一样，这里把活动的两个看成一个，在容器里面再套一个 div，即由原来的一个 wrap 变为两个，分别叫作 outerWrap 和 innerWrap。这样，outerWrap 就相当于上面 1-2-1 方法中的 wrap 容器。新增加的 innerWrap 是以标准流方式存在的，宽度会自然伸展，由于设置 200 像素的左侧 margin，因此它的宽度就是总宽度减去 200 像素了。innerWrap 里面的 navi 和 content 都以这个新宽度为宽度基准。

实例7：创建1-3-1单侧列宽度固定布局的网页版式

实现的具体代码如下：

```
<!DOCTYPE html>
<head>
<title>1-3-1单侧列宽度固定的变宽布局</title>
<style type="text/css">
```

```
body {
    background: #FFF;
    font: 14px 宋体;
    margin:0;
    padding:0;
}
.rounded {
        background: url(images/left-top.gif)  top left no-repeat;
        width:100%;
}
```

```
    .rounded h2 {
        background:
        url(images/right-top.gif)
        top right no-repeat;
        padding:20px 20px 10px;
        margin:0;
    }
    .rounded .main {
        background:
        url(images/right.gif)
        top right repeat-y;
        padding:10px 20px;
        margin:-20px 0 0 0;
    }
    .rounded .footer {
        background:
        url(images/left-bottom.gif)
        bottom left no-repeat;
    }
    .rounded .footer p {
        color:red;
        text-align:right;
          background:url(images/right-
bottom.gif) bottom right no-repeat;
        display:block;
        padding:10px 20px 20px;
        margin:-20px 0 0 0;
        font:0/0;
    }
    #header,#pagefooter,#container{
        margin:0 auto;
        width:85%;
    }
    #outerWrap{
        float:left;
        width:100%;
        margin-left:-200px;
    }
    #innerWrap{
        margin-left:200px;
    }
    #left{
        float:left;
        width:40%;
    }
    #content{
        float:right;

    }
    #content img{
        float:right;
    }
    #side{
        float:right;
        width:200px;
    }
    #pagefooter{
        clear:both;}
    </style>
```

```
</head>
<body>
<div id="header">
    <div class="rounded">
        <h2>页头</h2>
        <div class="main">
        <p>
        锄禾日当午，汗滴禾下土</p>
        </div>
        <div class="footer">
        <p></p>
        </div>
    </div>
</div>
<div id="container">
<div id="outerWrap">
<div id="innerWrap">
<div id="left">
    <div class="rounded">
        <h2>正文</h2>
        <div class="main">
        <p>
        锄禾日当午，汗滴禾下土<br/>
        锄禾日当午，汗滴禾下土</p>

        </div>
        <div class="footer">
        <p>
        查看详细信息&gt;&gt;
        </p>
        </div>
    </div>
</div>
<div id="content">
    <div class="rounded">
        <h2>正文1</h2>
        <div class="main">
          <p>
            锄禾日当午，汗滴禾下土</p>

        </div>
        <div class="footer">
        <p>
        查看详细信息&gt;&gt;
        </p>
        </div>
    </div>
</div>
</div>
</div>
<div id="side">
    <div class="rounded">
        <h2>正文2</h2>
        <div class="main">
        <p>
        锄禾日当午，汗滴禾下土<br/>
        锄禾日当午，汗滴禾下土</p>
        </div>
        <div class="footer">
```

```
    <p>
        查看详细信息&gt;&gt;
    </p>
    </div>
  </div>
</div>
</div>

<div id="pagefooter">
    <div class="rounded">
        <h2>页脚</h2>
        <div class="main">
        <p>
            锄禾日当午, 汗滴禾下土
```

```
        </p>
        </div>
        <div class="footer">
        <p>
        </p>
        </div>
    </div>
</div>
</body>
</html>
```

在浏览器中进行浏览, 当页面收缩时, 可以看到如图 16-21 所示的运行结果。

图 16-21　网页 1-3-1 单侧列宽度固定的变宽布局

16.3.4　1-3-1 中间列宽度固定布局

这种布局的形式是固定列被放在中间, 它的左右各有一列, 并按比例适应总宽度, 这是一种很少见的布局形式。

实例 8：创建 1-3-1 中间列宽度固定布局的网页版式

实现 1-3-1 中间列宽度固定布局的代码如下：

```
<!DOCTYPE html>
<head>
<title>1-3-1中间列宽度固定的布局</title>
<style type="text/css">
body {
    background: #FFF;
    font: 14px 宋体;
    margin:0;
    padding:0;
}
```

```
.rounded {
    background: url(images/left-top.gif)  top left no-repeat;
    width:100%;
}
.rounded h2 {
    background:
    url(images/right-top.gif)
    top right no-repeat;
    padding:20px 20px 10px;
    margin:0;
}
.rounded .main {
    background:
    url(images/right.gif)
    top right repeat-y;
    padding:10px 20px;
    margin:-20px 0 0 0;
}
```

```
.rounded .footer {
    background:
    url(images/left-bottom.gif)
    bottom left no-repeat;
}
.rounded .footer p {
    color:red;
    text-align:right;
        background:url(images/right-
bottom.gif) bottom right no-repeat;
    display:block;
    padding:10px 20px 20px;
    margin:-20px 0 0 0;
    font:0/0;
}
#header,#pagefooter,#container{
    margin:0 auto;
    width:85%;
 }

#naviWrap{
    width:50%;
    float:left;
    margin-left:-150px;
}

#left{margin-left:150px; }

#content{
    float:left;
    width:300px;
}
#content img{
    float:right;
    }

#sideWrap{
    width:49.9%;
    float:right;
    margin-right:-150px;}
#side{
    margin-right:150px;}
#pagefooter{
    clear:both;
}

</style>
</head>
<body>
 <div id="header">
   <div class="rounded">
       <h2>页头</h2>
       <div class="main">
       <p>
       锄禾日当午，汗滴禾下土</p>
       </div>
       <div class="footer">
       <p></p>
       </div>
```

```
    </div>
  </div>
  <div id="container">
  <div id="naviWrap">
  <div id="left">
    <div class="rounded">
        <h2>正文</h2>
        <div class="main">
        <p>
        锄禾日当午，汗滴禾下土</p>

        </div>
        <div class="footer">
        <p>
        查看详细信息&gt;&gt;
        </p>
        </div>
    </div>
  </div>
  </div>
  <div id="content">
    <div class="rounded">
        <h2>正文1</h2>
        <div class="main">
         <p>
         锄禾日当午，汗滴禾下土</p>

      </div>
        <div class="footer">
        <p>
        查看详细信息&gt;&gt;
        </p>
        </div>
    </div>
  </div>
  <div id="sideWrap">
  <div id="side">
    <div class="rounded">
        <h2>正文2</h2>
        <div class="main">
        <p>
        锄禾日当午，汗滴禾下土
        </p>
        </div>
        <div class="footer">
        <p>
        查看详细信息&gt;&gt;
        </p>
        </div>
    </div>
  </div>
  </div>
  </div>
  <div id="pagefooter">
    <div class="rounded">
        <h2>页脚</h2>
        <div class="main">
        <p>
        锄禾日当午，汗滴禾下土
```

```
      </p>
      </div>
      <div class="footer">
      <p>
      </p>
      </div>
    </div>
  </div>
</div>
</body>
</html>
```

在浏览器中浏览的效果如图16-22所示。在上述代码中，页面中间列的宽度是 300 像素，两边列等宽（不等宽的道理是一样的），即总宽度减去 300 像素后剩余宽度的 50%，制作的关键是如何实现"（100%-300px）/2"的宽度。现在需要在 left 和 side 两个 DIV 外面分别套一层 DIV，把它们"包裹"起来，依靠嵌套的两个 DIV，实现相对宽度和绝对宽度的结合。

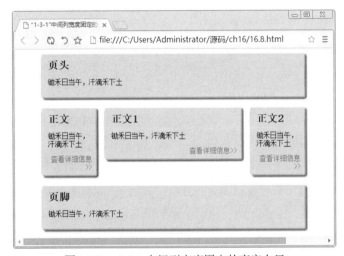

图 16-22　1-3-1 中间列宽度固定的变宽布局

16.3.5　1-3-1 双侧列宽度固定布局

三列中的左右两列宽度固定，中间列宽度自适应变宽布局的实际应用很广泛，下面还是通过浮动定位进行了解。关键思想就是把三列的布局看作是嵌套的两列布局，利用 margin 的负值来实现三列浮动。

实例9：创建 1-3-1 双侧列宽度固定布局的网页版式

```
<!DOCTYPE html>
<html>
<head>
<title>1-3-1双侧列宽度固定的布局</title>
<style type="text/css">
body {
    background: #FFF;
    font: 14px 宋体;
    margin:0;
    padding:0;
}
.rounded {
    background: url(images/left-top.
```

```
gif)   top left no-repeat;
    width:100%;
}
.rounded h2 {
    background:
    url(images/right-top.gif)
    top right no-repeat;
    padding:20px 20px 10px;
    margin:0;
}
.rounded .main {
    background:
    url(images/right.gif)
    top right repeat-y;
    padding:10px 20px;
    margin:-20px 0 0 0;
}
.rounded .footer {
```

```css
        background:
        url(images/left-bottom.gif)
        bottom left no-repeat;
    }
    .rounded .footer p {
        color:red;
        text-align:right;
        background:url(images/right-
bottom.gif) bottom right no-repeat;
        display:block;
        padding:10px 20px 20px;
        margin:-20px 0 0 0;
        font:0/0;
    }
    #header,#pagefooter,#container{
        margin:0 auto;
        width:85%;
    }
    #side{
        width:200px;
        float:right;
    }
    #outerWrap{
        width:100%;
        float:left;
        margin-left:-200px;
    }
    #innerWrap{margin-left:200px;}
    #left{
        width:150px;
        float:left;
    }
    #contentWrap{
        width:100%;
        float:right;
        margin-right:-150px;
    }
    #content{margin-right:150px;}
    #content img{float:right;}
    #pagefooter{clear:both;}
</style>
</head>
<body>
 <div id="header">
   <div class="rounded">
        <h2>页头</h2>
        <div class="main">
        <p>
        锄禾日当午，汗滴禾下土</p>
        </div>
        <div class="footer">
        <p></p>
        </div>
   </div>
</div>
<div id="container">
<div id="outerWrap">
<div id="innerWrap">
<div id="left">
```

```html
  <div class="rounded">
     <h2>正文</h2>
     <div class="main">
     <p>锄禾日当午，汗滴禾下土</p>

     </div>
     <div class="footer">
     <p>
     查看详细信息&gt;&gt;
     </p>
     </div>
  </div>
</div>
<div id="contentWrap">
<div id="content">
  <div class="rounded">
     <h2>正文1</h2>
     <div class="main">
     <p>
     锄禾日当午，汗滴禾下土</p>

     </div>
     <div class="footer">
     <p>
     查看详细信息&gt;&gt;
     </p>
     </div>
  </div>
</div>
</div><!-- end of contetnwrap-->
</div><!-- end of inwrap-->
</div><!-- end of outwrap-->
<div id="side">
  <div class="rounded">
     <h2>正文2</h2>
     <div class="main">
     <p>锄禾日当午，汗滴禾下土</p>
     </div>
     <div class="footer">
     <p>
     查看详细信息&gt;&gt;
     </p>
     </div>
  </div>
</div>
</div>
<div id="pagefooter">
  <div class="rounded">
     <h2>页脚</h2>
     <div class="main">
     <p>
     锄禾日当午，汗滴禾下土
     </p>
     </div>
     <div class="footer">
     <p>
     </p>
     </div>
  </div>
```

```
</div>
</body>
</html>
```

在浏览器中浏览的效果如图 16-23 所示。在上述代码中，先把左边和中间两列看

作一组活动列，而右边的一列作为固定列，使用前面的"改进浮动"法就可以实现。然后，再把两列各自当作独立的列，左侧列为固定列，再次使用"改进浮动"法，就可以最终完成整个布局。

图 16-23　1-3-1 双侧列宽度固定的变宽布局

16.3.6　1-3-1 中列和左侧列宽度固定布局

这种布局的中间列和它一侧的列是固定宽度，另一侧列宽度自适应。很显然，这种布局就很简单了，同样使用改进浮动法来实现。由于两个固定宽度列是相邻的，因此就不用使用两次改进浮动法了，只需要一次就可以做到。

实例 10：创建 1-3-1 中列和左侧列宽度固定布局的网页版式

实现 1-3-1 中列和左侧列宽度固定的变宽布局代码如下：

```
<!DOCTYPE html>
<html>
<head>
<title>1-3-1中列和左侧列宽度固定的变宽
布局</title>
<style type="text/css">
body {
    background: #FFF;
    font: 14px 宋体;
    margin:0;
    padding:0;
}
.rounded {
    background: url(images/left-
top.gif)  top left no-repeat;
    width:100%;
    }
```

```
.rounded h2 {
    background:
    url(images/right-top.gif)
    top right no-repeat;
    padding:20px 20px 10px;
    margin:0;}
.rounded .main {
    background:
    url(images/right.gif)
    top right repeat-y;
    padding:10px 20px;
    margin:-20px 0 0 0;
}
.rounded .footer {
    background:
    url(images/left-bottom.gif)
    bottom left no-repeat;
}
.rounded .footer p {
    color:red;
    text-align:right;
    background:url(images/right-
bottom.gif) bottom right no-repeat;
    display:block;
```

```
        padding:10px 20px 20px;
        margin:-20px 0 0 0;
        font:0/0;
    }
    #header,#pagefooter,#container{
        margin:0 auto;
        width:85%;
    }
    #left{
        float:left;
        width:150px;
    }
    #content{
        float:left;
        width:250px;
    }
    #content img{float:right;}
    #sideWrap{
        float:right;
        width:100%;
        margin-right:-400px;
    }
    #side{margin-right:400px;}
    #pagefooter{clear:both;}
    </style>
    </head>
    <body>
     <div id="header">
       <div class="rounded">
           <h2>页头</h2>
           <div class="main">
           <p>
           锄禾日当午，汗滴禾下土</p>
           </div>
           <div class="footer">
           <p></p>
           </div>
       </div>
    </div>
    <div id="container">
    <div id="left">
       <div class="rounded">
           <h2>正文</h2>
           <div class="main">
           <p>
           锄禾日当午，汗滴禾下土</p>

           </div>
           <div class="footer">
           <p>
           查看详细信息&gt;&gt;
           </p>
           </div>
       </div>
    </div>
    <div id="content">
       <div class="rounded">
           <h2>正文1</h2>
           <div class="main">
```

```
           <p>
           锄禾日当午，汗滴禾下土</p>

           </div>
           <div class="footer">
           <p>
           查看详细信息&gt;&gt;
           </p>
           </div>
       </div>
    </div>
    <div id="sideWrap">
    <div id="side">
       <div class="rounded">
           <h2>正文2</h2>
           <div class="main">
           <p>
           锄禾日当午，汗滴禾下土</p>
           </div>
           <div class="footer">
           <p>
           查看详细信息&gt;&gt;
           </p>
           </div>
       </div>
    </div>
    </div>
    </div>
    <div id="pagefooter">
       <div class="rounded">
           <h2>页脚</h2>
           <div class="main">
           <p>
           锄禾日当午，汗滴禾下土
           </p>
           </div>
           <div class="footer">
           <p>
           </p>
           </div>
       </div>
    </div>
    </body>
    </html>
```

在浏览器中浏览的效果如图 16-24 所示。在代码中把左侧的 left 和 content 列的宽度分别固定为 150 像素和 250 像素，右侧的 side 列宽度变化。那么 side 列的宽度就等于 "100%-150px-250px"。因此根据改进浮动法，在 side 列的外面再套一个 sideWrap 列，使 sideWrap 的宽度为 100%，并通过设置负的 margin，使它向右平移 400 像素。然后对 side 列设置正的 margin，限制右边界，这样就可以实现希望的效果了。

图 16-24　1-3-1 中列和左侧列宽度固定的变宽布局

16.4　新手常见疑难问题

疑问 1：如何把多于 3 个的 DIV 都紧靠页面的侧边？

答：在实际网页制作中，经常需要解决这样的问题，方法很简单，只需要修改这些 DIV 的 margin 值即可，如果要使它们紧贴浏览器窗口左侧，可以将 margin 设置为"0 auto 0 0"；如果要使它们紧贴浏览器窗口右侧，可以将 margin 设置为"0 0 0 auto"。

疑问 2：DIV 层的高度设置好，还是不设置好？

答：在 IE 浏览器中，如果设置了高度值，当网页内容过多，超出所设置的高度时，浏览器就会自己撑开高度，以达到显示全部内容的效果，不受所设置的高度值限制。而在 Firefox 浏览器中，如果设置了高度的值，那么容器的高度就会被固定住，就算网页内容很多，它也不会撑开，不过会显示全部内容，但是如果容器下面还有内容的话，那么这一块就会与下一块内容重合。

因此最好不要设置高度的值，这样浏览器就会根据内容自动判断高度，就不会出现内容重合的问题了。

16.5　实战技能训练营

实战 1：制作个人网站页面

CSS3 结合 HTML 文档，可以创建出各种版式的网页。本实例结合所学网页版式的知识，创建一个基于个人的网页，在浏览器中浏览的效果如图 16-25 所示。

实战 2：制作一个图片版式页面

结合本章所学知识，模拟百度图片中图片的显示样式，制作一个图片版式页面，分为显示图片区域和图片列表区域,该网页布局样式为左右版式,实例完成后的效果如图 16-26 所示。

图 16-25　个人网站页面

美景图片

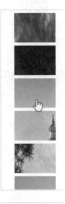

璀璨光芒，祈福中原！图3

图 16-26　图片版式页面效果

第17章 设计可响应式的移动网页

本章导读

响应式网站设计是目前非常流行的一种网络页面设计布局，其主要优势是设计布局可以智能地根据用户行为以及不同的设备（台式电脑，平板电脑或智能手机）让内容适应性展示，从而让用户在不同的设备都能够友好地浏览网页的内容。本章将重点学习响应式网页设计的基本方法和应用技巧。

知识导图

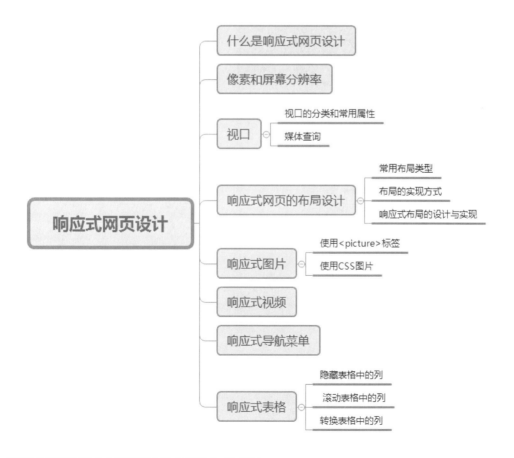

17.1　什么是响应式网页设计

随着移动用户的数量越来越多，智能手机和平板电脑等移动上网已经非常流行。而为电脑端开发的网站在移动端浏览时页面内容会变形，从而影响浏览效果。解决上述问题常见的方法有以下三种。

（1）创建一个单独的移动版网站，然后配备独立的域名。移动用户需要用移动网站的域名进行访问。

（2）在当前的域名内创建一个单独的网站，专门服务于移动用户。

（3）利用响应式网页设计技术，能够使页面自动切换分辨率、图片尺寸等，以适应不同的设备，并可以在不同浏览终端进行网站数据的同步更新，从而为不同终端的用户提供更加美好的用户体验。

例如清华大学出版社的官网，通过电脑端访问该网站主页时，浏览效果如图 17-1 所示。通过手机端访问该网站主页时，浏览效果如图 17-2 所示。

图 17-1　电脑端浏览主页效果

图 17-2　手机端浏览主页的效果

响应式网页设计的技术原理如下。

（1）通过 <meta> 标签来实现。该标签可以设置页面格式、内容、关键字和刷新页面等，从而帮助浏览器精准地显示网页的内容。

（2）通过媒体查询适配对应的样式。通过不同的媒体类型和条件定义样式表规则，获取的值可以设置设备的手持方向（水平方向或垂直方向），设备的分辨率等。

（3）通过第三方框架来实现。例如目前比较流行的 Boostrap 和 Vue 框架，可以更高效地实现网页的响应式设计。

17.2　像素和屏幕分辨率

在响应式设计中，像素是一个非常重要的概念。像素是计算机屏幕中显示特定颜色的最小区域。屏幕中的像素越多，同一范围内能看到的内容就越多。或者说，当设备尺寸相同时，像素越密集，画面就越精细。

在设计网页元素的属性时，通常是通过 width 属性来设置宽度。当不同的设备显示相同的设定宽度时，到底显示的宽度是多少像素呢？

要解决这个问题，首先理解两个基本概念，那就是设备像素和 CSS 像素。

1. 设备像素

设备像素指的是设备屏幕的物理像素，任何设备的物理像素数量都是固定的。

2. CSS 像素

CSS 像素是 CSS 中使用的一个抽象概念。它和物理像素之间的比例取决于屏幕的特性以及用户进行的缩放比例，由浏览器自行换算。由此可知，具体显示的像素数目是与设备像素密切相关的。

屏幕分辨率是指纵横方向上的像素个数。屏幕分辨率确定计算机屏幕上显示信息的多少，以水平和垂直像素来衡量。就相同大小的屏幕而言，当屏幕分辨率低时（例如 640×480），在屏幕上显示的像素少，单个像素尺寸比较大。当屏幕分辨率高时（例如 1600×1200），在屏幕上显示的像素多，单个像素尺寸比较小。

显示分辨率就是屏幕上显示的像素个数，分辨率 160×128 的意思是水平方向含有 160 个像素，垂直方向为 128 个像素。屏幕尺寸一样的情况下，分辨率越高，显示效果就越精细。

17.3　视口

视口（viewport）和窗口（window）是两个不同的概念。在电脑端，视口指的是浏览器的可视区域，其宽度和浏览器窗口的宽度保持一致。而在移动端，视口较为复杂，它是与移动设备相关的一个矩形区域，坐标单位与设备有关。

17.3.1　视口的分类和常用属性

移动端浏览器的通常宽度是 240~640 像素，而大多数为电脑端设计的网站宽度至少为 800 像素，如果仍以浏览器窗口作为视口的话，网站内容在手机上看起来会非常窄。

因此，引入了布局视口、视觉视口和理想视口三个概念，使得移动端的视口与浏览器宽度不再相关。

1. 布局视口

一般移动设备的浏览器都默认设置了一个 viewport 元标签，定义一个虚拟的布局视口，用于解决早期的页面在手机上显示的问题。iOS 和 Android 基本都将这个视口分辨率设置为 980 像素，所以 PC 上的网页基本能在手机上呈现，只不过元素看上去很小，一般默认可以通过手动缩放网页。

布局视口使视口与移动端浏览器屏幕宽度完全独立。CSS 布局将会根据它来进行计算，并被它约束。

2. 视觉视口

视觉视口是用户当前看到的区域，用户可以缩放操作视觉视口，同时不会影响布局视口。

3. 理想视口

布局视口的默认宽度并不是一个理想的宽度，于是浏览器厂商引入了理想视口（ideal viewport）的概念，它对设备而言是最理想的布局视口尺寸。显示在理想视口中的网站具有最理想的宽度，用户无须进行缩放。

理想视口的值其实就是屏幕分辨率的值，它对应的像素叫作设备逻辑像素。设备逻辑像素和设备的物理像素无关，设备逻辑像素在任意像素密度的设备屏幕上都占据相同的空间。如果用户没有进行缩放，那么一个 CSS 像素就等于一个设备逻辑像素。

用下面的方法可以使布局视口与理想视口的宽度一致，代码如下：

```
<meta name="viewport" content="width=device-width">
```

这里的 viewport 属性对响应式设计起了非常重要的作用。该属性中常用的属性值和含义如下。

（1）width：设置布局视口的宽度。该属性可以设置为数字值或 device-width，单位为像素。

（2）height：设置布局视口的高度。该属性可以设置为数字值或 device-height，单位为像素。

（3）initial-scale：设置页面初始缩放比例。

（4）minimum-scale：设置页面最小缩放比例。

（5）maximum-scale：设置页面最大缩放比例。

（6）user-scalable：设置用户是否可以缩放。yes 表示可以缩放，no 表示禁止缩放。

17.3.2　媒体查询

媒体查询的核心就是根据设备显示器的特征（视口宽度、屏幕比例和设备方向）来设定 CSS 的样式。媒体查询由媒体类型和一个或多个检测媒体特性的条件表达式组成。通过媒体查询，可以实现同一个 html 页面，根据不同的输出设备，显示不同的外观效果。

媒体查询的使用方法是在 <head> 标签中添加 viewport 属性。具体代码如下：

```
<meta name="viewport" content="width=device-width",initial-scale=1,maximum-scale=1.0,user-scalable="no">
```

然后使用 @media 关键字编写 CSS 媒体查询内容。例如以下代码：

```
/*当设备宽度在450像素和650像素之间时，显示背景图片为m1.gif*/
@media screen and (max-width:650px) and (min-width:450px){
    header{
        background-image: url(m1.gif);
    }
}
/*当设备宽度小于或等于450像素时，显示背景图片为m2.gif*/
@media screen and (max-width:450px){
    header{
        background-image: url(m2.gif);
    }
}
```

上述代码实现的功能是根据屏幕的大小不同而显示不同的背景图片。当设备屏幕宽度在 450 像素和 650 像素之间时，媒体查询中设置背景图片为 m1.gif；当设备屏幕宽度小于或等于 450 像素时，媒体查询中设置背景图片为 m2.gif。

17.4 设计响应式网页的布局

响应式网页布局设计的主要特点是根据不同的设备显示不同的页面布局效果。

17.4.1 常用布局类型

根据网页的列数可以将网页布局类型分为单列或多列布局。多列布局又可以分为均分多列布局和不均分多列布局。

1. 单列布局

网页单列布局模式是最简单的一种布局形式，也被称为"网页1-1-1 型布局模式"。如图 17-3 所示为网页单列布局模式示意图。

2. 均分多列布局

列数大于或等于两列的布局类型。每列宽度相同，列与列的间距相同，如图 17-4 所示。

图 17-3　网页单列布局

图 17-4　均分多列布局

3. 不均分多列布局

列数大于或等于两列的布局类型。每列宽度不相同，列与列的间距也不同，如图 17-5 所示。

图 17-5　不均分多列布局

17.4.2 布局的实现方式

实现布局设计有不同的方式，基于页面的实现单位（像素或百分比）而言，分为四种类型：固定布局、可切换的固定布局、弹性布局、混合布局。

（1）固定布局：以像素作为页面的基本单位，不考虑设备屏幕及浏览器宽度，只设计一套固定宽度的页面布局，如图 17-6 所示。

（2）可切换的固定布局：同样以像素作为页面单位，参考主流设备尺寸，设计几套不同宽度的布局。通过媒体查询技术识别不同的屏幕尺寸或浏览器宽度，选择最合适的宽度布局，如图 17-7 所示。

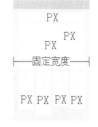

图 17-6　固定布局

图 17-7　可切换的固定布局

（3）弹性布局：以百分比作为页面的基本单位，可以适应一定范围内所有尺寸的设备屏幕及浏览器宽度，并能完美利用有效空间展现最佳效果，如图 17-8 所示。

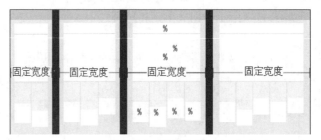

图 17-8　弹性布局

（4）混合布局：同弹性布局类似，可以适应一定范围内所有尺寸的设备屏幕及浏览器宽度，并能完美利用有效空间展现最佳效果。混合像素和百分比两种单位作为页面单位，如图 17-9 所示。

可切换的固定布局、弹性布局、混合布局都是目前可采用的响应式布局方式。其中可切换的固定布局的实现成本最低，但拓展性比较差；而弹性布局与混合布局都是比较理想的响应式布局实现方式。对于不同类型的页面排版布局实现响应式设计，需要采用不用的实现方式。通栏、等分结构的页面适合采用弹性布局方式，而对于非等分的多栏结构往往需要采用混合布局的实现方式。

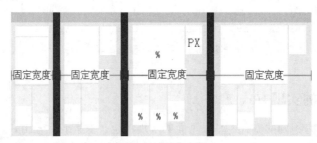

图 17-9　混合布局

17.4.3　响应式布局的设计与实现

对页面进行响应式的设计与实现，需要对相同内容进行不同宽度的布局设计，有两种方式：桌面电脑端优先（从桌面电脑端开始设计）；移动端优先（从移动端开始设计）。无论基于哪种模式的设计，要兼容所有设备，不可避免地需要对模块布局做一些变化。

通过 JavaScript 获取设备的屏幕宽度，来改变网页的布局。常见的响应式布局方式有以下两种。

1. 模块内容不变

页面中整体模块内容不发生变化，通过调整模块的宽度，可以将模块内容从挤压调整到拉伸，从平铺调整到换行，如图 17-10 所示。

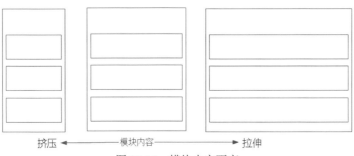

图 17-10　模块内容不变

2. 模块内容改变

页面中整体模块内容发生变化，通过媒体查询，检测当前设备的宽度，动态隐藏或显示模块内容，增加或减少模块的数量，如图 17-11 所示。

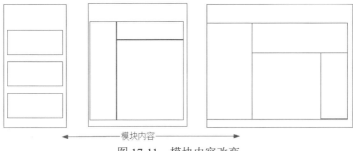

图 17-11　模块内容改变

17.5　设计响应式图片

实现响应式图片效果的常见方法有两种，即使用 \<picture\> 标签和 CSS 图片。

17.5.1　使用 \<picture\> 标签

\<picture\> 标签可以实现在不同的设备上显示不同的图片，从而实现响应式图片的效果。语法格式如下：

```
<picture>
    <source media="(max-width:
600px)" srcset="m1.jpg">
                                        <img src="m2.jpg">
                                    </picture>
```

\<picture\> 标签包含 \<source\> 标签和 \<img\> 标签，根据不同设备屏幕的宽度，显示不同的图片。上述代码的功能是，当屏幕的宽度小于 600 像素时，将显示 m1.jpg 图片，否则显示默认图片 m2.jpg。

> **提示**：根据屏幕匹配的不同尺寸显示不同的图片，如果没有匹配到或浏览器不支持 \<picture\> 标签，则使用 \<img\> 标签内的图片。

实例 1：使用 <picture> 标签实现响应式图片布局

本实例将通过使用 <picture> 标签、<source> 标签和 <img> 标签，根据不同设备屏幕的宽度，显示不同的图片。当屏幕的宽度大于 800 像素时，将显示 m1.jpg 图片，否则显示默认图片 m2.jpg。

```html
<!DOCTYPE html>
<html>
<head>
<title>使用<picture>标签</title>
</head>
<body>
<h1>使用<picture>标签实现响应式图片</h1>
<picture>
    <source media="(min-width:800px)" srcset="m1.jpg">
    <img src="m2.jpg">
</picture>
</body>
</html>
```

电脑端运行效果如图 17-12 所示。使用 Opera Mobile Emulator 模拟手机端运行效果如图 17-13 所示。

图 17-12　电脑端浏览效果

图 17-13　模拟手机端浏览效果

17.5.2　使用 CSS 图片

大尺寸图片可以显示在大屏幕上，但在小屏幕上确不能很好地显示。没有必要在小屏幕上加载大图片，这样很影响加载速度。所以可以利用媒体查询技术，使用 CSS 中的 media 关键字，根据不同的设备显示不同的图片。

语法格式如下：

```css
@media screen and (min-width: 600px) {
CSS样式信息
    }
```

上述代码的功能是，当屏幕大于 600 像素时，将应用大括号内的 CSS 样式。

实例 2：使用 CSS 图片实现响应式图片布局

本实例使用媒体查询技术中的 media 关键字，实现响应式图片布局。当屏幕宽度大于 800 像素时，显示图片 m3.jpg；当屏幕宽度小于 799 像素时，显示图片 m4.jpg。

```html
<!DOCTYPE html>
<html>
<head>
<meta name="viewport" content=
"width=device-width",initial-scale=
1,maximum-scale=1.0,user-scalable="no">
<!--指定页头信息-->
<title>使用CSS图片</title>
<style>
    /*当屏幕宽度大于800像素时*/
```

```
        @media  screen  and  (min-width:
800px) {
            .bcImg {
                background-image:url(m3.
jpg);
                background-repeat: no-
repeat;
                height: 500px;
            }
        }
    /*当屏幕宽度小于799像素时*/
    @media  screen  and  (max-width:
799px) {
            .bcImg {
                background-image:url(m4.
jpg);
```

```
                background-repeat: no-
repeat;
                height: 500px;
            }
        }
    </style>
    </head>
    <body>
    <div class="bcImg"></div>
    </body>
    </html>
```

电脑端运行效果如图 17-14 所示。使用 Opera Mobile Emulator 模拟手机端运行效果如图 17-15 所示。

图 17-14　电脑端使用 CSS 图片浏览效果

图 17-15　模拟手机端使用
CSS 图片浏览效果

17.6　设计响应式视频

相比于响应式图片，响应式视频的处理稍微复杂一点。响应式视频不仅仅要处理视频播放器的尺寸，还要兼顾视频播放器的整体效果和体验问题。下面讲述如何使用 <meta> 标签处理响应式视频。

<meta> 标签中的 viewport 属性可以设置网页设计的宽度和实际屏幕的宽度的大小关系。语法格式如下：

```
<meta  name="viewport"  content="width=device-width",initial-scale=1,maximum-
scale=1,user-scalable="no">
```

▋实例 3：使用 <meta> 标签播放手机视频

本实例使用 <meta> 标签实现在手机端正常播放视频。首先使用 <iframe> 标签引入测试视频，然后通过 <meta> 标签中的 viewport 属性设置网页设计的宽度和实际屏幕的宽度的大小关系。

```
<!DOCTYPE html>
<html>
<head>
<!--通过meta元标签，使网页宽度与设备宽
度一致 -->
<meta name="viewport" content=
"width=device-width,initial-scale=1"
maximum-scale=1,user-scalable="no">
<!--指定页头信息-->
<title>使用<meta>标签播放手机视频</
title>
</head>
<body>
<div align="center">
    <!--使用iframe标签，引入视频-->
     <iframe  src="精品课程.mp4"
frameborder="0" allowfullscreen></
iframe>
</div>
</body>
</html>
```

使用 Opera Mobile Emulator 模拟手机端
运行效果如图 17-16 所示。

图 17-16　模拟手机端浏览视频的效果

17.7　设计响应式导航菜单

导航菜单是设计网站中最常用的元素。下面讲述响应式导航菜单的实现方法。利用媒体查询技术中的 media 关键字，获取当前设备屏幕的宽度，根据不同的设备显示不同的 CSS 样式。

实例 4：使用 media 关键字设计网上商城的响应式菜单

本实例使用媒体查询技术中的 media 关键字，实现网上商城的响应式菜单。

```
<!DOCTYPE HTML>
<html>
<head>
<meta name="viewport" content=
"width=device-width, initial-scale=1">
<title>CSS3响应式菜单</title>
<style>
  .nav ul {
  margin: 0;
  padding: 0;
  }
  .nav li {
  margin: 0 5px 10px 0;
  padding: 0;
  list-style: none;
  display: inline-block;
  *display:inline; /* ie7 */
  }
  .nav a {
  padding: 3px 12px;
  text-decoration: none;
```

```
color: #999;
line-height: 100%;
}
.nav a:hover {
color: #000;
}
.nav .current a {
background: #999;
color: #fff;
border-radius: 5px;
}

/* right nav */
.nav.right ul {
text-align: right;
}

/* center nav */
.nav.center ul {
text-align: center;
}

@media screen and (max-width:
600px) {
.nav {
position: relative;
min-height: 40px;
}
```

```
    .nav ul {
    width: 180px;
    padding: 5px 0;
    position: absolute;
    top: 0;
    left: 0;
    border: solid 1px #aaa;

    border-radius: 5px;
    box-shadow: 0 1px 2px rgba(0,0,0,.3);
    }
    .nav li {
     display: none;  /* hide all <li>
items */
    margin: 0;
    }
    .nav .current {
     display: block;  /* show only
current <li> item */
    }
    .nav a {
    display: block;
    padding: 5px 5px 5px 32px;
    text-align: left;
    }
    .nav .current a {
    background: none;
    color: #666;
    }
    /* on nav hover */
    .nav ul:hover {
    background-image: none;
    background-color: #fff;
    }
    .nav ul:hover li {
    display: block;
    margin: 0 0 5px;
    }

    /* right nav */
    .nav.right ul {
    left: auto;
    right: 0;
    }
    /* center nav */
    .nav.center ul {
    left: 50%;
    margin-left: -90px;
    }

    }
    </style>
    </head>

<body>
<h2>风云网上商城</h2>
```

```
    <!--导航菜单区域-->
    <nav class="nav">
      <ul>
       <li class="current"><a href="#">
家用电器</a></li>
       <li><a href="#">电脑</a></li>
       <li><a href="#">手机</a></li>
       <li><a href="#">化妆品</a></li>
       <li><a href="#">服装</a></li>
       <li><a href="#">食品</a></li>
      </ul>
    </nav>
    <p>风云网上商城-专业的综合网上购物商城，
销售超数万品牌、4020万种商品，囊括家电、手
机、电脑、化妆品、服装等6大品类。秉承客户为先
的理念，商城所售商品为正品行货、全国联保、机打
发票。</p>
    </body>
    </html>
```

电脑端运行效果如图17-17所示。使用
Opera Mobile Emulator 模拟手机端运行效果
如图 17-18 所示。

图 17-17　电脑端浏览导航菜单的效果

图 17-18　模拟手机端浏览导航菜单的效果

17.8　设计响应式表格

表格在网页设计中的作用非常重要。例如网站中的商品采购信息表，就是用表格技术制作的。响应式表格通常通过隐藏表格中的列、滚动表格中的列和转换表格中的列来实现。

17.8.1　隐藏表格中的列

为了适配移动端的布局效果，可以隐藏表格中不需要的列。通过利用媒体查询技术中的 media 关键字，获取当前设备屏幕的宽度，根据不同的设备将不重要的列设置为 display:none，从而隐藏指定的列。

实例 5：隐藏商品采购信息表中不重要的列

利用媒体查询技术中的 media 关键字，在移动端隐藏表格中的第 4 列和第 6 列。

```
<!DOCTYPE html>
<html >
<head>
    <meta name="viewport" content=
"width=device-width, initial-scale=1">
    <title>隐藏表格中的列</title>
    <style>
     @media only screen and (max-
width: 600px) {
    table td:nth-child(4),
    table th:nth-child(4),
    table td:nth-child(6),
     table th:nth-child(6){display:
none;}
    }
    </style>
</head>
<body>
<h1 align="center">商品采购信息表</
h1>
<table width="100%" cellspacing="1"
cellpadding="5" border="1">
    <thead>
    <tr>
        <th>编号</th>
        <th>产品名称</th>
        <th>价格</th>
        <th>产地</th>
        <th>库存</th>
        <th>级别</th>
    </tr>
    </thead>
    <tbody align="center">
    <tr>
        <td>1001</td>
        <td>冰箱</td>
        <td>6800元</td>
        <td>上海</td>
        <td>4999</td>
        <td>1级</td>
```

```
    </tr>
    <tr>
        <td>1002</td>
        <td>空调</td>
        <td>5800元</td>
        <td>上海</td>
        <td>6999</td>
        <td>1级</td>
    </tr>
    <tr>
        <td>1003</td>
        <td>洗衣机</td>
        <td>4800元</td>
        <td>北京</td>
        <td>3999</td>
        <td>2级</td>
    </tr>
    <tr>
        <td>1004</td>
        <td>电视机</td>
        <td>2800元</td>
        <td>上海</td>
        <td>8999</td>
        <td>2级</td>
    </tr>
    <tr>
        <td>1005</td>
        <td>热水器</td>
        <td>320元</td>
        <td>上海</td>
        <td>9999</td>
        <td>1级</td>
    </tr>
    <tr>
        <td>1006</td>
        <td>手机</td>
        <td>1800元</td>
        <td>上海</td>
        <td>9999</td>
        <td>1级</td>
    </tr>
    </tbody>
</table>
</body>
</html>
```

电脑端运行效果如图 17-19 所示。使用 Opera Mobile Emulator 模拟手机端运行效果如图 17-20 所示。

图 17-19　电脑端浏览效果

图 17-20　隐藏表格中的列

17.8.2　滚动表格中的列

通过滚动条的方式，可以将手机端看不到的信息，进行滚动查看。实现此效果主要是利用媒体查询技术中的 media 关键字，获取当前设备屏幕的宽度，根据不同的设备宽度，改变表格的样式，例如，将表头由横向排列变成纵向排列。

▌实例 6：滚动表格中的列

本案例不改变表格的内容，而是通过滚动的方式查看表格中的所有信息。

```
<!DOCTYPE html>
<html>
<head>
    <meta name="viewport" content=
"width=device-width, initial-scale=1">
    <title>滚动表格中的列</title>

    <style>
        @media only screen and (max-
width: 650px) {
            *:first-child+html .cf {
zoom: 1; }
            table { width: 100%;
border-collapse: collapse; border-
spacing: 0;}
            th,
            td { margin: 0; vertical-
align: top; }
            th { text-align: left;
}
            table { display: block;
position: relative; width: 100%; }
            thead { display: block;
float: left; }
            tbody { display: block;
width: auto; position: relative; overflow-
```

```
x: auto; white-space: nowrap; }
            thead tr { display:
block; }
            th { display: block;
text-align: right; }
            tbody tr { display: inline-
block; vertical-align: top; }
            td { display: block; min-
height: 1.25em; text-align: left; }
            th { border-bottom: 0;
border-left: 0; }
            td { border-left: 0;
border-right: 0; border-bottom: 0; }
            tbody tr { border-left:
1px solid #babcbf; }
            th:last-child,
            td:last-child { border-
bottom: 1px solid #babcbf; }
        }
    </style>
</head>
<body>
<h1 align="center">商品采购信息表</h1>
<table width="100%" cellspacing="1"
cellpadding="5" border="1">
    <thead>
    <tr>
        <th>编号</th>
        <th>产品名称</th>
        <th>价格</th>
        <th>产地</th>
        <th>库存</th>
```

```
        <th>级别</th>
    </tr>
    </thead>
    <tbody align="center">
    <tr>
        <td>1001</td>
        <td>冰箱</td>
        <td>6800元</td>
        <td>上海</td>
        <td>4999</td>
        <td>1级</td>
    </tr>
    <tr>
        <td>1002</td>
        <td>空调</td>
        <td>5800元</td>
        <td>上海</td>
        <td>6999</td>
        <td>1级</td>
    </tr>
    <tr>
        <td>1003</td>
        <td>洗衣机</td>
        <td>4800元</td>
        <td>北京</td>
        <td>3999</td>
        <td>2级</td>
    </tr>
    <tr>
        <td>1004</td>
        <td>电视机</td>
```

```
        <td>2800元</td>
        <td>上海</td>
        <td>8999</td>
        <td>2级</td>
    </tr>
    <tr>
        <td>1005</td>
        <td>热水器</td>
        <td>320元</td>
        <td>上海</td>
        <td>9999</td>
        <td>1级</td>
    </tr>
    <tr>
        <td>1006</td>
        <td>手机</td>
        <td>1800元</td>
        <td>上海</td>
        <td>9999</td>
        <td>1级</td>
    </tr>
    </tbody>
    </table>
    </body>
    </html>
```

电脑端浏览效果如图 17-21 所示。使用 Opera Mobile Emulator 模拟手机端浏览效果如图 17-22 所示。

编号	产品名称	价格	产地	库存	级别
1001	冰箱	6800元	上海	4999	1级
1002	空调	5800元	上海	6999	1级
1003	洗衣机	4800元	北京	3999	2级
1004	电视机	2800元	上海	8999	2级
1005	热水器	320元	上海	9999	1级
1006	手机	1800元	上海	9999	1级

图 17-21　电脑端浏览效果

图 17-22　滚动表格中的列

17.8.3　转换表格中的列

转换表格中的列就是将表格转换为列表。利用媒体查询技术中的 media 关键字，获取当前设备屏幕的宽度，然后利用 CSS 技术将表格转换为列表。

实例 7：转换表格中的列

本实例将学生考试成绩表转换为列表。

```
<!DOCTYPE html>
```

```
<html>
<head>
    <meta name="viewport" content=
"width=device-width, initial-scale=1">
    <title>转换表格中的列</title>
```

```html
    <style>
     @media only screen and (max-
width: 800px) {
    /* 强制表格为块状布局 */
    table, thead, tbody, th, td, tr
{
    display: block;
    }
    /* 隐藏表格头部信息 */
    thead tr {
    position: absolute;
    top: -9999px;
    left: -9999px;
    }
    tr { border: 1px solid #ccc; }
    td {
    /* 显示列 */
    border: none;
    border-bottom: 1px solid #eee;
    position: relative;
    padding-left: 50%;
    white-space: normal;
    text-align:left;
    }
    td:before {
    position: absolute;
    top: 6px;
    left: 6px;
    width: 45%;
    padding-right: 10px;
    white-space: nowrap;
    text-align:left;
    font-weight: bold;
    }
    /*显示数据*/
    td:before { content: attr(data-
title); }
    }
    </style>
</head>
<body>
<h1 align="center">学生考试成绩表</h1>
<table width="100%" cellspacing="1"
cellpadding="5" border="1">
    <thead>
    <tr>
        <th>学号</th>
        <th>姓名</th>
        <th>语文成绩</th>
        <th>数学成绩</th>
        <th>英语成绩</th>
        <th>文综成绩</th>
        <th>理综成绩</th>
    </tr>
    </thead>
    <tbody align="center">
    <tr>
    <td>1001</td>
        <td>张飞</td>
        <td>126</td>
        <td>146</td>
        <td>124</td>
        <td>146</td>
    <td>106</td>
    </tr>
    <tr>
        <td>1002</td>
        <td>王小明</td>
        <td>106</td>
        <td>136</td>
        <td>114</td>
        <td>136</td>
        <td>126</td>
    </tr>
    <tr>
        <td>1003</td>
        <td>蒙华</td>
        <td>125</td>
        <td>142</td>
        <td>125</td>
        <td>141</td>
        <td>109</td>
    </tr>
    <tr>
        <td>1004</td>
        <td>刘蓓</td>
        <td>126</td>
        <td>136</td>
        <td>124</td>
        <td>116</td>
        <td>146</td>
    </tr>
    <tr>
        <td>1005</td>
        <td>李华</td>
        <td>121</td>
        <td>141</td>
        <td>122</td>
        <td>142</td>
        <td>103</td>
    </tr>
    <tr>
        <td>1006</td>
        <td>赵晓</td>
        <td>116</td>
        <td>126</td>
        <td>134</td>
        <td>146</td>
        <td>116</td>
    </tr>
    </tbody>
</table>
</body>
</html>
```

电脑端浏览效果如图 17-23 所示。使用 Opera Mobile Emulator 模拟手机端浏览效果如图 17-24 所示。

学生考试成绩表						
学号	姓名	语文成绩	数学成绩	英语成绩	文综成绩	理综成绩
1001	张飞	126	146	124	146	106
1002	王小明	106	136	114	136	126
1003	蒙华	125	142	125	141	109
1004	刘蓓	126	136	124	116	146
1005	李华	121	141	122	142	103
1006	赵晓	116	126	134	146	116

图 17-23　电脑端预览效果

图 17-24　转换表格中的列

17.9　新手常见疑难问题

▌疑问1：设计移动设备端网站时需要考虑的因素有哪些？

答：不管选择哪种技术来设计移动网站，都需要考虑以下因素。

1. 屏幕尺寸问题

需要了解常见的移动手机的屏幕尺寸，包括 320×240、320×480、480×800、640×960 以及 1136×640 等。

2. 流量问题

虽然 5G 网络已经开始广泛应用，但是很多用户仍然要为流量付出不菲的代价，所以图片的大小在设计时仍然需要考虑。对于不必要的图片，可以舍弃。

3. 字体、颜色与媒体问题

移动设备上安装的字体数量可能很有限，因此请用 em 为单位或百分比来设置字号，选择常见字体。部分早期的移动设备支持的颜色数量不多，在选择颜色时也要注意尽量提高对比度。此外还有许多移动设备并不支持 Adobe Flash 媒体。

▌疑问2：响应式网页的优缺点是什么？

答：响应式网页的优点如下。

（1）跨平台上友好显示。无论是电脑、平板或手机，响应式网页都可以适应并显示友好的网页界面。

（2）数据同步更新。由于数据库是统一的，所以在后台数据库更新后，电脑端或移动端都将同步更新，这样数据管理起来就比较及时和方便。

（3）减少成本。通过响应式网页设计，可以不用再开发一个独立的电脑端网站和移动端网站，从而减低了开发成本，同时也降低了维护成本。

响应式网页的缺点如下。

（1）前期开发考虑的因素较多，需要考虑不同设备的宽度和分辨率等因素，以及图片、视频等多媒体能否在不同的设备上优化地展示。

（2）由于网页需要提前判断设备的特征，同时要下载多套 CSS 样式代码，在加载页面时就会增加读取时间和加载时间。

17.10 实战技能训练营

实战 1：使用 <picture> 标签实现响应式图片布局

本实例将通过使用 <picture> 标签、<source> 标签和 <img> 标签，根据不同设备屏幕的宽度，显示不同的图片。当屏幕的宽度大于 600 像素时，将显示 x1.jpg 图片，否则将显示默认图片 x2.jpg。

电脑端浏览效果如图 17-25 所示。使用 Opera Mobile Emulator 模拟手机端浏览效果如图 17-26 所示。

图 17-25 电脑端浏览效果　　　　图 17-26 模拟手机端浏览效果

实战 2：隐藏招聘信息表中指定的列

利用媒体查询技术中的 media 关键字，在移动端隐藏表格的第 4 列和第 5 列。电脑端浏览效果如图 17-27 所示。使用 Opera Mobile Emulator 模拟手机端浏览效果如图 17-28 所示。

编号	职位名称	招聘人数	工作地点	学历要求	薪资
1001	Java开发讲师	10	上海	本科	12800元
1002	Python开发讲师	15	上海	本科	12800元
1003	C++开发讲师	6	郑州	本科	8300元
1004	PHP开发讲师	8	北京	本科	9800元
1005	前端开发讲师	10	上海	本科	12000元

图 17-27 电脑端浏览效果　　　　图 17-28 隐藏招聘信息表中指定的列

第18章 使用JavaScript控制CSS3样式

本章导读

　　网页吸引人之处，莫过于具有动态效果，利用 CSS3 伪类元素可以轻松实现超级链接的动态效果，不过利用 CSS3 能实现的动态效果非常有限。在网页设计中，可以将 CSS3 与 JavaScript 结合创建出具有动态效果的页面。本章就来介绍使用 JavaScript 控制 CSS3 样式的基本方法和应用技巧。

知识导图

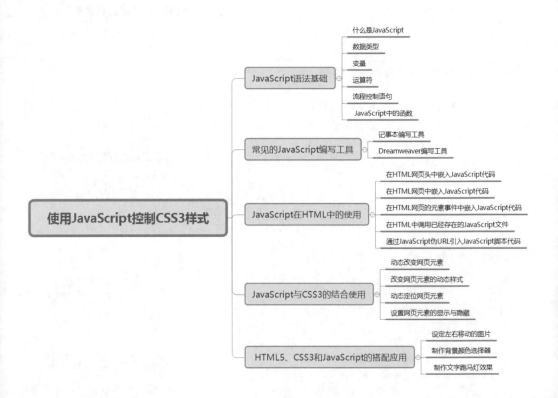

18.1 JavaScript 语法基础

JavaScript 是一种面向对象、结构化、多用途的语言，它支持 Web 应用程序的客户端和服务器方面构件的开发。在客户端，利用 JavaScript 脚本语言，可以设计出多种网页特效，从而增加网页浏览量。

18.1.1 什么是 JavaScript

JavaScript 最初由网景公司的 Brendan Eich 设计，是一种动态、弱类型、基于原型的语言，内置支持类。经过近 20 年的发展，它已经成为健壮的基于对象和事件驱动并具有相对安全性的客户端脚本语言，同时也是一种广泛用于客户端 Web 开发的脚本语言，常用来给 HTML 网页添加动态功能，比如响应用户的各种操作。

JavaScript 可以弥补 HTML 的缺陷，实现 Web 页面客户端动态效果，其主要作用如下。

（1）动态改变网页内容。

HTML 是静态的，一旦编写，内容将无法改变。JavaScript 可以弥补这种不足，可以将内容动态地显示在网页中。

（2）动态改变网页的外观。

JavaScript 通过修改网页元素的 CSS 样式，可以动态改变网页的外观。例如，修改文本的颜色、大小等属性，动态改变图片的位置等。

（3）验证表单数据。

为了提高网页的效率，用户在编写表单时，可以在客户端对数据进行合法性验证，验证成功之后才能提交到服务器，进而减少服务器的负担和网络带宽的压力。

（4）响应事件。

JavaScript 是基于事件的语言，因此可以影响用户或浏览器产生的事件。只有事件产生时才会执行某段 JavaScript 代码，如用户单击计算按钮时，程序才显示运行结果。

> **注意**：几乎所有浏览器都支持 JavaScript，如 Internet Explorer(IE)、Firefox、Netscape、Mozilla、Opera 等。

18.1.2 数据类型

在 JavaScript 中有四种基本的数据类型：数值（整数和实数）、字符串型（用 " " 号或' '括起来的字符或数值）、布尔型（用 True 或 False 表示）和空值。此外，JavaScript 还定义了其他复合数据类型，例如 Date 对象是一个日期和时间类型。

JavaScript 具有的数据类型如表 18-1 所示。

表 18-1　JavaScript 的基本数据类型

数据类型	数据类型名称	示　例
number	数值类型	123、071（十进制）、0X1fa（十六进制）
string	字符串类型	'Hello'、'get the &'、'b@911.com'、"Hello"

数据类型	数据类型名称	示　例
object	对象类型	Date、Window、Document、Function
boolean	布尔类型	true 和 false
null	空类型	null
undefined	未定义类型	没有被赋值的变量所具有的"值"

1. 数值型

JavaScript 的数值类型可以分为 4 类，即整数、浮点数、内部常量和特殊值。

整数可以为正数、0 或者负数；浮点数可以包含小数点、也可以包含一个"e"（大小写均可，在科学记数法中表示"10 的幂"），或者同时包含这两项。整数可以以 10（十进制）、8（八进制）和 16（十六进制）作为基数来表示。

内部常量和特殊值一般不常用，这里就不再详细介绍。

2. 字符串

字符串是用一对单引号（' '）或双引号（" "）和引号中的内容构成的。一个字符串也是 JavaScript 中的一个对象，有专门的属性。

引号中间的内容可以是任意多的字符，如果没有则是一个空字符串。如果要在字符串中使用双引号，则应该将其包含在使用单引号的字符串，使用单引号时则反之。

3. 布尔型

布尔类型 Boolean 表示一个逻辑数值，用于表示两种可能的情况。逻辑真，用 true 表示；逻辑假，用 false 来表示。通常，我们用 1 表示真，用 0 表示假。

4. undefined

未定义数据类型 undefined 表示变量被创建后，该变量未被赋过值，那么此时变量的值就是未定义数据类型。对于数字，未定义数值表示为 NaN；对于字符串，未定义数值表示为 undefined；对于逻辑数值，未定义数值表示为假。

5. null

在 JavaScript 里，使用 null 声明的变量并不是 0。null 是一个特殊的类型，它表示一个空值，即没有值，而不是 0，0 是有值的。

由于 JavaScript 采用弱类型的形式，因而数据是变量或常量不必先声明，而是在使用或赋值时确定其数据类型。当然也可以先声明数据类型，它是通过在赋值时自动说明其数据类型的。

18.1.3　变量

在 JavaScript 中使用 var 关键字来声明变量。语法格式如下：

```
var var_name;
```

JavaScript 是一种区分大小写的语言，因此变量 temp 和变量 Temp 代表不同的含义。另外，在命名变量时必须遵循以下规则。

● 变量名由字母、数字、下划线和美元符号组成。

● 变量名必须以字母、下划线（ _ ）或美元符号（ $ ）开始。

● 变量名不能是保留字。

JavaScript 语言使用等于号（＝）给变量赋值，等号左边是变量，等号右边是数值。对变量赋值的语法如下：

```
变量 = 值;
```

JavaScript 里的变量分为全局变量和局部变量两种。其中，局部变量就是在函数里定义的变量，在函数里定义的变量仅在该函数中有效。如果不写 var，而直接对变量进行赋值，那么 JavaScript 将自动把这个变量声明为全局变量。

使用示例如下：

```
var yourAppleNumber = 100                    var yourAppleNumber
//等价于                                       yourAppleNumber = 100
```

18.1.4 运算符

在 JavaScript 的程序中要完成各种各样的运算，是离不开运算符的。它用于将一个或几个值进行运算而得出所需要的结果值。JavaScript 中常用的运算符有算术运算符、逻辑运算符、比较运算符。

1. 算术运算符

算术运算符是最简单、最常用的运算符，所以有时也称它们为简单运算符。可以使用它们进行常用的数学计算，如表 18-2 所示。

表 18-2　算术运算符

运 算 符	说　　明
+	加法运算符，用于实现对两个数字求和
－	减法运算符或负值运算符
*	乘法运算符
/	除法运算符
%	求模运算符，也就是算术中的求余
++	将变量值加 1 后再将结果赋值给该变量
——	将变量值减 1 后再将结果赋值给该变量

2. 比较运算符

比较运算符用于对运算符的两个表达式进行比较，然后根据比较结果返回布尔类型的值，例如，比较两个值是否相同或比较两个数字值的大小等。在表 18-3 中列出了 JavaScript 支持的比较运算符。

表 18-3　比较运算符

运 算 符	说　　明
==	判断左右两边表达式是否相等，当左边表达式等于右边表达式时返回 true，否则返回 false
!=	判断左边表达式是否不等于右边表达式，当左边表达式不等于右边表达时返回 true，否则返回 false
>	判断左边表达式是否大于右边表达式，当左边表达式大于右边表达式时返回 true，否则返回 false
>=	判断左边表达式是否大于等于右边表达式，当左边表达式大于等于右边表达式时返回 true，否则返回 false

运 算 符	说 明
<	判断左边表达式是否小于右边表达式，当左边表达式小于右边表达式时返回 true，否则返回 false
<=	判断左边表达式是否小于等于右边表达式，当左边表达式小于等于右边表达式时返回 true，否则返回 false

3. 逻辑运算符

逻辑运算符通常用于执行布尔运算，它们常和比较运算符一起使用来表示复杂的比较运算。这些运算涉及的变量通常不止一个，而且常用于 if、while 和 for 语句中。表 18-4 列出 JavaScript 支持的逻辑运算符。

表 18-4　逻辑运算符

运 算 符	说 明
&&	逻辑与，若两边表达式的值都为 true，则返回 true；任意一个值为 false，则返回 false
||	逻辑或，只有表达式的值都为 false 时，才返回 false
!	逻辑非，若表达式的值为 true，则返回 false，否则返 true

除了上面介绍的常用运输符外，JavaScript 还支持条件表达式运算符"?"，这个运算符是个三元运算符，它有三个部分：一个计算值的条件和两个根据条件返回的真假值。格式如下：

```
条件 ? 表示式1 ： 表达式2
```

在使用条件运算符时，如果条件为真，则使用表达式 1 的值，否则使用表达式 2 的值。示例如下：

```
( x > y ) ? 100*3 : 11
```

如果 x 的值大于 y 值，则表达式的值为 300；x 的值小于或等于 y 值时，表达式的值为 11。

实例 1：运算符的简单应用

```
<!DOCTYPE html>
<HTML>
<title>运算符的简单应用</title>
<HEAD>
<SCRIPT LANGUAGE = "JavaScript">
    var a=3;
    var b=5;
    var c=b-a;
    document.write(c+"<br>");
    if(a>b)
    { document.write("a大于b<br>");}
    else
    { document.write("a小于b<br>");}
    document.write(a>b?"2":"3");
</SCRIPT>
</HEAD>
<BODY>
</BODY>
</HTML>
```

上面的代码创建了两个变量 a 和 b，变量 c 的值是 b 和 a 的差。下面使用 if 语句判断 a 和 b 的大小，并输出结果。最后使用了一个三元运算符，如果 a>b，则输出 2，否则输出 3。
 表示在网页中换行，"+"是一个连接字符串。

在浏览器中浏览的效果如图 18-1 所示，可以看到网页输出了 JavaScript 语句的执行结果。

图 18-1　运算符使用

18.1.5　流程控制语句

JavaScript 编程中对流程的控制主要是通过条件判断、循环控制语句及 continue、break 来完成的。其中，条件判断按预先设定的条件执行程序，包括 if 语句和 switch 语句；而循环控制语句则可以重复完成任务，包括 while 语句、do while 语句及 for 语句。

1. if 语句

if 语句是使用最为普遍的条件选择语句，每一种编程语言都有一种或多种形式的 if 语句，在编程中会经常用到。

格式如下：

```
if(条件语句)                                              执行语句;
{                                                  }
```

其中，"条件语句"可以是任何一种逻辑表达式。如果"条件语句"的返回结果为 true，则程序先执行后面大括号 {} 中的"执行语句"，然后执行它后面的其他语句。如果"条件语句"的返回结果为 false，则程序跳过"条件语句"后面的"执行语句"，直接去执行程序后面的其他语句。大括号的作用就是将多条语句组合成一个复合语句，作为一个整体来处理，如果大括号中只有一条语句，这对大括号可以省略。

2. if...else 语句

if...else 语句通常用于一个条件需要两个程序分支来执行的情况。

格式如下：

```
if(条件语句)                                          else
{                                                  {
    执行语句块1;                                           执行语句块2;
}                                                  }
```

这种格式是在 if 从句的后面添加一个 else 从句，这样当条件语句返回结果为 false 时，执行 else 后面的从句。

实例 2：if...else 语句的应用

```
<!DOCTYPE html>
<HTML>
<title>if...else语句的应用</title>
<HEAD>
    <SCRIPT LANGUAGE = "JavaScript">
            var a="john";
            if(a!="john")
                {
                    document.write
("<h1 style='text-align:center; color:
red;'>欢迎JOHN光临</h1>");
                }
            else{
                    document.
write("<p style='font-size:15px;font-
weight:bolder;color:blue'>请重新输入名称
</p>");
                }
    </SCRIPT>
</HEAD>
```

```
<BODY>
    </BODY>
    </HTML>
```

上面的代码中使用 if-else 语句，对变量 a 的值进行判断，如果 a 值不等于 john 则输出红色标题，否则输出蓝色信息。在浏览器中浏览的效果如图 18-2 所示，可以看到网页输出了蓝色信息"请重新输入名称"。

图 18-2　if...else 语句判断

3. switch 选择语句

switch 选择语句用于将一个表达式的结果同多个值进行比较，并根据比较结果选择执行语句。格式如下：

```
switch (表达式)                                  ...
{                                                   case 取值n;
    case 取值1 :                                语句块n;break;
        语句块1;break;                             default :
    case 取值2 :                                    语句块n+1;
        语句块2;break;                          }
```

case 语句只是相当于定义一个标签位置，程序根据 switch 条件表达式的结果，直接跳转到第一个匹配的标签位置处，开始顺序执行后面的所有程序代码，包括后面的其他 case 语句下的代码，直到碰到 break 语句或函数返回语句为止。default 语句是可选的，它匹配上面所有的 case 语句定义的值以外的其他值，也就是前面所有取值都不满足时，就执行 default 后面的语句块。

4. while 语句

while 语句是循环语句，也是条件判断语句。

格式如下：

```
while(条件表达式语句)                              执行语句块
{                                                }
```

当"条件表达式语句"的返回值为 true 时，执行大括号 {} 中的语句块，当执行完大括号 {} 中的语句块后，再次检测条件表达式的返回值，如果返回值还为 true，则重复执行大括号 {} 中的语句块，直到返回值为 false 时，结束整个循环过程，接着往下执行 while 代码段后面的程序代码。

5. do while 语句

do while 语句的功能和 while 语句差不多，只不过它是在执行完第一次循环之后才检测条件表达式的值，这意味着包含在大括号中的代码块至少要被执行一次，另外，do while 语句结尾处的 while 条件语句的括号后有一个分号";"。

格式如下所示：

```
do                                               执行语句块
{                                                }while(条件表达式语句);
```

6. for 语句

for 语句通常由两部分组成，一部分是条件控制部分，一部分是循环部分。

格式如下：

```
for(初始化表达式; 循环条件表达式; 循环后              执行语句块
的操作表达式)                                      }
{
```

在使用 for 循环前要先设定一个计数器变量，可以在 for 循环之前预先定义，也可以在使用时直接进行定义。在上述语法格式中，"初始化表达式"表示计数器变量的初始值；"循环条件表达式"是一个计数器变量的表达式，决定了计数器的最大值；"循环后的操作表达式"

表示循环的步长，也就是每循环一次，计数器变量值的变化，该变化可以是增大的，也可以是减小的，或进行其他运算。for 循环是可以嵌套的，也就是在一个循环里还可以有另一个循环。

实例 3：for 循环语句的应用

```
<!DOCTYPE html>
<HTML>
<title>for语句的应用</title>
<HEAD>
    <SCRIPT LANGUAGE = "JavaScript">
      for(var i=0;i<5;i++){
         document.write("<p style=
'font-size:"+i+"0px'>欢迎学习JavaScript
</p>");
                    }
    </SCRIPT>
</HEAD>
<BODY>
</BODY>
</HTML>
```

上面的代码使用 for 循环输出了不同字体大小的语句。在浏览器中浏览的效果如图 18-3 示，可以看到网页输出不同大小的语句，这些语句从小到大输出。

图 18-3　for 循环

除了上面的语句外，JavaScript 还可以使用中断语句 break 和 continue。break 语句可以中止循环体中的执行语句和 switch 语句。一个无标号的 break 语句会把控制传给当前循环（while、do、for 或 switch）的下一条语句，如果有标号，控制会被传递给当前方法中的带有这一标号的循环语句。continue 语句只能出现在循环语句（while、do、for）的循环体语句中，无标号的 continue 语句的作用是跳过当前循环的剩余部分，接着执行下一次循环。

18.1.6　JavaScript 中的函数

如果在一个程序中需要使用某个功能代码达到 10 次以上，则可以将这个功能代码定义为一个可以调用的函数，通过调用该函数来执行相应的语句，这样程序就将变得非常简洁，并便于后期进行维护。

在 JavaScript 中定义一个函数，必须以 function 关键字开头，函数名跟在关键字的后面，接着是函数参数列表和函数所执行的程序代码段。定义一个函数的格式如下：

```
function 函数名(参数列表)
{
    程序代码;
```

```
    return 表达式;
}
```

在上述格式中，参数列表表示在程序中调用某个函数时传递给函数的某种类型的一串值或变量，如果这样的参数多于一个，那么两个参数之间需要用逗号隔开。虽然有些函数并不需要接收任何参数，但在定义函数时也不能省略函数名后面的那对小括号，保持小括号中的内容为空即可。

另外，函数中的程序代码必须位于一对大括号之间，如果主程序要求返回一个结果集，就必须使用 return 语句，后面跟上这个要返回的结果。当然，return 语句后可以跟一个表达式，返回值将是表达式的运算结果。如果在函数程序代码中省略 return 语句后的表达式，或者函数结束时没有 return 语句，这个函数就返回一个为 undefined 的值。

实例 4：创建一个计算器

```
<!DOCTYPE html>
<HTML>
<HEAD>
<TITLE>计算器</TITLE>
<SCRIPT language="JavaScript" >
 function compute(op)
  {
      var num1=0;
      var num2=0;
      num1=parseFloat(document.myform.
num1.value);
      num2=parseFloat(document.myform.
num2.value);
      if (op=="+")
document.myform.result.value=
num1+num2 ;
      if (op=="-")
document.myform.result.value=num1-
num2 ;
      if (op=="*")
document.myform.result.value=
num1*num2 ;
      if (op=="/"  &&  num2!=0)
document.myform.result.value=num1/
num2 ;
      }
</SCRIPT>
</HEAD>
<BODY>
<FORM action="" method="post"
name="myform" id="myform">
    <P>第一个数
      <INPUT name="num1" type="text"
id="num1" size="25">
      <BR>
      第二个数
      <INPUT name="num2" type="text"
id="num2" size="25">
      </P>
    <P>
```

```
      <INPUT name="addButton"
type="button" id="addButton" value="
+ " onClick="compute('+')">
      <INPUT name="subButton"
type="button" id="subButton" value="
— " onClick="compute('-')">
      <INPUT name="mulButton"
type="button" id="mulButton" value="
× " onClick="compute('*')">
      <INPUT name="divButton"
type="button" id="divButton" value="
÷ " onClick="compute('/')">
    </P>
    <P>计算结果
      <INPUT name="result" type="text"
id="result" size="25">
    </P>
  </FORM>
  <P>  </P>
  </BODY>
  </HTML>
```

在浏览器中浏览的效果如图 18-4 所示，可以看到网页输入两个不同的数值，可以求它们的和、差、积和商。

图 18-4　使用函数

JavaScript 不但允许用户根据自己的需要自定义函数，还支持大量的系统函数。常用的系统函数如表 18-5 所示。

表 18-5　常用的系统函数

函数名称	说　明	函数名称	说　明
eval()	返回字符串表达式中的值	cos(x)	返回 x 的余弦
parseInt()	返回不同进制的数，默认是十进制，用于将一个字符串按指定的进制转换成一个整数	exp(x)	返回 e 的 x 次幂 (ex)
parseFloat()	返回实数，用于将一个字符串转换成对应的小数	floor(x)	返回小于等于 x 的最大整数
escape()	返回对一个字符串进行编码后的结果字符串	log(x)	返回 x 的自然对数 (ln x)
encodeURI	返回一个对 URI 字符串编码后的结果	max(a, b)	返回 a、b 中较大的数
decodeURI	将一个已编码的 URI 字符串解码成最原始的字符串返回	min(a, b)	返回 a、b 中较小的数

函数名称	说　　明	函数名称	说　　明
unescape ()	将一个用 escape 方法编码的结果字符串解码成原始字符串并返回	pow(n, m)	返回 n 的 m 次幂 (nm)
isNaN()	检测 parseInt() 和 parseFloat() 函数的返回值是否为非数值型，如果是，返回 true，否则，返回 false	random()	返回大于 0 小于 1 的一个随机数
abs(x)	返回 x 的绝对值	round(x)	返回 x 四舍五入后的值
acos(x)	返回 x 的反余弦值（余弦值等于 x 的角度），用弧度表示	sin(x)	返回 x 的正弦
asin(x)	返回 x 的反正弦值	sqrt(x)	返回 x 的平方根
atan(x)	返回 x 的反正切值	tan(x)	返回 x 的正切。isFinite() 如果括号内的数字是"有限"的（介于 Number.MIN_VALUE 和 Number.MAX_VALUE 之间）就返回 true，否则返回 false
atan2(x,y)	返回复平面内点 (x, y) 对应的复数的辐角，用弧度表示，其值在 -π 到 π 之间	toString()	用法：< 对象 >.toString(); 把对象转换成字符串。如果在括号中指定一个数值，则转换过程中将所有数值转换成特定进制
ceil(x)	返回大于等于 x 的最小整数		

18.2　常见的 JavaScript 编写工具

JavaScript 是一种脚本语言，代码不需要编译成二进制，而是以文本的形式存在，因此任何文本编辑器都可以作为其开发环境。通常使用的 JavaScript 编辑器有记事本和 Dreamweaver。

18.2.1　记事本编写工具

记事本是 Windows 系统自带的文本编辑器，也是最简洁方便的文本编辑器，由于记事本的功能过于单一，所以要求开发者必须熟练掌握 JavaScript 语言的语法、对象、方法和属性等。对于初学者是个极大的挑战，因此，不建议使用记事本。但是由于记事本简单方便、打开速度快，所以常用来做局部修改，如图 18-5 所示。

图 18-5　记事本窗口

在记事本中编写 JavaScript 程序的方法很简单，只需打开记事本文件，在打开的窗口中输入 JavaScript 代码即可。

▍实例 5：在记事本中编写 JavaScript 脚本

打开记事本文件，在窗口中输入如下：

```html
<!DOCTYPE html>
<html>
<title>编写JavaScript脚本</title>
<body>
<script type="text/javascript">
document.write("Hello JavaScript!")
</script>
</body>
</html>
```

将记事本文件保存为 .html 格式的文件，然后使用浏览器打开即可浏览最后的效果，如图 18-6 所示。

图 18-6　最终效果

18.2.2　Dreamweaver 编写工具

Adobe 公司的 Dreamweaver CC 软件用户界面非常友好，是一个非常优秀的网页开发工具，并深受广大用户的喜爱。Dreamweaver CC 的主界面如图 18-7 所示。

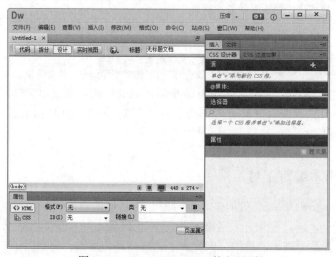

图 18-7　Dreamweaver CC 的主界面

> **注意：** 除了上述编辑器外，还有很多种编辑器可以用来编写 JavaScript 程序，如 Aptana、1st Javascript Editor、Javascript Menu Master、Platypus Javascript Editor、SurfMap JavascriptJavascript Editor 等。"工欲善其事，必先利其器"，选择一款适合自己的 JavaScript 编辑器，可以让程序员的编程工程事半功倍。

18.3　JavaScript 在 HTML 中的使用

创建好 JavaScript 脚本后，下面就可以在 HTML 中使用 JavaScript 脚本了。把 JavaScript 嵌入 HTML 中有多种形式：在 HTML 网页头中嵌入、在 HTML

网页中嵌入、在 HTML 网页的元素事件中嵌入、在 HTML 中调用已经存在的 JavaScript 文件等。

18.3.1　在 HTML 网页头中嵌入 JavaScript 代码

如果不是通过 JavaScript 脚本生成 HTML 网页的内容，JavaScript 脚本一般放在 HTML 网页头部的 <head> 与 </head> 标签对之间。这样，不会因为 JavaScript 影响整个网页的显示结果。

在 HTML 网页头部的 <head> 与 </head> 标签对之间嵌入 JavaScript 的格式如下：

```
<html>
<head>
<title>在HTML网页头中嵌入JavaScript代
码<title>
<script language="JavaScript " >
<!—
…
JavaScript脚本内容
```
```
…
//-->
</script>
</head>
<body>
…
</body>
</html>
```

在 <script> 与 </script> 标签中添加相应的 JavaScript 脚本，这样就可以直接在 HTML 文件中调用 JavaScript 代码，以实现相应的效果。

▌实例 6：在 HTML 网页头部嵌入 JavaScript 代码

```
<!DOCTYPE html>
<html>
<title>嵌入JavaScript代码</title>
<head>
  <script language ="javascript">
    document.write("欢迎来到Javascript
动态世界");
  </script>
</head>
<body>
  <p>学习Javascript！！
</body>
</html>
```

该案例的功能是在 HTML 文档里输出一个字符串，即"欢迎来到 JavaScript 动态世界"；在浏览器中浏览的效果如图 18-8 所示，可以看到网页输出了两句话，其中第一句就是 JavaScript 输出的语句。

图 18-8　嵌入 JavaScript 代码

> **提示**：在 JavaScript 的语法中，分号";"是 JavaScript 程序中一条语句结束的标识符。

18.3.2　在 HTML 网页中嵌入 JavaScript 代码

当需要使用 JavaScript 脚本生成 HTML 网页内容时，如某些 JavaScript 实现的动态树，就需要把 JavaScript 放在 HTML 网页主体部分的 <body> 与 </body> 标签对中。

具体的代码格式如下：

```
<html>
<head>
<title>在HTML网页中嵌入JavaScript代码
<title>
</head>
```
```
<body>
<script language="JavaScript " >
<!--
…
JavaScript脚本内容
```

```
...
//-->
</script>
```

```
</body>
</html>
```

另外，JavaScript 代码可以在同一个 HTML 网页的头部与主体部分同时嵌入，并且在同一个网页中可以多次嵌入 JavaScript 代码。

实例 7：在 HTML 网页中嵌入 JavaScript 代码

```
<!DOCTYPE html>
<html>
<head>
<title>嵌入JavaScript代码</title>
</head>
<body>
<script>
<p>学习Javascript！！！</p>
<script language = "javascript">
document.write("欢迎来到Javascript动
态世界");
</script>
</body>
</html>
```

该案例的功能是在 HTML 文档里输出一个字符串，即"欢迎来到 JavaScript 动态世界"；在浏览器中浏览的效果如图 18-9 所示，可以看到网页输出了两句话，其中第二句就是 JavaScript 输出的语句。

图 18-9 嵌入 JavaScript 代码

18.3.3 在 HTML 网页的元素事件中嵌入 JavaScript 代码

在开发 Web 应用程序的过程中，开发者可以给 HTML 文档设置不同的事件处理器，一般是设置某个 HTML 元素的属性来引用一个脚本，如可以是一个简单的动作，该属性一般以 on 开头，如按下鼠标事件 OnClick() 等。这样，当需要对 HTML 网页中的该元素进行事件处理时（验证用户输入的值是否有效），如果事件处理的 JavaScript 代码量较少，就可以直接在对应的 HTML 网页的元素事件中嵌入 JavaScript 代码。

实例 8：在 HTML 网页的元素事件中嵌入 JavaScript 代码

下面的 HTML 文档的作用是对文本框是否为空进行判断，如果为空则弹出提示信息，其具体内容如下：

```
<!DOCTYPE html>
<html>
<head>
<title>判断文本框是否为空</title>
<script language="JavaScript">
function validate()
{
    var _txtNameObj = document.all.
txtName;
    var _txtNameValue = _txtNameObj.
value;
    if((_txtNameValue == null) ||
(_txtNameValue.length < 1))
```

```
    {
        window.alert("文本框内容为空,
请输入内容");
        txtNameObj.focus();
        return;
    }
}
</script>
</head>
<body>
<form method=post action="#">
<input type="text" name="txtName">
<input type="button" value="确定"
onclick="validate()">
</form>
</body>
</html>
```

在上面的 HTML 文档中使用 JavaScript 脚本，其作用是当文本框失去焦点时，就会对文本框的值进行长度检验，如果值为空，即可弹出"文本框内容为空，请输入内容"的提示信息。上面的 HTML 文档在浏览器中显示的结果如图 18-10 所示。直接单击其中的"确定"按钮，即可看到相应的提示信息，如图 18-11 所示。

图 18-10　显示结果

图 18-11　"文本框内容为空，请输入内容"提示框

18.3.4　在 HTML 中调用 JavaScript 文件

如果 JavaScript 的内容较多，或者多个 HTML 网页都调用相同的 JavaScript 程序，可以将较多的 JavaScript 或者通用的 JavaScript 写成独立的 .js 文件，直接在 HTML 网页中调用。

▌实例 9：在 HTML 中调用 JavaScript 文件

下面的 HTML 文件就是使用 JavaScript 脚本来调用外部的 JavaScript 文件。

```
<!DOCTYPE html>
<html>
<head>
<title>使用外部文件</title>
<script src = "hello.js"></script>
</head>
<body>
此处引用了一个javascript文件
</body>
</html>
```

在浏览器中浏览的效果如图 18-12 所示，可以看到网页首先弹出一个对话框，显示提示信息。单击"确定"按钮后，会显示网页内容。

图 18-12　导入 JavaScript 文件

18.3.5　通过 JavaScript 伪 URL 引入 JavaScript 脚本代码

在多数支持 JavaScript 脚本的浏览器中，可以通过 JavaScript 伪 URL 地址调用语句来引入 JavaScript 脚本代码。伪 URL 地址的一般格式：JavaScript:alert（"已点击文本框 !"）。由上可知：伪 URL 地址语句一般以 JavaScript 开始，后面就是要执行的操作。

▌实例 10：使用伪 URL 地址引入 JavaScript 代码

```
<!DOCTYPE html>
<html>
<head>
<title>伪URL地址引入JavaScript脚本代
码</title>
</head>
<body>
<center>
```

```
    <p>使用伪URL地址引入JavaScript脚本代码
</p>
    <form name="Form1">
        <input type=text name="Text1"
value="点击"
                onclick="JavaScript:alert
('已经用鼠标点击文本框!')">
    </form>
    </center>
    </body>
    </html>
```

在 IE 浏览器中浏览上面的 HTML 文件，然后用鼠标点击其中的文本框，就会看到"已经用鼠标点击文本框！"的提示信息，其显示结果如图 18-13 所示。伪 URL 地址可用于文档中的任何地方，同时触发任意数量的 JavaScript 函数或对象固有的方法。由于这种方式的代码短而精且效果好，所以在表单数据合法性验证上，如验证某些字段是否符合要求等方面应用广泛。

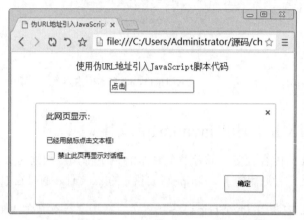

图 18-13　使用伪 URL 地址引入 JavaScript 脚本代码

18.4　JavaScript 与 CSS3 的结合使用

JavaScript 是一种脚本语言，可以直接在网页上被浏览器解释运行。如果将 JavaScript 的程序和 CSS 的静态效果结合起来，可以创建出大量的动态特效，如动态内容、动态样式等。

18.4.1　动态改变网页元素

JavaScript 和 CSS 相结合，可以动态改变 HTML 页面元素的内容和样式，这种效果是 JavaScript 常用的功能之一。其实现也比较简单，需要利用 innerHTML 属性，innerHTML 属性是一个字符串，用来设置或获取位于对象起始和结束标签内的 HTML。

实例 11：使用 JavaScript 动态改变 HTML 页面元素的内容和样式

```
<!DOCTYPE html>
<html>
<head>
<title>改变内容</title>
<script type="text/javascript">
function changeit(){
        var html=document.getElementById
("content");
        var html1=document.getElementById
("content1");
        var t=document.getElementById
("tt");
        var temp="<br><style>#abc
{color:red;font-size:36px;}</style>"+
html.innerHTML;
        html1.innerHTML=temp;
```

```
}
</script>
</head>
<body>
<div id="content">
<div id="abc">
祝祖国生日快乐！
</div>
</div>
<div id="content1">
</div>
<input type="button"onclick="changeit()"
value="改变HTML内容">
</body>
</html>
```

在上面的 HTML 代码中，创建了几个 DIV 层，层下面有一个按钮，并且为按钮添加了一个单击事件，即调用 changeit 函数。在

JavaScript 程序的函数 changeit 中，首先使用 getElementById 方法获取 HTML 对象，下面使用 innerHTML 属性设置 html1 层的显示内容。

在浏览器中浏览的效果如图 18-14 所示，在显示页面中，有一个段落和按钮。当单击按钮时，会显示如图 18-15 所示的窗口，会发现段落内容和样式发生变化，即增加了一个段落，并且字体变大，颜色为红色。

图 18-14　动态内容显示前

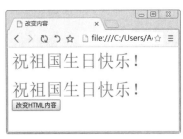

图 18-15　动态内容显示后

18.4.2　改变网页元素的动态样式

要改变 HTML 元素的动态样式，首先需要获取要改变的 HTML 对象，然后利用对象的相关样式属性设定不同的显示样式。在实现过程中，需要利用 styleSheets 属性，它表示当前 HTML 网页上的样式属性集合，可以以数组形式获取；属性 rules 表示是第几个选择器；属性 cssRules 表示是第几条规则。

实例 12：使用 JavaScript 改变 HTML 页面元素的动态样式

```
<!DOCTYPE html>
<html>
<head>
    <link rel="stylesheet" type= "text/
css" href="18.12.css" />
    <script>
        function fnInit(){
// 访问 styleSheet 中的一条规则，将其
backgroundColor 改为浅蓝色。
            var oStyleSheet=document.
styleSheets[0];
            var oRule=oStyleSheet.
rules[0];
            oRule.style.backgroundColor=
"#CECEFF";
            oRule.style.width=
"200px";
            oRule.style.height=
"120px";
        }
    </script>
    <title>动态样式</title>
</head>
<body>
</HEAD>
<div class="class1">
```

```
        我会改变颜色
    </div>
    <a  href=#  onclick="fnInit()">改变背
景色</a>
    <body>
</html>
```

上面的 HTML 代码中，定义了一个 DIV 层，其样式规则为 class1，下面创建了一个超级链接，并且为超级链接定义了一个单击事件，当被单击时会调用 fnInit 函数。在 JavaScript 程序中的 fnInit 函数中，首先使用 document.styleSheets[0] 语句获取当前的样式规则集合，然后使用 rules[0] 获取第一条样式规则元素，最后使用 oRule.style 样式对象分别设置背景色、宽度和高度样式。

18.12.css 文件内容如下：

```
.class1
{
    width:100px;
    background-color:red;
    height:80px;
}
```

此选择器比较简单，定义了宽度、高度和背景色。在浏览器中浏览的效果如图 18-16 所示，网页显示了一个 div 层和超级链接。当单击超级链接时，会显示如图 18-17 所示的页面，此时 DIV 层的背景色变为蓝色，并且层高度和宽度变大。

图 18-16　动态样式改变前

图 18-17　动态样式改变后

18.4.3　动态定位网页元素

JavaScript 程序结合 CSS 样式属性，可以动态地改变 HTML 元素所在的位置。如果动态改变 HTML 元素的坐标位置，需要重新设定当前 HTML 元素的坐标位置。此时需要使用新的元素属性 pixelLeft 和 pixelTop，其中 pixelLeft 属性返回定位元素左边界偏移量的整数像素值；因为属性的非像素值返回的是包含单位的字符串，例如 30px。利用这个属性可以单独处理以像素为单位的数值。pixelTop 属性以此类推。

实例 13：使用 JavaScript 动态定位网页元素

```html
<!DOCTYPE html>
<html>
<head>
    <title>动态定位</title>
    <style type="text/css">
        #d1 {
            position: absolute;
            width: 300px;
            height: 300px;
            visibility: visible;
            color: #fff;
            background: #555;
        }
        #d2 {
            position: absolute;
            width: 300px;
            height: 300px;
            visibility: visible;
            color: #fff;
            background: red;
        }
        #d3 {
            position: absolute;
            width: 150px;
            height: 150px;
            visibility: visible;
            color: #fff;
            background: blue;
        }
    </style>
    <script>
        var d1, d2, d3, w, h;
        window.onload = function() {
        d1 = document.getElementById('d1');
        d2 = document.getElementById('d2');
        d3 = document.getElementById('d3');
            w = window.innerWidth;
            h = window.innerHeight;
        }
        function divMoveTo(d, x, y) {
            d.style.pixelLeft = x;
            d.style.pixelTop = y;
        }
        function divMoveBy(d, dx, dy) {
            d.style.pixelLeft += dx;
            d.style.pixelTop += dy;
        }
    </script>
</head>
<body id="bodyId">
<form name="form1">
    <h3>移动定位</h3>
```

```
    <p>
    <input type="button" value="移动
d2" onclick="divMoveBy(d2,100,100)">
<br>
    <input type="button" value="移动
d3到d2(0,0)" onclick="divMoveTo(d3,0,
0)"><br>
    <input type="button" value="移动
d3到d2(75,75)" onclick="divMoveTo(d3,75,
75)"><br>
    </p>
    </form>
    <div id="d1">
        <b>d1</b>
    </div>
    <div id="d2">
        <b>d2</b><br><br>
        d2包含d3
        <div id="d3">
            <b>d3</b><br><br>
            d3是d2的子层
        </div>
    </div>
    </body>
    </html>
```

在 HTML 代码中，定义了三个按钮，并为三个按钮添加了不同的单击事件，即可以调用不同的 JavaScript 函数。下面定义了三个 div 层，分别为 d1、d2 和 d3，d3 是 d2 的子层。在 style 标签中，分别使用 ID 选择器定义了三个层的显示样式，例如绝对定位、是否显示、背景色、宽度和高度。在 JavaScript 代码中，使用 window.onload = function() 语句表示页面加载时执行这个函数，函数内使用语句 getElementById 获取不同的 DIV 对象。在 divMoveTo 函数和 divMoveBy 函数内，都重新定义了坐标位置。

在浏览器中浏览的效果如图 18-18 所示，页面显示了三个按钮，每个按钮执行不同的定位操作。下面显示了三个层，其中 d2 层

包含 d3 层。当单击第三个按钮时，可以重新动态定位 d3 的坐标位置，其显示效果如图 18-19 所示。

图 18-18 动态定位前

图 18-19 动态定位后

18.4.4 设置网页元素的显示与隐藏

在某些网站中，有时根据需要会自动或手动隐藏一些层，从而为其他层节省显示空间。实现层手动隐藏或展开，需要结合使用 CSS 代码和 JavaScript 代码。实现该案例需要使用到 display，通过该值可以设置元素以块显示，还是不显示。

实例 14：使用 JavaScript 动态显示或隐藏网页元素

```html
<!DOCTYPE html>
<html>
<head>
<title>隐藏和显示</title>
<script language="JavaScript"
type="text/JavaScript">
<!--
function toggle(targetid){
    if (document.getElementById){
        target=document.getElementById
(targetid);
            if (target.style.display=
"block"){
                target.style.display=
"none";
            } else {
                target.style.display=
"block";
            }
    }
}
-->
</script>
<style type="text/css">
.div{ border:1px #06F solid;height:
50px;width:150px;display:none;}
a {width:100px; display:block}
</style>
</head>
<body>
<a href="#"onclick="toggle('div1')">
显示/隐藏</a>
<div id="div1" class="div">
<img src=11.jpg>
<p>市场价: 390元</p>
<p>购买价: 190元</p>
</div>
</body>
</html>
```

在代码中，创建了一个超级链接和一个

DIV 层 div1，DIV 层中包含图片和段落信息。在类选择器 div 中，定义了边框样式、高度和宽度，并使用 display 属性设定层不显示。JavaScript 代码首先根据 ID 名称 targetid，判断 display 的当前属性值，如果值为 block，则设置为 none，如果值为 none，则设置值为 block。

在浏览器中浏览的效果如图 18-20 所示，页面显示了一个超级链接。当单击"显示 / 隐藏"超级链接时，会显示如图 18-21 所示的效果，此时显示一个 DIV 层，层里面包含图片和段落信息。

图 18-20　动态显示前

图 18-21　动态显示后

18.5　HTML5、CSS3 和 JavaScript 的搭配应用

HTML5、CSS3 和 JavaScript 搭配应用可以制作出各式各样的动态网页效果，本节通过介绍几个案例，来学习 HTML5、CSS3 和 JavaScript 搭配应用的技巧。

18.5.1　设定左右移动的图片

本案例将使用 HTML5、JavaScript 和 CSS 创建一个左右移动的图片。具体步骤如下。

01 创建 HTML 页面，导入图片，代码如下：

```
<!DOCTYPE html>
<html>
<head>
<title>左右移动图片</title>
</head>
<body>
<img src="01.jpg" name="picture"
style="position: absolute; top: 70px; left: 30px;" BORDER="0" WIDTH="200"
HEIGHT="160">
<script LANGUAGE="JavaScript"><!--
setTimeout("moveLR('picture',300,1)",10);
//--></script>
</body>
</html>
```

上面的代码中，定义了一个图片，图片是绝对定位，左边位置是（70,30）无边框，宽度为 200 像素，高度为 160 像素。script 标签中，使用 setTimeout 方法，定时移动图片。在浏览器中浏览的效果如图 18-22 所示，可以看到网页上显示一个图片。

图 18-22　图片显示

02 加入 JavaScript 代码，实现图片左右移动，代码如下：

```
<script LANGUAGE="JavaScript">
    <!--
    step = 0;
    obj = new Image();
    function anim(xp,xk,smer) //smer = direction
    {
        obj.style.left = x;
        x += step*smer;
        if (x>=(xk+xp)/2) {
            if (smer == 1) step--;
            else step++;
        }
        else {
            if (smer == 1) step++;
            else step--;
        }
        if (x >= xk) {
            x = xk;
            smer = -1;
        }
        if (x <= xp) {
            x = xp;
            smer = 1;
        }
// if (smer > 2) smer = 3;
        setTimeout('anim('+xp+','+xk+','+smer+')', 50);
    }
    function moveLR(objID,movingarea_width,c)
    {
        if (navigator.appName=="Netscape") window_width = window.innerWidth;
        else window_width = document.body.offsetWidth;
        obj = document.images[objID];
        image_width = obj.width;
        x1 = obj.style.left;
        x = Number(x1.substring(0,x1.length-2)); // 30px -> 30
```

309

```
        if (c == 0) {
            if (movingarea_width == 0) {
                right_margin = window_width - image_width;
                anim(x,right_margin,1);
            }
            else {
                right_margin = x + movingarea_width - image_width;
                 if (movingarea_width < x + image_width) window.alert("No space
for moving!");
                else anim(x,right_margin,1);
            }
        }
        else {
            if (movingarea_width == 0) right_margin = window_width - image_
width;
            else {
                x = Math.round((window_width-movingarea_width)/2);
                right_margin = Math.round((window_width+movingarea_width)/2)-
image_width;
            }
            anim(x,right_margin,1);
        }
    }
    //-->
</script>
```

在浏览器中浏览的效果如图 18-23 所示，可以看到网页上显示一个图片，并在水平方向上自由移动。

图 18-23　最终效果

18.5.2　制作背景颜色选择器

本案例将创建一个颜色选择器，可以自由获取颜色值。具体步骤如下。

01 创建基本 HTML 页面，代码如下：

```
<!DOCTYPE html>                          </head>
<html>                                   <body bgcolor="#FFFFFF">
<head>                                   </body>
<title>背景色选择器</title>               </html>
```

上述代码比较简单，只是实现了一个页面框架。

02 添加 JavaScript 代码，实现颜色选择，代码如下：

```
<script language="JavaScript">
        <!--
        var hex = new Array(6)
        hex[0] = "FF"
        hex[1] = "CC"
        hex[2] = "99"
        hex[3] = "66"
        hex[4] = "33"
        hex[5] = "00"
        function display(triplet)
        {
            document.bgColor = '#' + triplet
            alert('现在的背景色是 #'+triplet)
        }
        function drawCell(red, green, blue)
        {
            document.write('<TD BGCOLOR="#' + red + green + blue + '">')
             document.write('<A HREF="javascript:display(\'' + (red + green + blue)
+ '\')">')
            document.write('<IMG SRC="place.gif" BORDER=0 HEIGHT=12 WIDTH=12>')
            document.write('</A>')
            document.write('</TD>')
        }
        function drawRow(red, blue)
        {
            document.write('<TR>')
            for (var i = 0; i < 6; ++i)
            {
                drawCell(red, hex[i], blue)
            }   document.write('</TR>')
        }function drawTable(blue)
        {
            document.write('<TABLE CELLPADDING=0 CELLSPACING=0 BORDER=0>')
            for (var i = 0; i < 6; ++i)
            {
                drawRow(hex[i], blue)
            }
            document.write('</TABLE>')
        }
        function drawCube()
        {
            document.write('<TABLE CELLPADDING=5 CELLSPACING=0 BORDER=1><TR>')
            for (var i = 0; i < 6; ++i)
            {
                document.write('<TD BGCOLOR="#FFFFFF">')
                drawTable(hex[i])
                document.write('</TD>')
            }   document.write('</TR></TABLE>')
        }drawCube()
        // -->
    </script>
```

　　上面的代码中，创建了一个数组对象 hex 用来存放不同的颜色值。下面几个函数分别将数组中的颜色组合在一起，并在页面显示，display 函数完成定义背景颜色和显示颜色值。

　　在浏览器中浏览的效果如图 18-24 所示，可以看到页面显示多个表格，每个单元格代表一种颜色。

图 18-24　最终效果

18.5.3　制作文字跑马灯效果

网页中有一种特效称为跑马灯，即文字从左到右自动输出，和晚上写字楼的广告霓虹灯非常相似。在网页中，如果 CSS 样式设计得非常完美，就会制作出更加亮丽的网页效果。具体步骤如下。

01 创建 HTML，实现输入表单。

```
<!DOCTYPE html>
<html>
<head>
<title>跑马灯</title>
</head>
<body onLoad="LenScroll()">
<center>
<form name="nextForm">
    <input type=text name="lenText">
</form>
</center>
</body>
</html>
```

上面的代码非常简单，创建了一个表单，表单中存放了一个文本域，用于显示移动文字。在浏览器中浏览的效果如图 18-25 所示，可以看到页面中只存在一个文本域，没有其他显示信息。

图 18-25　实现基本表单

02 添加 JavaScript 代码，实现文字移动。

```
<script language="javascript">
    var msg="欢迎光临贝拉时尚风情杂货铺！";        //移动文字
    var interval = 400;                           //移动速度
    var seq=0;

    function LenScroll() {
        document.nextForm.lenText.value = msg.substring(seq, msg.length) + "
" + msg;
```

```
            seq++;
            if ( seq > msg.length )
                seq = 0;
            window.setTimeout("LenScroll();", interval);
        }
</script>
```

上面的代码中，创建了一个变量 msg 用于定义移动的文字内容，变量 interval 用于定义文字移动的速度，LenScroll() 函数用于在表单输入框中显示移动信息。

在浏览器中浏览的效果如图 18-26 所示，可以看到输入框中显示了移动信息，并且从右向左移动。

图 18-26　实现移动效果

03▶添加 CSS 代码，修饰输入框和页面。

```
<style type="text/css">
<!--
body{
    background-color:#FFFFFF;       /* 页面背景色 */
}
input{
    background:transparent;         /* 输入框背景透明 */
    border:none;                    /* 无边框 */
    color:red;
    font-size:45px;
    font-weight:bold;
    font-family:黑体;
}-->
</style>
```

上面的代码设置了页面背景颜色为白色。在 input 标签选择器中，定义了边框背景为透明，无边框，字体颜色为黄色，大小为 45 像素，加粗并以黑体显示。在浏览器中浏览的效果如图 18-27 所示，可以看到页面中的文字相比较原来页面字体变大，颜色为红色，没有输入框显示。

图 18-27　文字跑马灯效果

18.6　新手常见疑难问题

┃ 疑问 1：如何检查浏览器的版本？

答：使用 JavaScript 代码可以检查浏览器的版本，具体代码如下：

```
<script type="text/javascript">
    var browser=navigator.appName
    var b_version=navigator.appVersion
    var version=parseFloat(b_version)
    document.write("浏览器名称: "+ browser)
    document.write("<br />")
    document.write("浏览器版本: "+ version)
</script>
```

疑问 2：JavaScript 支持的对象主要包括哪些？

答：JavaScript 支持的对象主要如下。

（1）JavaScript 核心对象：包括同基本数据类型相关的对象（如 String、Boolean、Number）、允许创建用户自定义和组合类型的对象（如 Object、Array）和其他能简化 JavaScript 操作的对象（如 Math、Date、RegExp、Function）。

（2）浏览器对象：包括不属于 JavaScript 语言本身但被绝大多数浏览器所支持的对象，如控制浏览器窗口和用户交互界面的 Window 对象、提供客户端浏览器配置信息的 Navigator 对象。

（3）用户自定义对象：Web 应用程序开发者用于完成特定任务而创建的自定义对象，可自由设计对象的属性、方法和事件处理程序，编程的灵活性较大。

（4）文本对象：由文本域构成的对象，在 DOM 中定义，同时赋予很多特定的处理方法，如 insertData()、appendData() 等。

18.7 实战技能训练营

实战 1：制作树形导航菜单

树形导航菜单是网页设计中最常用的菜单之一。实现一个树形菜单，需要三个方面配合，一个是 <ul> 无序列表，用于显示菜单，一个是 CSS 样式，修饰树形菜单样式，一个是 JavaScript 程序，实现单击时展开菜单选项。案例完成后的效果如图 18-28 所示。

实战 2：制作一个钟表特效

使用 HTML5 技术中的容器画布 canvas，以及 CSS3 样式表和 JavaScript 代码可以在网页中创建一个类似于钟表的特效。案例完成后的效果如图 18-29 所示。

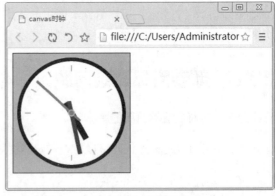

图 18-28　树形菜单　　　　　　　　　　　图 18-29　钟表特效

第19章　使用CSS设计XML文档样式

本章导读

XML 是一种标准化的文本格式，可以在 Web 上表示结构化信息，可以存储有复杂结构的数据信息。XML 是 HTML 的补充，但 XML 并不是 HTML 的替代品。在将来的网页开发中，XML 将被用来描述、存储数据，而 HTML 则用来格式化和显示数据。本章就来介绍使用 CSS 设计 XML 文档样式的基本方法和应用技巧。

知识导图

19.1　XML 语法基础

XML 是标签语言，支持开发者为 Web 信息设计自己的标签。XML 要比 HTML 强大得多，它不再是固定的标签，而是允许定义不受数量限制的标签来描述文档中的资料，允许嵌套信息结构。

19.1.1　XML 的基本应用

随着因特网的发展，为了控制网页的显示样式，增加了一些描述如何显现数据的标签，例如 <center>、<b> 等标签。但随着 HTML 的不断发展，W3C 组织意识到 HTML 存在一些无法避免的问题。

（1）不能解决所有解释数据的问题，例如影音文件或化学公式、音乐符号等其他形态的内容。

（2）效能问题，需要下载整份文件，才能开始对文件做搜寻的动作。

（3）扩充性、弹性、易读性均不佳。

为了解决以上问题，专家们使用 SGML 精简制作，并依照 HTML 的发展经验，制定出一套使用规则严谨，但是简单的描述数据语言：XML。

XML（eXtensible Markup Language，可扩展标签语言）是 W3C 推荐参考的通用标签语言，同样也是 SGML 的子类，可以定义自己的一组标签。它具有下面几个特点。

（1）XML 是一种元标签语言，所谓"元标签语言"就是开发者可以根据需要定义自己的标签，例如开发者可以定义标签 <book><name>，任何满足 xml 命名规则的名称都可以作为标签，这就为不同的应用程序的应用打开了大门。

（2）允许通过使用自定义格式，标识、交换和处理数据库可以理解的数据。

（3）基于文本的格式，允许开发人员描述结构化数据并在各种应用之间发送和交换这些数据。

（4）有助于在服务器之间传输结构化数据。

（5）XML 使用的是非专有的格式，不受版权、专利、商业秘密或是其他种类的知识产权的限制。XML 的功能非常强大，同时对于人类或是计算机程序来说，都容易阅读和编写。因而成为交换语言的首选。网络带给人类的最大好处是信息共享，可以在不同的计算机发送数据，而 XML 用来告诉"数据是什么"，利用 XML 可以在网络上交换任何一种信息。

实例 1：创建一个 XML 文件

```
<?xml version="1.0"encoding=
"GB2312" ?>
    <电器>
        <家用电器>
            <品牌>小天鹅洗衣机</品牌>
            <购买时间>2020-03-015</购买时间>
            <价格 币种="人民币">3299元</价格>
        </家用电器>
```

```
        <家用电器>
            <品牌>海尔冰箱</品牌>
            <购买时间>2020-03-15</购买时间>
            <价格 币种="人民币">3990</价格>
        </家用电器>
    </电器>
```

此处需要将文件保存为 XML 文件。该文件中，每个标签都是用汉语编写的，是自定义标签。整个电器可以看作是一个对象，该对象包含多个家用电器，家用电器是用来存储电器的相关信息的，也可以说家用电器对象是一种数据结构模型。在页面中没有对数据的样式进行修饰，而只是告诉我们数据结构是什么，数据是什么。

在 IE 浏览器中浏览的效果如图 19-1 所示，可以看到整个页面呈树形结构显示，通过单击 "-" 图标可以关闭树形结构，单击 "+" 图标可以展开树形结构。

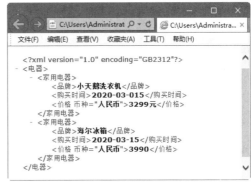

图 19-1　XML 文件显示

19.1.2　XML 文档的组成和声明

一个完整的 XML 文档由声明、元素、注释、字符引用和处理指令组成。XML 文档的组成部分都是通过元素标签来指明的。可以将 XML 文档分为三个部分，如图 19-2 所示。

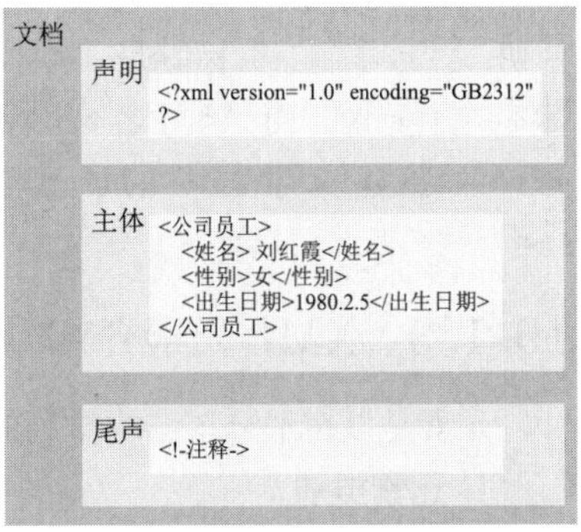

XML 声明必须作为 XML 文档的第一行，前面不能有空白、注释或其他处理指令。完整的声明格式如下：

```
<?xml version="1.0" encoding="编码"standalone="
yes/no" ?>
```

图 19-2　XML 文档的组成

其中，version 属性不能省略，且必须在属性列表中排在第一位，指明所采用的 XML 的版本号，值为 1.0。该属性用来保证对 XML 未来版本的支持。encoding 属性是可选属性。该属性指定了文档采用的编码方式，即规定了采用哪种字符集对 XML 文档进行字符编码，常用的编码方式为 UTF-8 和 GB2312。如果没有使用 encoding 属性，那么该属性的默认值是 UTF-8，如果 encoding 属性值设置为 GB2312，则文档必须使用 ANSI 编码保存，文档的标签以及标签内容只能使用 ASCII 字符和中文。

使用 GB2312 编码的 XML 声明如下：

```
<?xml version="1.0" encoding="GB2312" ?>
```

XML 文档主体必须有根元素。所有的 XML 必须包含可定义根元素的单一标签对。所有其他元素都必须处于这个根元素内部。所有的元素均可拥有子元素。子元素必须被正确地嵌套于它们的父元素内部。根标签以及根标签内容共同构成 XML 文档主体。没有文档主体的 XML 文档将不会被浏览器或其他 XML 处理程序所识别。

注释可以提高文档的阅读性，尽管 XML 解析器通常会忽略文档中的注释，但位置适当且有意义的注释可以大大提高文档的可读性。所以 XML 文档中不用于描述数据的内容都可以包含在注释中，注释以 "<!--" 开始，以 "-->" 结束，在起始符和结束符之间为注释内容，注释内容可以输入符合注释规则的任何字符串。

实例 2：认识 XML 文档的组成和声明

```
<?xml version="1.0" encoding=
"gb2312"?>
<!--这是一个优秀学生的名单-->
<学生名单>
<学生>
    <姓名>张三</姓名>
    <学号>21</学号>
    <性别>男</性别>
</学生>
<学生>
    <姓名>李四</姓名>
    <学号>22</学号>
    <性别>男</性别>
</学生>
</学生名单>
```

上面的代码中，第一句代码是一个 XML 声明。"< 学生 >"标签是"< 学生名单 >"标签的子元素，而"< 姓名 >"标签和"< 学号 >"标签是"< 学生 >"的子元素。"<!---->"

是一个注释。

在 IE 浏览器中浏览的效果如图 19-3 所示，可以看到页面显示了一个树形结构，并且数据层次感非常好。

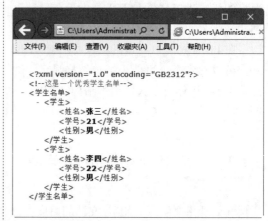

图 19-3　XML 文档组成

19.1.3　XML 元素介绍

元素是以树形分层结构排列的，它可以嵌套在其他元素中。

1. 元素类别

在 XML 文档中，元素也分为非空元素和空元素两种类型。一个 XML 非空元素是由开始标签、结束标签以及标签之间的数据构成的。开始标签和结束标签用来描述标签之间的数据。标签之间的数据被认为是元素的值。非空元素的语法结构如下：

<开始标签>文本内容</结束标签>

而空元素就是不包含任何内容的元素，即开始标签和结束标签之间没有任何内容的元素。其语法结构如下：

<开始标签></结束标签>

可以把元素内容为文本的非空元素转换为空元素。例如：

<hello>下午好</hello>

<hello> 是一个非空元素，如果把非空元素的文本内容转换为空元素的属性，那么转换后的空元素可以写为

<hello content="下午好"></hello>

2. 元素命名规范

XML 元素的命名规则与 Java、C 等命名规则类似，它也是一种对大小写敏感的语言。XML 元素命名必须遵守下列规则。

元素名中可以包含字母、数字和其他字符，如 <place>、< 地点 >、<no123> 等。元素名中虽然可以包含中文，但是在不支持中文的环境中将不能够解释包含中文字符的 XML 文档。

元素名中不能以数字或标点符号开头。例如，<123no>、<.name>、<?error> 元素名称都是非法名称。

元素名中不能包含空格，如 <no 123>。

3. 元素嵌套

元素的内容可以包含子元素。子元素本身也是元素，被嵌套在上层元素之内。如果子元素嵌套了其他元素，那么它同时也是父元素，例如下面所示部分代码：

```
<?xml version="1.0" encoding=
"gb2312" ?>
<students>
  <student>
    <name>张三</name>
```

```
      <age>20</age>
    </student>
    ...
  </students>
```

<student> 是 <students> 的子元素，同时也是 <name> 和 <age> 的父元素，而 <name> 和 <age> 是 <student> 的子元素。

4. 元素实例

实例 3：XML 元素的简单应用

```
<?xml version="1.0" encoding=
"gb2312" ?>
<通讯录>
  <!--"记录"标签中包含姓名、地址、电话
和电子邮件 -->
    <记录 date="2021/2/1">
      <姓名>张三</姓名>
      <地址>河南省郑州市中州大道</地址>
      <电话>0371-12345678</电话>
      <电子邮件>zs@tom.com</电子邮件>
    </记录>
    <记录 date="2021/3/12">
      <姓名>李四</姓名>
      <地址>河北省邯郸市工农大道</地址>
      <电话>13012345678</电话>
    </记录>
    <记录 date="2021/2/23">
      <姓名>王五</姓名>
      <地址>吉林省长春市幸福路</地址>
      <电话>13112345678</电话>
      <电子邮件>wangwu@sina.com</电子邮件>
    </记录>
</通讯录>
```

文件代码中，第一行是 XML 声明，声明该文档是 XML 文档，文档所遵守的版本号以及文档使用的字符编码集。在这个例子中，遵守的是 XML 1.0 版本规范，字符编码是 gb2312 编码方式。< 记录 > 是 < 通讯录 > 的子标签，但 < 记录 > 标签同时是 < 姓名 > 和 < 地址 > 等标签的父元素。

在 IE 11.0 中浏览的效果如图 19-4 所示，可以看到页面显示了一个树形结构，每个标签中间包含相应的数据。

图 19-4　树形结构

19.2　CSS 修饰 XML 文件

我们知道 XML 文档本身只包含数据，而没有关于显示数据样式的信息。如果需要将 XML 文档数据美观地显示出来，而不是以树形结构显示，可以通

过 CSS 来控制 XML 文档中各个元素的呈现方式。

19.2.1　在 XML 中使用 CSS

XML 文档数据需要使用 CSS 属性定义显示样式，其方法是把 CSS 代码做成独立文件，然后引入 XML 中。在 XML 文档引入样式表 CSS，可以将数据的内容和样式分离出来，并且能够实现 CSS 的重复使用。

XML 文件引用 CSS 文件，XML 文件中必须使用下面的操作指令：

```
<?xml-stylesheet href="URI" type="text/css"?>
```

xml-stylesheet 表示在这里使用了样式表。样式表的 URI 表示要引入文件所在的路径，如果只是一个文件的名字，该 CSS 文件必须和 XML 文档放在一个目录的下面；如果 URI 是一个链接，该链接必须是有效且可访问的，type 表示该文件所属的类型是文本形式的，其内容是 CSS 代码。

▌实例 4：在 XML 文件中使用 CSS

```
<?xml version="1.0" encoding=
"GB2312" ?>
<?xml-stylesheet type="text/css"
href="19.4.css"?>
<student>
<name>王明明</name>
<sex>男</sex>
<name>李小伟</name>
<sex>男</sex>
</student>
```

19.4.css 的内容如下：

```
student{
    background-color: #ddeecc;
    font-family:"幼圆";
    text-align:center;
    display:block;
}
name{
    font-size:20px;
    color:red;
}
```

```
sex{
    font-size:12px;
    font-style:italic;
}
```

在 CSS 文件中，针对 student、name 和 sex 三个标签，设置了不同的显示样式，例如字体大小、字体颜色、对齐方式等。

在 IE 11.0 中浏览的效果如图 19-5 所示，可以看到 XML 文档不再是以树形结构显示，并且没有标签出现，而只是显示其标签中的数据。

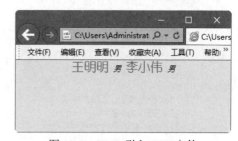

图 19-5　XML 引入 CSS 文件

19.2.2　设置字体属性

CSS3 样式表提供了多种字体属性，使设计者对字体能进行更详细的设置，从而能够更加丰富页面效果。例如 font-style、font-variant、font-weight、font-size 和 font-family 等属性，这些属性前面已经介绍过了，就不再重复了。这些字体属性，也可以应用于 XML 文件元素。

▌实例 5：使用 CSS 修饰 XML 文字样式

```
<?xml version="1.0" encoding="gb2312"?>
<?xml-stylesheet href="19.5.css"
```

```
type="text/css"?>
    <company>
        <name>明天图文设计工作室</name>
        <address>托里大街52号</address>
```

```
        <phone>13012345678</phone>
    </company>
```

19.5.css 的内容如下：

```
company{
    color: #ddeecc;
    font:normal small-caps bolder
15pt "幼圆" ;
    background-color:#123543;
}
name{
    font-size:30px;
    display:block;
}
address{
    font-size: 12px;
    display:block;
}
phone{
    font-size: 12px;
```

```
    font-style:italic;
    display:block;
}
```

上面的 CSS 代码针对 XML 中的标签，进行了字体设置、背景颜色和前景色设置。

在 IE 中浏览的效果如图 19-6 所示，可以看到网页显示了一个公司介绍信息，其中字体大小不一样，联系方式以斜体显示。

图 19-6　CSS 定义 XML 字体属性

19.2.3　设置色彩属性

颜色和背景是网页设计中两个重要的因素，一个颜色搭配协调、背景优美的文档总是能吸引不少的访问者。CSS 的强大表现功能在控制颜色和背景方面同样发挥得淋漓尽致。XML 元素的背景可设置成一种颜色或一幅影像。

在 CSS3 中，如果需要设置文本颜色，即网页前景色，通常使用 color 属性定义元素背景，其相关属性有：background-color、background-image、background-repeat、background-attachment、background-position。这些前面都已经介绍过，这里就不再介绍了。

实例 6：使用 CSS 修饰 XML 元素的图片样式

```
    <?xml version="1.0" encoding=
"GB2312" ?>
    <?xml-stylesheet href="19.6.css"
type="text/css" ?>
    <img>
    《天净沙·秋思》
    </img>
```

19.6.css 的内容如下：

```
img{
    display:block;
    color:red;
    text-align:left;
    font-size:20px;
    background-image:URL("01.jpg");
    background-repeat:no-repeat;
    background-position:left;
}
```

上面的 CSS 代码设置背景以块显示，字体颜色为红色，字体大小为 20 像素，并左对齐。background-image 引入背景图片为 01.jpg，并设置了图片不重复。

在 IE 中浏览的效果如图 19-7 所示，可以看到页面背景为一张图片，且不重复，在图片上显示了红色文字"《天净沙·秋思》"。

图 19-7　CSS 定义 XML 背景

19.2.4　设置边框属性

在 CSS3 中可以使用 border-style、border-width 和 border-color 三个属性设定边框。页面元素的边框就是将元素内容及间隙包含在其中的边线，类似于表格的外边线。宽度、样式和颜色决定了边框所显示出来的外观。

实例 7：使用 CSS 修饰 XML 元素的边框样式

```
<?xml version="1.0" encoding=
"GB2312" ?>
<?xml-stylesheet href="19.7.css"
type="text/css" ?>
<Border>
        <smallBorder>
            鸣筝金粟柱，素手玉房前。
        </smallBorder>
</Border>
```

19.7.css 的内容如下：

```
Border{
    border-style:solid;
    border-width:15px;
    border-color:#123456;
    width:250px;
    height:150px;
    text-align:center;
}
smallBorder{
    font-size:15px;
    color:red;
}
```

在 Border 标签中，设置边框显示样式，例如直线形式显示，颜色为深蓝色，宽度为15 像素，并且设置显示块的宽度为 250 像素、高度为 150 像素，边框内元素居中显示。在 smallBorder 标签中设置了字体大小和字体颜色。

在浏览器中浏览的效果如图 19-8 所示，可以看到页面中显示了一个边框，边框中显示的是红色字体，其内容是："鸣筝金粟柱，素手玉房前。"

图 19-8　设置 XML 元素边框

19.2.5　设置文本属性

在 CSS3 中，提供了多种文本属性来实现对文本的控制，例如 text-indent、text-align、white-space、line-height、vertical-align、text-transform 和 text-decoration 等属性。这些前面已经介绍过，这里就不再介绍了。利用这些属性，可以控制 XML 文本元素的显示样式。

实例 8：使用 CSS 修饰 XML 文本样式

```
<?xml version="1.0" encoding=
"gb2312"?>
<?xml-stylesheet type="text/css"
href="19.8.css"?>
<big>
    <one>健康</one>
    <title>饮茶养生养颜　特殊时期慎饮茶</
title>
    <content>
    金银花，味甘，性寒，具有清热解毒、疏散风
热的作用。金银花为清热解毒之良药，既能清里热，
又能散表热，临床上主要用于治疗各种痈肿疮毒、热
```

毒血痢及温热病等。金银花药性偏寒，不适合长期饮用，仅适合在炎热的夏季暂时饮用以防治痢疾。

```
    </content>
    </big>
```

19.8.css 的内容如下：

```
big{
    width:500px;
    border:#6600FF 2px solid;
    height:200px;
    font-size:15px;
    font-family:"宋体";
}
```

```
one{
    font-size:18px;
    width:500px;
    height:25px;
    line-height:25px;
    text-align:center;
    color:#FF3300;
    margin-top:5px;
    font-weight:800;
    text-decoration:underline;
}
title{
    margin:10px 0 10px 10px;
    display:block;
    color:#0033FF;
    font-size:18px;
    font-weight:800;
    text-align:center;
}
content{
    display:block;
    line-height:20px;
    width:490px;
    margin-left:10px;
    font-weight:800;
```

```
    text-indent:2em;
}
```

上面的 CSS 代码分别定义不同标签的显示样式，例如宽度、高度、边框样式、字体大小、行高和是否带有下划线等。

在浏览器中浏览的效果如图 19-9 所示，可以看到页面中显示了一个公告栏，栏中显示了不同颜色的文字，并且段落缩进两个单元格显示。

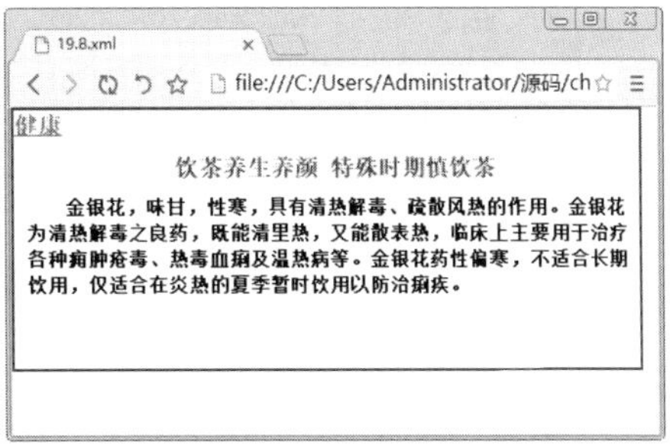

图 19-9　修饰 XML 文本

19.3　新手常见疑难问题

▌ 疑问 1：同时设置背景色和背景图片，可以吗？

答：在设置背景图片时，最好同时也设置背景色，这样当背景图片因某种原因无法正常显示时，可以用背景色来代替。当然，如果正常显示，背景图片会覆盖背景色的。

▌ 疑问 2：XML 和 HTML 文件有什么相同和不同之处？

答：HTML 和 XML 都是由 SGML 发展而来的标签语言，因此，它们有些共同点，如相似的语法和标签。不过 HTML 是在 SGML 定义下的一个描述性语言，只是一个 SGML 的应用。而 XML 是 SGML 的一个简化版本，是 SGML 的一个子集。

XML 是用来存放数据的，它不是 HTML 的替代品，XML 和 HTML 是两种不同用途的语言。XML 是用来描述数据的，而 HTML 只是一个显示数据的标签语言。

19.4　实战技能训练营

实战 1：制作一则招聘广告

CSS3 结合 XML 文档，可以创建出多种样式，例如在 HTML 页面中常见的招聘信息。本实例将结合前面学习的 XML 和 CSS 知识，创建一个基于 XML 文档的招聘广告。在 IE 11.0 中浏览的效果如图 19-10 所示。

实战 2：制作图文混排页面

图文搭配布局是网页显示的永恒话题，用文字进行介绍，以图形进行说明，二者相得益彰，互为补充。本实例使用 XML 文档结合 CSS 文件完成图文混搭的布局。在 IE 中浏览的效果如图 19-11 所示。

图 19-10　招聘广告显示效果

图 19-11　图文混排页面显示效果

第20章 流行的响应式开发框架 Bootstrap

本章导读

Bootstrap 是一款用于快速开发 Web 应用程序和网站的前端框架，它是基于 HTML、CSS 和 JavaScript 等技术开发的。本章将简单介绍 Bootstrap 的基本应用。

知识导图

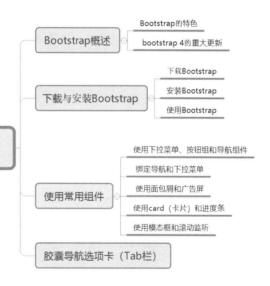

20.1 Bootstrap 概述

Bootstrap 是由 Twitter 公司主导研发的，是基于 HTML、CSS、JavaScript 开发的简洁、直观的前端开发框架，使得 Web 开发更加快捷。Bootstrap 推出后颇受欢迎，一直是 GitHub 上的热门开源项目，可以说 Bootstrap 是目前最受欢迎的前端框架之一。

20.1.1 Bootstrap 的特色

Bootstrap 是当前比较流行的前端框架，起源于 Twitter，是 Web 开发人员的一个重要工具，它具有下面一些特色。

1. 跨设备，跨浏览器

可以兼容所有现代主流浏览器，Bootstrap 3 不兼容 IE7 及其以下版本，Bootstrap 4 不再支持 IE8。自 Bootstrap 3 起，框架包含贯穿于整个库的移动设备优先的样式，重点支持各种平板电脑和智能手机等移动设备。

2. 响应布局

从 Bootstrap 2 开始，便支持响应式布局，能够自适应台式机、平板电脑和手机，从而提供一致的用户体验。

3. 列网格布局

Bootstrap 提供了一套响应式、移动设备优先的网格系统，随着屏幕或视口（viewport）尺寸的增加，系统最多会自动分为 12 列，也可以根据自己的需要定义列数。

4. 较全面的组件

Bootstrap 提供了实用性很强的组件，如导航、按钮、下拉菜单、表单、列表、输入框等，供开发者使用。

5. 内置 jQuery 插件

Bootstrap 提供了很多实用的 jQuery 插件，如模态框、旋转木马等，这些插件方便开发者实现 Web 中的各种常规特效。

6. 支持 HTML5 和 CSS3

Bootstrap 的使用要求在 HTML5 文档类型的基础上，所以支持 HTML5 的标签和语法；Bootstrap 支持 CSS3 的属性和标准，并不断完善。

7. 容易上手

只要具备 HTML 和 CSS 的基础知识，就可以开始学习 Bootstrap 并且使用它。

8. 开源的代码

Bootstrap 是完全开源的，不管是个人或者是企业都可以免费使用。Bootstrap 全部托管于 GitHub，并借助 GitHub 平台实现社区化的开发和共建。

20.1.2 Bootstrap 4 的重大更新

Bootstrap 4 相比较 Bootstrap 3 有太多重大的更新，下面是其中一些更新的亮点。

（1）不再支持 IE8，使用 rem 和 em 单位：Bootstrap 4 放弃对 IE8 的支持，这意味着开发者可以放心地利用 CSS 的优点，不必再研究 CSS hack 技巧或回退机制了。使用 rem 和 em 代替 px 单位，更适合做响应式布局，控制组件大小。如果想要支持 IE8，只能继续用 Bootstrap 3。

（2）从 Less 到 Sass：现在，Bootstrap 已加入 Sass 的大家庭中，得益于 Libsass，Bootstrap 的编译速度比以前更快。

（3）支持选择弹性盒模型（Flexbox）：这是划时代的功能——只要修改一个变量 Boolean 值，就可以让 Bootstrap 中的组件使用 Flexbox。

（4）废弃了 wells、thumbnails 和 panels，使用 cards（卡片）代替：cards 是个全新的概念，与 wells、thumbnails 和 panels 的用法类似，但是更加方便。

（5）将所有 HTML 重置样式表整合到 Reboot 中：在一些地方用不了 Normalize.css 时，可以使用 Reboot 重置样式，它提供了更多选项。

（6）新的自定义选项：不再像上个版本一样，将 Flexbox、渐变、圆角、阴影等效果分放在单独的样式表中，而是将所有选项都移到一个 Sass 变量中。如果想要改变默认效果，只需要更新变量值，重新编译就可以了。

（7）重写所有 JavaScript 插件：为了利用 JavaScript 的新特性，Bootstrap 4 用 ES6 重写了所有插件。现在提供 UMD 支持、泛型拆解方法、选项类型检查等特性。

（8）更多变化：支持自定义窗体控件、空白和填充类，此外还包括新的实用程序类等。

20.2　下载与安装 Bootstrap

Bootstrap 4 是 Bootstrap 的最新版本，与之前的版本相比，拥有更强大的功能。本节将教大家如何下载 Bootstrap 4。

20.2.1　下载 Bootstrap

Bootstrap 4 有两个版本的压缩包，一个是源码文件，是供学习使用的；另一个是编译版，供直接引用的。

1. 下载源码版的 Bootstrap

Bootstrap 全部托管于 GitHub，并借助 GitHub 平台实现社区化的开发和共建，所以我们可以到 GitHub 上下载 Bootstrap 压缩包。使用谷歌浏览器访问"https://github.com/twbs/bootstrap/"页面，单击 Download ZIP 按钮，下载最新版的 Bootstrap 压缩包，如图 20-1 所示。

图 20-1　在 GitHub 上下载源码文件

Bootstrap 4 源码下载完成后并解压，目录结构如图 20-2 所示。

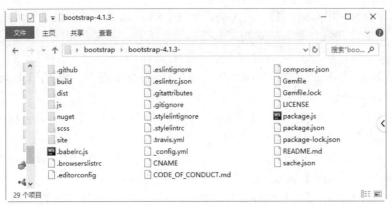

图 20-2　源码文件的目录结构

2. 下载编译版 Bootstrap

如果用户需要快速使用 Bootstrap 来开发网站，可以直接下载经过编译、压缩的发布版本，使用浏览器访问"http://getbootstrap.com/docs/4.1/getting-started/download/"页面，单击 Download 按钮，下载编译版本压缩文件，如图 20-3 所示。

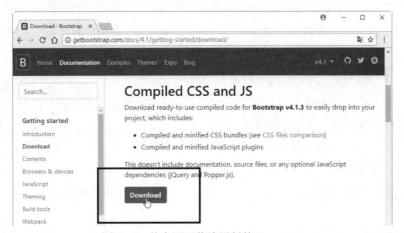

图 20-3　从官网下载编译版的 Bootstrap

编译版的压缩文件，仅包含编译好的 Bootstrap 应用文件，有 CSS 文件和 JS 文件，与 Bootstrap 3 相比少了 fonts 字体文件，如图 20-4 所示。

图 20-4　编译文件的目录结构

其中，CSS 文件的目录结构如图 20-5 所示，JS 文件的目录结构如图 20-6 所示。

图 20-5　CSS 文件的目录结构　　　　　　　图 20-6　JS 文件的目录结构

在网站目录中，导入相应的 CSS 文件和 JS 文件，便可以在项目中使用 Bootstrap 的效果和插件了。

20.2.2　安装 Bootstrap

Bootstrap 下载完成后，需要安装才可以使用。Bootstrap 是本着移动设备优先的策略开发的，所以优先为移动设备优化代码，根据每个组件的情况并利用 CSS 媒体查询技术为组件设置合适的样式。

为了确保在所有设备上能够正确渲染并支持触控缩放，需要将 viewport 属性的 <meta> 标签添加到 <head> 中。具体如下面代码所示：

```
<meta name="viewport" content="width=device-width, initial-scale=1, shrink-to-fit=no">
```

本地安装 Bootstrap 大致可以分为以下两步。

01 安装 Bootstrap 的基本样式，使用 <link> 标签引入 Bootstrap.css 样式表文件，并且放在所有其他的样式表之前，如下面代码所示：

```
<link rel="stylesheet" href="bootstrap-4.1.3/css/bootstrap.css">
```

02 调用 Bootstrap 的 JS 文件以及 jQuery 框架。要注意 Bootstrap 中的许多组件需要依赖 JavaScript 才能运行，它们依赖的是 jQuery、Popper.js，Popper.js 包含在我们引入的 bootstrap. bundle.js 中。具体的引入顺序是 jQuery.js 必须放在最前面，然后是 bundle.js，最后是 bootstrap.js，如下面的代码所示：

```
<script src="jquery.js"></script>
<script src="bootstrap-4.1.3/js/bootstrap.bundle.js"></script>
<script src="bootstrap-4.1.3/js/bootstrap.js"></script>
```

20.2.3　使用 Bootstrap

Bootstrap 安装完成后，下面我们就来使用它完成一个简单的小案例。

首先需要在页面 <head> 中引入 bootstrap 核心代码文件，如下面代码所示：

```
<meta name="viewport" content="width=device-width, initial-scale=1, shrink-to-fit=no">
<link rel="stylesheet" href="bootstrap-4.1.3/css/bootstrap.css">
```

```
<script src="jquery.js"></script>
<script src="bootstrap-4.1.3/js/bootstrap.bundle.js"></script>
<script src="bootstrap-4.1.3/js/bootstrap.js"></script>
```

然后在 `<body>` 中添加一个 `<h1>` 标签中，并添加 bootstrap 中的 bg-dark 和 text-white 类，bg-dark 用于设置 `<h1>` 标签的背景色为黑色，text-white 设置 `<h1>` 标签的字体颜色为白色。具体代码如下：

```
<!DOCTYPE html>
<html>
<head>
<title></title>
    <meta name="viewport" content="width=device-width, initial-scale=1, shrink-
to-fit=no">
    <link rel="stylesheet" href="bootstrap-4.1.3/css/bootstrap.css">
    <script src="jquery.js"></script>
    <script src="bootstrap-4.1.3/js/bootstrap.bundle.js"></script>
    <script src="bootstrap-4.1.3/js/bootstrap.js"></script>
</head>
<body>
<!--.bg-dark类用来设置背景颜色为黑色，text-white用来设置文本颜色为白色-->
<h1 class="bg-dark text-white">hello world!</h1>
</body>
</html>
```

在 IE 11.0 浏览器中显示的效果如图 20-7 所示。

图 20-7　初始 Bootstrap

> **注意**：在 `<head>` 中引入的核心代码，在后续的内容中将省略，读者务必加上。

20.3　使用常用组件

Bootstrap 提供了大量可复用的组件，下面简单介绍其中一些常用的组件，更详细的内容请参考官方文档。

20.3.1　使用下拉菜单

下拉菜单是网页中经常看到的效果之一，使用 Bootstrap 很容易就可以实现。在 Bootstrap 中可以使用按钮或链接来打开下拉菜单，按钮和链接需要添加 .dropdown-toggle 类和 data-toggle="dropdown" 属性。

在菜单元素中需要添加 .dropdown-menu 类实现下拉，然后在下拉菜单的选项中添加 .dropdown-item 类。在下面的案例中使用一个列表来设计菜单。

实例 1：设计下拉菜单

```
<!DOCTYPE html>
<html>
<head>
<title> </title>
    <meta name="viewport" content=
"width=device-width, initial-scale=1,
shrink-to-fit=no">
    <link rel="stylesheet" href=
"bootstrap-4.1.3/css/bootstrap.css">
    <script src="jquery.js"></script>
    <script src="bootstrap-4.1.3/
js/bootstrap.bundle.js"></script>
    <script src="bootstrap-4.1.3/
js/bootstrap.js"></script>
</head>
<body>
<div class="container">
    <div>
        <!--.btn类设置a标签为按钮,
.dropdown-toggle类和data-toggle=
"dropdown" 属性类别用来激活下拉菜单-->
        <a href="#" class="dropdown-
toggle" data-toggle="dropdown">下拉菜单
</a>
        <!--.dropdown-menu用来指定被
激活的菜单-->
```

```
        <ul class="dropdown-menu">
            <!--.dropdown-item添加列
表元素的样式-->
            <li><a href="#" class=
"dropdown-item">新闻</a></li>
            <li><a href="#" class=
"dropdown-item">电视</a></li>
            <li><a href="#" class=
"dropdown-item">电影</a></li>
        </ul>
    </div>
</div>
</body>
</html>
```

在浏览器中运行的结果如图 20-8 所示。

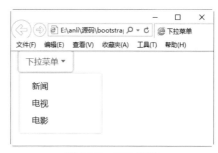

图 20-8　下拉菜单

20.3.2　使用按钮组

用含有 .btn-group 类的容器把一系列含有 .btn 类的按钮包裹起来，便形成了一个页面组件——按钮组。

实例 2：设计按钮组

```
<!DOCTYPE html>
<html>
<head>
<title></title>
    <meta name="viewport" content=
"width=device-width, initial-scale=1,
shrink-to-fit=no">
    <link rel="stylesheet" href=
"bootstrap-4.1.3/css/bootstrap.css">
    <script src="jquery.js"></script>
    <script src="bootstrap-4.1.3/js/
bootstrap.bundle.js"></script>
    <script src="bootstrap-4.1.3/js/
bootstrap.js"></script>
</head>
<body>
<div class="container">
    <!--使用含有.btn-group类的div来包
裹按钮元素-->
    <div class="btn-group">
```

```
        <!--.btn btn-primary设置按钮
为浅蓝色; .btn btn-info设置按钮为深蓝色;
.btn btn-success设置按钮为绿色; .btn btn-
warning设置按钮为黄色; .btn btn-danger设置
按钮为红色; -->
        <button class="btn btn-primary">
首页</button>
        <button class="btn btn-success">
新闻</button>
        <button class="btn btn-info">
电视</button>
        <button class="btn btn-warning">
电影</button>
        <button class="btn btn-danger">
动漫</button>
    </div>
</div>
</body>
</html>
```

在浏览器中运行的结果如图 20-9 所示。

图 20-9　按钮组

20.3.3　使用导航组件

一个简单的导航栏，可以通过在 `<ul>` 元素上添加 .nav 类、每个 `<li>` 元素上添加 .nav-item 类、每个链接上添加 .nav-link 类来实现。

▌实例 3：设计简单导航

```
<!DOCTYPE html>
<html>
<head>
<title></title>
    <meta name="viewport" content=
"width=device-width, initial-scale=1,
shrink-to-fit=no">
    <link rel="stylesheet" href=
"bootstrap-4.1.3/css/bootstrap.css">
    <script src="jquery.js"></
script>
    <script src="bootstrap-4.1.3/js/
bootstrap.bundle.js"></script>
    <script src="bootstrap-4.1.3/js/
bootstrap.js"></script>
</head>
<body>
<div class="container">
    <p>基本的导航:</p>
    <!--在ul中添加.nav类创建导航栏-->
    <ul class="nav">
        <!--在li中添加.nav-item,在a中
添加.nav-link设置导航的样式-->
        <li class="nav-item"><a class=
"nav-link" href="#">小说</a></li>
```

```
        <li class="nav-item"><a
class="nav-link" href="#">音乐</a></li>
        <li class="nav-item"><a
class="nav-link" href="#">视频</a></li>
        <li class="nav-item"><a
class="nav-link" href="#">游戏</a></li>
    </ul>
</div>
</body>
</html>
```

在浏览器中运行的结果如图 20-10 所示。

图 20-10　基本的导航

Bootstrap 的导航组件都是建立在基本的导航之上，可以通过扩展基础的 .nav 组件，来实现别样的导航样式。

1. 标签页导航

在基本导航中，为 `<ul>` 元素添加 .nav-tabs 类，对于选中的选项使用 .active 类，并为每个链接添加 data-toggle="tab" 属性类别，便可以实现标签页导航了。

▌实例 4：设计标签页导航

```
<!DOCTYPE html>
<html>
<head>
<title></title>
    <meta name="viewport" content=
```

```
"width=device-width, initial-scale=1,
shrink-to-fit=no">
    <link rel="stylesheet" href=
"bootstrap-4.1.3/css/bootstrap.css">
    <script src="jquery.js"></script>
    <script src="bootstrap-4.1.3/js/
bootstrap.bundle.js"></script>
```

```
        <script src="bootstrap-4.1.3/js/
bootstrap.js"></script>
    </head>
    <body>
    <div class="container">
        <p>标签页导航</p>
        <!--在ul中添加.nav和.nav-tabs,
.nav-tabs用来设置标签页导航-->
        <ul class="nav nav-tabs">
            <!--在li中添加.nav-item,在a
中添加.nav-link,对于选中的选项添加.active
类-->
            <!--添加data-toggle="tab"属
性类别,是去掉a标签的默认行为,实现动态切换导
航的active属性效果-->
            <li class="nav-item"><a class=
"nav-link active" href="#" data-
toggle="tab">健康</a></li>
            <li class="nav-item"><a class=
"nav-link" href="#" data-toggle=
"tab">时尚</a></li>
            <li class="nav-item"><a class=
"nav-link" href="#" data-toggle=
"tab">减肥</a></li>
            <li class="nav-item"><a class=
```

```
"nav-link" href="#" data-toggle=
"tab">美食</a></li>
            <li class="nav-item"><a class=
"nav-link" href="#" data-toggle=
"tab">交友</a></li>
            <li class="nav-item"><a class=
"nav-link" href="#" data-toggle=
"tab">社区</a></li>
        </ul>
    </div>
    </body>
</html>
```

在浏览器中运行的结果如图20-11所示。

图 20-11　标签页导航

2. 胶囊导航

在基本导航中，为 <ul> 添加 .nav-pills 类，对于选中的选项使用 .active 类，并为每个链接添加 data-toggle="pill" 属性类别，便可以实现胶囊导航了。

▌实例 5：设计胶囊导航

```
<!DOCTYPE html>
<html>
<head>
<title></title>
    <meta name="viewport" content=
"width=device-width, initial-scale=1,
shrink-to-fit=no">
    <link rel="stylesheet" href=
"bootstrap-4.1.3/css/bootstrap.css">
    <script src="jquery.js"></script>
    <script src="bootstrap-4.1.3/js/
bootstrap.bundle.js"></script>
    <script src="bootstrap-4.1.3/js/
bootstrap.js"></script>
    </head>
    <body>
    <div class="container">
        <p>胶囊导航</p>
        <!--在ul中添加.nav和.nav-pills, .
nav-pills类用来设置胶囊导航-->
        <ul class="nav nav-pills">
            <!--在li中添加.nav-item,在a
中添加.nav-link,对于选中的选项添加.active
类-->
```

```
            <!--添加data-toggle="pill"属性
类别,是去掉a标签的默认行为,实现动态切换导航的
active属性效果-->
            <li class="nav-item"><a class=
"nav-link active" href="#" data-toggle=
"pill">健康</a></li>
            <li class="nav-item"><a class=
"nav-link" href="#" data-toggle="pill">
时尚</a></li>
            <li class="nav-item"><a class=
"nav-link" href="#" data-toggle="pill">
减肥</a></li>
            <li class="nav-item"><a class=
"nav-link" href="#" data-toggle="pill">
美食</a></li>
            <li class="nav-item"><a class=
"nav-link" href="#" data-toggle="pill">
交友</a></li>
            <li class="nav-item"><a class=
"nav-link" href="#" data-toggle="pill">
社区</a></li>
        </ul>
    </div>
    </body>
</html>
```

在浏览器中运行的结果如图20-12所示。

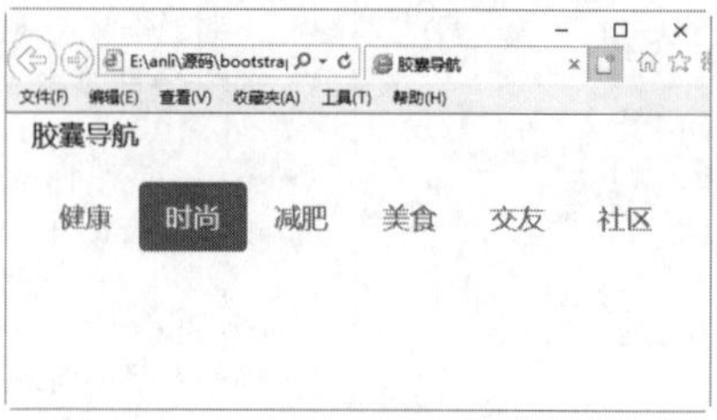

图 20-12　胶囊导航

20.3.4　绑定导航和下拉菜单

在 Bootstrap 中，下拉菜单可以与页面中的其他元素绑定使用，如导航、按钮等。本节设计标签页导航下拉菜单。

标签页导航在前面一节介绍过，只需要在标签页导航选项中添加一个下拉菜单结构，为该标签选项添加 dropdown 类，为下拉菜单结构添加 dropdown-menu 类，便可以实现。

▌实例 6：绑定导航和下拉菜单

```html
<!DOCTYPE html>
<html>
<head>
<title></title>
    <meta name="viewport" content=
"width=device-width, initial-scale=1,
shrink-to-fit=no">
    <link rel="stylesheet" href=
"bootstrap-4.1.3/css/bootstrap.css">
    <script src="jquery.js"></
script>
    <script src="bootstrap-4.1.3/js/
bootstrap.bundle.js"></script>
    <script src="bootstrap-4.1.3/js/
bootstrap.js"></script>
</head>
<body>
<div class="container">
    <p>绑定导航和下拉菜单</p>
    <!--在ul中添加.nav和.nav-tabs,
.nav-tabs用来设置标签页导航-->
    <ul class="nav nav-tabs">
    <!--在li中添加.nav-item,在a中添
加.nav-link,对于选中的选项添加.active类
-->
    <!--添加data-toggle="tab"属性类别,
是去掉a标签的默认行为,实现动态切换导航的active
属性效果-->
        <li class="nav-item"><a class=
"nav-link" href="#">新闻</a></li>
        <!--.dropdown-toggle类和data-
toggle="dropdown" 属性类别 用来激活下拉菜
单-->
        <li class="nav-item"><a class=
"nav-link active dropdown-toggle"data-
toggle="dropdown" href="#">教育</a>
```

```html
        <!--.dropdown-menu用来指定被
激活的菜单-->
        <ul class="dropdown-
menu">
            <li><a href="#" class=
"dropdown-item">初中</a></li>
            <li><a href="#" class=
"dropdown-item">高中</a></li>
            <li><a href="#" class=
"dropdown-item">大学</a></li>
        </ul>
        </li>
        <li class="nav-item"><a class=
"nav-link" href="#">旅游</a></li>
        <li class="nav-item"><a class=
"nav-link" href="#">美食</a></li>
        <li class="nav-item"><a class=
"nav-link" href="#">理财</a></li>
        <li class="nav-item"><a class=
"nav-link" href="#">招聘</a></li>
    </ul>
</div>
</body>
</html>
```

在浏览器中运行的结果如图 20-13 所示。

图 20-13　导航和下拉菜单绑定

20.3.5　使用面包屑

面包屑导航（Breadcrumbs）是一种基于网站层次信息的显示方式，它表示当前页面在导航层次结构中的位置。在 CSS 中利用 ::before 和 content 来添加分隔符。

实例 7：设计面包屑导航

```html
<!DOCTYPE html>
<html>
<head>
<title> </title>
    <meta name="viewport" content=
"width=device-width, initial-scale=1,
shrink-to-fit=no">
    <link rel="stylesheet" href=
"bootstrap-4.1.3/css/bootstrap.css">
    <script src="jquery.js"></
script>
    <script src="bootstrap-4.1.3/js/
bootstrap.bundle.js"></script>
    <script src="bootstrap-4.1.3/js/
bootstrap.js"></script>
    <style>
        /*利用::before 和content添加
分隔线*/
        li::before {
            padding-right: 0.5rem;
            padding-left: 0.5rem;
            color: #6c757d;
            content: ">";
/*添加分割线为">"*/
        }
        /*去掉第一个li前面的分隔线*/
        li:first-child::before {
            content: "";
/*设置第一个li元素前面为空*/
        }
    </style>
</head>
<body>
```

```html
<div class="container">
    <!--在ul中添加.breadcrumb类，设置
面包屑-->
    <ul class="breadcrumb">
        <li><a href="#">学校</a></li>
        <li><a href="#">图书馆</a></li>
    </ul>
    <ul class="breadcrumb">
        <li><a href="#">学校</a></li>
        <li><a href="#">图书馆</a></li>
        <li><a href="#">图书</a></li>
    </ul>
    <ul class="breadcrumb">
        <li><a href="#">学校</a></li>
        <li><a href="#">图书馆</a></li>
        <li><a href="#">图书</a></li>
        <li><a href="#">编程类</a></li>
    </ul>
</div>
</body>
</html>
```

在浏览器中运行的结果如图20-14所示。

图 20-14　面包屑组件

20.3.6　使用广告屏

通过在 <div> 元素中添加 .jumbotron 类来创建 jumbotron（超大屏幕），它是一个大的灰色背景框，里面可以设置一些特殊的内容和信息。例如，可以放一些 HTML 标签，也可以放 Bootstrap 的元素。如果创建一个没有圆角的 jumbotron，可以在 .jumbotron-fluid 类的 div 中添加 .container 或 .container-fluid 类来实现。

实例 8：设计广告屏

```html
<!DOCTYPE html>
<html>
<head>
<title> </title>
    <meta name="viewport" content=
```

```html
"width=device-width, initial-scale=1,
shrink-to-fit=no">
    <link rel="stylesheet" href=
"bootstrap-4.1.3/css/bootstrap.css">
    <script src="jquery.js"></script>
    <script src="bootstrap-4.1.3/js/
bootstrap.bundle.js"></script>
```

```
        <script src="bootstrap-4.1.3/
js/bootstrap.js"></script>
    </head>
    <body>
<!--添加.jumbotron类创建广告屏-->
    <div class="jumbotron">
        <h1>北京欢迎你!</h1>
        <p>北京，简称"京"，是中华人民共和国
的首都，文化中心、科技创新中心。</p>
        <hr>
        <p>Beijing, or "jing" for short,
It is the capital of the People's Republic
of China, cultural center、Technology
```

```
innovation center.</p>
        <p>
            <!--.btn类为按钮添加基本样
式，.btn-primary表示原始按钮样式（未被操作）
-->
            <button class="btn btn-primary">
了解更多</button>
        </p>
    </div>
    </body>
    </html>
```

在浏览器中运行的结果如图20-15所示。

图 20-15　广告屏组件

20.3.7　使用 card（卡片）

通过 Bootstrap 4 的 .card 与 .card-body 类创建一个简单的卡片，如下面代码所示：

```
<!DOCTYPE html>
<html>
<head>
<title></title>
    <meta name="viewport" content="width=device-width, initial-scale=1, shrink-
to-fit=no">
    <link rel="stylesheet" href="bootstrap-4.1.3/css/bootstrap.css">
    <script src="jquery.js"></script>
    <script src="bootstrap-4.1.3/js/bootstrap.bundle.js"></script>
    <script src="bootstrap-4.1.3/js/bootstrap.js"></script>
</head>
<body>
<div class="container">
<div class="card">
<div class="card-body">简单的卡片</div>
</div>
</div>
</body>
</html>
```

在浏览器中运行的结果如图 20-16 所示。

卡片是一个灵活的、可扩展的内容窗口。它包含可选的卡片头和卡片脚、一个大范围的内容、上下文背景色以及强大的显示选项。卡片代替了 Bootstrap 3 中的 panel、well 和 thumbnail 等组件。

图 20-16　简单的卡片

实例 9：设计卡片

```
<!DOCTYPE html>
<html>
<head>
<title></title>
    <meta name="viewport" content=
"width=device-width, initial-scale=1,
shrink-to-fit=no">
    <link rel="stylesheet" href=
"bootstrap-4.1.3/css/bootstrap.css">
    <script src="jquery.js"></script>
    <script src="bootstrap-4.1.3/js/
bootstrap.bundle.js"></script>
    <script src="bootstrap-4.1.3/js/
bootstrap.js"></script>
</head>
<body>
<div class="container">
    <!--添加.card类创建卡片, .bg-success
类设置卡片的背景颜色，.text-white类设置卡片
的文本颜色-->
    <div class="card bg-success text-
white">
        <!--.card-header类用于创建卡
片的头部样式-->
        <div class="card-header">卡
片头</div>
        <div class="card-body">
            <!--给 <img> 添加 .card-
img-top可以设置图片在文字上方或添加.card-
img-bottom设置图片在文字下方。-->
            <img src="004.jpg" alt=
"" width="100%" height="200px">
            <h4 class="card-title">
乡间小路</h4>
```

```
            <p class="card-text">太
阳西下，黄昏下的乡村小路，弯弯曲曲延伸到村子的
尽头，高低起伏的路面变幻莫测，只有叽叽喳喳在田
间嬉闹的麻雀，此时也飞得无影无踪，大地只留下一
片清凉。</p>
        </div>
        <!--.card-footer 类用于创建卡
片的底部样式-->
        <div class="card-footer">卡
片脚</div>
    </div>
</div>
</body>
</html>
```

在浏览器中运行的结果如图 20-17 所示。

图 20-17　卡片组件

20.3.8　使用进度条

进度条主要用来表示用户的任务进度，如下载、删除、复制等。

创建一个基本的进度条有以下 3 个步骤。

（1）添加一个含有 .progress 类的 <div>。

（2）在上面的 <div> 中，添加一个含有 .progress-bar 类的空的 <div>。

（3）为含有 .progress-bar 类的 <div> 添加一个用百分比表示宽度的 style 属性，如 style="50%"，表示进度条在 50% 的位置。

实例10：设计简单的进度条

```
<!DOCTYPE html>
<html>
<head>
<title></title>
    <meta name="viewport" content=
"width=device-width, initial-scale=1,
shrink-to-fit=no">
    <link rel="stylesheet" href=
"bootstrap-4.1.3/css/bootstrap.css">
    <script src="jquery.js"></script>
    <script src="bootstrap-4.1.3/js/
bootstrap.bundle.js"></script>
    <script src="bootstrap-4.1.3/js/
bootstrap.js"></script>
</head>
<body>
<div class="container">
```

```
    <p>基本的进度条</p>
    <div class="progress">
        <div class="progress-bar "
style="width:50%"></div>
    </div>
</div>
</body>
</html>
```

在浏览器中运行的结果如图20-18所示。

图20-18　基本的进度条

1. 设置高度和添加文本

读者可以在基本滚动条的基础上设置高度和添加文本，在含有 .progress 类的 <div> 中设置高度，在含有 .progress-bar 类的 <div> 中添加文本内容。

实例11：为进度条设置高度和添加文本

```
<!DOCTYPE html>
<html>
<head>
<title></title>
    <meta name="viewport" content=
"width=device-width, initial-scale=1,
shrink-to-fit=no">
    <link rel="stylesheet" href=
"bootstrap-4.1.3/css/bootstrap.css">
    <script src="jquery.js"></script>
    <script src="bootstrap-4.1.3/js/
bootstrap.bundle.js"></script>
    <script src="bootstrap-4.1.3/js/
bootstrap.js"></script>
</head>
<body>
<div class="container">
    <p>设置高度和文本的滚动条</p>
    <!--设置滚动条高度20px，文本内容为
--60%-->
    <div class="progress" style=
"height:20px">
```

```
        <div class="progress-bar "
style="width:60%">60%</div>
    </div><br>
    <!--设置滚动条高度30px，文本内容为
--80%-->
    <div class="progress" style=
"height:30px">
        <div class="progress-bar "
style="width:80%">80%</div>
    </div>
</div>
</body>
</html>
```

在浏览器中运行的结果如图20-19所示。

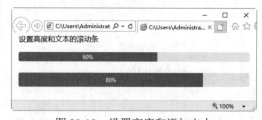

图20-19　设置高度和添加文本

2. 设置不同的背景颜色

可以发现，滚动条的默认背景颜色是蓝色，为了能给用户一个更好的体验，进度条和警告信息框一样，也根据不同的状态配置了不同的颜色，我们可以通过添加 bg-success、bg-info、bg-warning 和 bg-danger 类来改变默认背景颜色，它们分别表示浅绿色、浅蓝色、浅黄色和浅红色。

实例 12：设置进度条的不同背景颜色

```
<!DOCTYPE html>
<html>
<head>
<title></title>
    <meta name="viewport" content=
"width=device-width, initial-scale=1,
shrink-to-fit=no">
    <link rel="stylesheet" href=
"bootstrap-4.1.3/css/bootstrap.css">
    <script src="jquery.js"></script>
    <script src="bootstrap-4.1.3/js/
bootstrap.bundle.js"></script>
    <script src="bootstrap-4.1.3/js/
bootstrap.js"></script>
</head>
<body>
<div class="container">
    <p>不同颜色的滚动条</p>
    <div class="progress">
        <div class="progress-bar"
style="width:30%">默认</div>
    </div>
    <br>
    <div class="progress">
        <div class="progress-bar bg-
success" style="width:40%">bg-success
</div>
    </div>
    <br>
    <div class="progress">
```

```
        <div class="progress-bar bg-
info" style="width:50%">bg-info</div>
    </div>
    <br>
    <div class="progress">
        <div class="progress-bar bg-
warning" style="width:60%">bg-warning
</div>
    </div>
    <br>
    <div class="progress">
        <div class="progress-bar bg-
danger" style="width:70%">bg-danger
</div>
    </div>
</div>
</body>
</html>
```

在浏览器中运行的结果如图 20-20 所示。

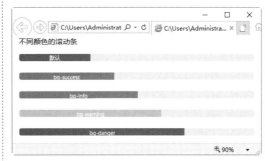

图 20-20　不同背景色的进度条

3. 设置动画条纹进度条

使用 progress-bar-striped 类和 progress-bar-animated 类，可以分别为滚动条添加彩色条纹和动画效果。

实例 13：设置动画条纹进度条

```
<!DOCTYPE html>
<html>
<head>
<title></title>
    <meta name="viewport" content=
"width=device-width, initial-scale=1,
shrink-to-fit=no">
    <link rel="stylesheet" href=
"bootstrap-4.1.3/css/bootstrap.css">
    <script src="jquery.js"></script>
    <script src="bootstrap-4.1.3/js/
bootstrap.bundle.js"></script>
    <script src="bootstrap-4.1.3/js/
bootstrap.js"></script>
</head>
<body>
```

```
<div class="container">
    <p>设置滚动条纹效果</p>
    <!--添加.progress类，创建滚动条
-->
    <div class="progress">
        <!--.progress-bar-striped类
设置滚动条纹效果，.progress-bar-animated
类设置条纹滚动条的动画效果-->
        <div class="progress-bar
progress-bar-striped progress-bar-
animated" style="width:60%"></div>
    </div>
</div>
</body>
</html>
```

在浏览器中运行的结果如图 20-21 所示。

图 20-21　带条纹的进度条

4. 混合色彩的进度条

在进度条中，我们可以在含有 .progress 类的 <div> 中添加多个含有 .progress-bar 类的 <div>，然后分别为每个含有 .progress-bar 类的 <div> 设置不同的背景颜色，以实现混合色彩的进度条。

▌实例 14：设计混合色彩的进度条

```
<!DOCTYPE html>
<html>
<head>
<title></title>
    <meta name="viewport" content=
"width=device-width, initial-scale=1,
shrink-to-fit=no">
    <link rel="stylesheet" href=
"bootstrap-4.1.3/css/bootstrap.css">
    <script src="jquery.js"></script>
    <script src="bootstrap-4.1.3/js/
bootstrap.bundle.js"></script>
    <script src="bootstrap-4.1.3/js/
bootstrap.js"></script>
</head>
<body>
<div class="container">
```

```
    <p>混合色彩的进度条</p>
    <div class="progress" style="height:
30px">
        <div class="progress-bar bg-
success" style="width:20%">bg-success</
div>
        <div class="progress-bar bg-
info" style="width:20%">bg-info</div>
        <div class="progress-bar bg-
warning" style="width:20%">bg-warning</
div>
        <div class="progress-bar bg-
danger" style="width:20%">bg-danger</div>
    </div>
    </div>
    </body>
    </html>
```

在浏览器中运行的结果如图 20-22 所示。

图 20-22　混合色彩的进度条

20.3.9　使用模态框

模态框是一种灵活的、对话框式的提示，它是页面的一部分，是覆盖在父窗体上的子窗体。通常，模态框用于显示来自一个单独的源的内容，可以在不离开父窗体的情况下有一些互动。

模态框的基本结构如下面代码所示：

```
<!--按钮——用于打开模态框-->
<button type="button" data-toggle="modal" data-target="#myModal">...</button>
<!--定义模态框-->
<div class="modal fade" id="myModal">
        <div class="modal-dialog">
            <div class="modal-content">
                <div class="modal-header">...</div>
```

```
        <div class="modal-body">...</div>
        <div class="modal-footer">...</div>
      </div>
    </div>
  </div>
</div>
```

在上面的结构中，按钮中的属性类别分析如下。

（1）data-toggle="modal"：用于打开模态框。

（2）data-target="#myModal"：指定打开的模态框目标（使用哪个模态框，就把哪个模态框的 id 写在其中）。

定义模态框的属性类别分析如下。

（1）.modal 类：用来把 <div> 的内容识别为模态框。

（2）.fade 类：当模态框被切换时，设置模态框的淡入淡出。

（3）id="myModal"：被指定打开的目标 id。

（4）.modal-dialog：定义模态对话框层。

（5）.modal-content：定义模态对话框的样式。

（6）.modal-header：为模态框的头部定义样式。

（7）.modal-body：为模态框的主体定义样式。

（8）.modal-footer：为模态框的底部定义样式。

（9）data-dismiss="modal"：用于关闭模态窗口。

实例 15：设计模态框

```
<!DOCTYPE html>
<html>
<head>
<title></title>
    <meta name="viewport" content=
"width=device-width, initial-scale=1,
shrink-to-fit=no">
    <link rel="stylesheet" href=
"bootstrap-4.1.3/css/bootstrap.css">
    <script src="jquery.js"></script>
    <script src="bootstrap-4.1.3/js/
bootstrap.bundle.js"></script>
    <script src="bootstrap-4.1.3/js/
bootstrap.js"></script>
</head>
<body>
<div class="container">
<h3>模态框</h3>
<!-- 按钮：用于打开模态框 -->
<button type="button" class="btn
btn-primary" data-toggle="modal" data-
target="#myModal">
        打开模态框
  </button>
<!-- 模态框 -->
<div class="modal fade" id=
"myModal">
    <div class="modal-dialog">
      <div class="modal-content">
```

```
        <!-- 模态框头部 -->
        <div class="modal-
header">
          <!--modal-title用于
设置标题在模态框头部垂直居中-->
          <h4 class="modal-
title">用户注册</h4>
          <button type=
"button" class="close" data-dismiss=
"modal">&times;</button>
        </div>
        <!-- 模态框主体 -->
        <div class="modal-
body">
          <form action="#">
            <p>姓名: <input
type="text"></p>
            <p>密码: <input
type="password"></p>
            <p>邮箱: <input
type="email"></p>
          </form>
        </div>
        <!-- 模态框底部 -->
        <div class="modal-footer">
          <button type="button"
class="btn btn-primary">提交</button>
          <button type=
"button" class="btn btn-secondary" data-
dismiss="modal">
            关闭
```

```
                    </button>
                </div>
            </div>
        </div>
    </div>
</div>
```

```
    </body>
</html>
```

在浏览器中运行的结果如图20-23所示。单击"打开模态框"按钮将激活模态框，效果如图 20-24 所示。

图 20-23　模态框组件

图 20-24　打开模态框效果

20.3.10　使用滚动监听

滚动监听，即根据滚动条的位置自动更新对应的导航目标。实现滚动监听可以分为以下三步。

（1）设计导航栏以及可滚动的元素，可滚动元素上的 id 值要匹配导航栏上超链接的 href 属性。例如，若可滚动元素的 id 属性值为"a"，则导航栏上超链接的 href 属性值应该为"#a"。

（2）为想要监听的元素添加 data-spy="scroll" 属性类别，然后添加 data-target 属性，它的值为导航栏的 id 或者 class 值，这样才可以联系上可滚动区域。监听的元素通常是 <body>。

（3）设置相对定位：使用 data-spy="scroll" 的元素需要将其 CSS 的 position 属性设置为 relative 才能起作用。

data-offset 属性用于计算滚动位置时距离顶部的偏移像素，默认为 10px。

实例 16：设计滚动监听

```
<!DOCTYPE html>
<html>
<head>
<title></title>
    <meta name="viewport" content=
"width=device-width, initial-scale=1,
shrink-to-fit=no">
    <link rel="stylesheet" href=
"bootstrap-4.1.3/css/bootstrap.css">
    <script src="jquery.js"></script>
    <script src="bootstrap-4.1.3/js/
bootstrap.bundle.js"></script>
    <script src="bootstrap-4.1.3/js/
```

```
bootstrap.js"></script>
    <style>
    body {
        position: relative;
    }
    #navbar{
        position: fixed;
        top:200px;
         right: 50px;
    }
    </style>
</head>
<!--添加data-spy="scroll" 属性类别,
设置监听元素-->
    <!--data-target="#navbar"属性类别指定
导航栏的id ( navbar ) -->
```

```
<body data-spy="scroll" data-
target="#navbar" data-offset="50">
```
　　<!--.navbar设置导航，.bg-dark类
和.nav-dark类设置黑色背景、白色文字-->
```
    <nav class="navbar bg-dark navbar-
dark" id="navbar">
```
　　　　<!--.navbar-nav是在导航.nav的基础
上重新调整了菜单项的浮动与内外边距。-->
```
        <ul class="navbar-nav">
```
　　　　　　<!--在li中添加.nav-item，在a
中添加.nav-link设置导航的样式-->
```
            <li class="nav-item">
                <a class="nav-link" href=
"#s1">Section 1</a>
            </li>
            <li class="nav-item">
                <a class="nav-link" href=
"#s2">Section 2</a>
            </li>
            <li class="nav-item">
```
　　　　　　　　<!--.dropdown-toggle类和
data-toggle="dropdown"属性类别用来激活下拉菜
单-->
```
                <a class="nav-link dropdown-
toggle" data-toggle="dropdown" href="#">
                    Section 3
                </a>
```
　　　　　　　　<!--.dropdown-menu用来指
定被激活的菜单-->
```
                <div class="dropdown-
menu">
```
　　　　　　　　　　<!--.dropdown-item
添加列表元素的样式-->
```
                    <a class="dropdown-
item" href="#s3">3.1</a>
                    <a class="dropdown-
item" href="#s4">3.2</a>
                </div>
            </li>
        </ul>
    </nav>
    <div id="s1">
        <h1>Section 1</h1>
        <p><img src="005.jpg" alt="" width=
"300px" height="300px"></p>
    </div>
    <div id="s2">
        <h1>Section 2</h1>
        <p><img src="006.jpg" alt="" width=
"300px" height="300px"></p>
    </div>
    <div id="s3">
        <h1>Section 3.1</h1>
        <p><img src="007.jpg" alt="" width=
"300px" height="300px"></p>
    </div>
    <div id="s4">
```

```
        <h1>Section 3.2</h1>
        <p><img src="008.jpg" alt=""width=
"300px" height="300px"></p>
    </div>
    </body>
    </html>
```

　　在浏览器中运行的结果如图 20-25 所
示。当拖动滚动条时，导航条会时时监听并
更新当前被激活的菜单项，效果如图 20-26
所示。

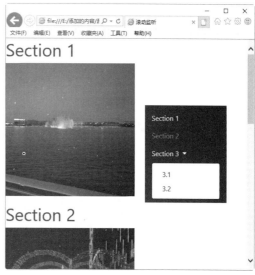

图 20-25　拖动滚动条前

图 20-26　拖动滚动条后

20.4 胶囊导航选项卡（Tab 栏）

选项卡是网页中一种常用的功能，用户单击或悬浮菜单选项，能切换出对应的内容。

使用 Bootstrap 框架来实现胶囊导航选项卡只需要以下两部分内容。

（1）胶囊导航组件：对应的是 Bootstrap 中的 nav-pills。

（2）可以切换的选项卡面板：对应的是 Bootstrap 中的 tab-pane 类。选项卡面板的内容统一放在 tab-content 容器中，而且每个内容面板 tab-pane 都需要设置一个独立的选择符（ID）与选项卡中的 data-target 或 href 值匹配。

> **注意**：选项卡中链接的锚点要与对应的面板内容容器的 ID 相匹配。

实例 17：设计胶囊导航选项卡

```
<!DOCTYPE html>
<html>
<head>
<title></title>
    <meta name="viewport" content=
"width=device-width, initial-scale=1,
shrink-to-fit=no">
    <link rel="stylesheet" href=
"bootstrap-4.1.3/css/bootstrap.css">
    <script src="jquery.js"></script>
    <script src="bootstrap-4.1.3/js/
bootstrap.bundle.js"></script>
    <script src="bootstrap-4.1.3/js/
bootstrap.js"></script>
</head>
<body>
<div class="container">
    <h2>胶囊导航选项卡</h2>
    <!--在ul中添加.nav和.nav-pills，.
nav-pills类用来设置胶囊导航-->
    <ul class="nav nav-pills">
        <!--在li中添加.nav-item，在a
中添加.nav-link，对于选中的选项添加.active
类-->
        <!--添加data-toggle="pill"属
性类别，是去掉a标签的默认行为，实现动态切换导
航的active属性效果-->
        <!--给每个a标签的href属性添加
属性值，用于绑定下面选项卡面板中对应的元素，当
导航切换时，显示对应的内容-->
            <li class="nav-item"><a
class="nav-link active" data-toggle=
"pill" href="#tab1">图片1</a></li>
            <li class="nav-item"><a
class="nav-link" data-toggle="pill"
href="#tab2">图片2</a></li>
            <li class="nav-item"><a
class="nav-link" data-toggle="pill"
href="#tab3">图片3</a></li>
            <li class="nav-item"><a
class="nav-link" data-toggle="pill"
href="#tab4">图片4</a></li>
    </ul>
    <!--选项卡面板-->
    <!-- 选项卡面板中tab-content类和.
tab-pane类与data-toggle="pill"一同使用，
设置标签页对应的内容随胶囊导航的切换而更改-->
    <div class="tab-content">
        <!--.active类用来设置胶囊导航
默认情况下激活的选项所对应的元素-->
        <div id="tab1" class="tab-
pane active">
            <img src="01.png" alt="
景色1" class="img-fluid">
        </div>
        <div id="tab2" class="tab-
pane fade">
            <img src="02.png" alt="
景色2" class="img-fluid">
        </div>
        <div id="tab3" class="tab-
pane fade">
            <img src="03.png" alt="
景色3" class="img-fluid">
        </div>
        <div id="tab4" class="tab-
pane fade">
            <img src="04.png" alt="
景色4" class="img-fluid">
        </div>
    </div>
</div>
</body>
</html>
```

在浏览器中运行的结果如图 20-27 所示。切换到 nav4 选项卡面板，效果如图 20-28 所示。

图 20-27 页面加载完成后的效果

图 20-28 nav4 选项卡的效果

20.5 新手常见疑难问题

疑问1：如何使用 Bootstrap 创建缩略图？

答：使用 Bootstrap 创建缩略图的步骤如下。

（1）在图像周围添加带有 class .thumbnail 的 <a> 标签。

（2）添加四个像素的内边距（padding）和一个灰色的边框。

（3）当鼠标悬停在图像上时，会动画显示出图像的轮廓。

疑问2：如何使用 Bootstrap 实现轮播效果？

答：Bootstrap 轮播（Carousel）插件是一种灵活的响应式的在站点中添加滑块的方式。可以是图像、内嵌框架、视频或者其他想要放置的任何类型的内容。

例如，以下代码实现一个简单的图片轮播效果：

```
<div id="myCarousel" class="carousel
slide">
    <!-- 轮播（Carousel）指标 -->
    <ol class="carousel-indicators">
        <li data-target="#myCarousel"
data-slide-to="0" class="active"></li>
        <li data-target="#myCarousel"
```

```
data-slide-to="1"></li>
        <li data-target="#myCarousel"
data-slide-to="2"></li>
    </ol>
    <!-- 轮播（Carousel）项目 -->
    <div class="carousel-inner">
        <div class="item active">
            <img src="01.png" alt="
第1幅图">
        </div>
        <div class="item">
            <img src="02.png" alt="
第2幅图">
        </div>
        <div class="item">
            <img src="03.png" alt="
第3幅图">
        </div>
    </div>
    <!-- 轮播（Carousel）导航 -->
    <a class="left carousel-control"
href="#myCarousel" role="button" data-
slide="prev">
        <span class="glyphicon glyphicon-
chevron-left" aria-hidden="true"></span>
        <span class="sr-only">Previous
</span>
    </a>
    <a class="right carousel-control"
href="#myCarousel" role="button" data-
slide="next">
        <span class="glyphicon glyphicon-
chevron-right" aria-hidden="true"></span>
        <span class="sr-only">Next</span>
    </a>
</div>
```

运行效果如图 20-29 所示。

图 20-29　图片轮播效果

20.6　实战技能训练营

实战 1：设计网上商城导航菜单

本实例设计标签页导航下拉菜单，运行效果如图 20-30 所示。

图 20-30　网上商城导航菜单

▎实战 2：为商品添加采购信息页面

本实例使用模块框为商品添加采购信息页面。单击任意商品名称，即可弹出提示输入信息页面，如图 20-31 所示。

图 20-31　为商品添加采购信息页面

第21章 项目实训1——开发连锁咖啡响应式网站

📅 **本章导读**

本案例介绍一个咖啡销售网站的开发，通过网站展现咖啡的理念和文化，页面采用两栏的布局形式，风格设计简单、时尚，浏览时让人心情舒畅。

📖 **知识导图**

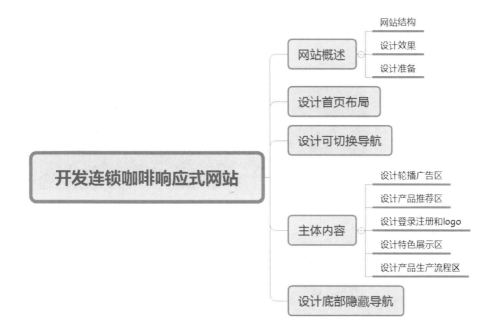

21.1 网站概述

网站的设计思路和设计风格与 Bootstrap 框架的风格完美融合，下面就来具体介绍实现的步骤。

21.1.1 网站结构

本案例目录文件说明如下。

- bootstrap-4.2.1-dist：Bootstrap 框架文件夹。
- font-awesome-4.7.0：图标字体库文件。下载地址：http://www.fontawesome.com.cn/。
- css：样式表文件夹。
- js：JavaScript 脚本文件夹，包含 index.js 文件和 jQuery 库文件。
- images：图片素材。
- index.html：首页。

21.1.2 设计效果

本案例制作咖啡网站，主要设计首页效果，其他页面设计可以套用首页模板。首页在大屏（≥ 992px）设备中显示，效果如图 21-1、图 21-2 所示。

图 21-1　大屏上首页上半部分的显示效果

图 21-2　大屏上首页下半部分的显示效果

在小屏设备（<768px）上显示时，会出现底边栏导航，效果如图 21-3 所示。

图 21-3　小屏上首页的显示效果

21.1.3　设计准备

应用 Bootstrap 框架的页面建议采用 HTML5 文档类型。同时在页面头部区域导入框架的基本样式文件、脚本文件、jQuery 文件和自定义的 CSS 样式及 JavaScript 文件。本项目的配置文件如下：

```
<!DOCTYPE html>
<html>
<head>
    <meta charset="UTF-8">
    <title>Title</title>
     <meta name="viewport" content="width=device-width,initial-scale=1, shrink-
to-fit=no">
    <link rel="stylesheet" href="bootstrap-4.2.1-dist/css/bootstrap.css">
    <script src="jquery-3.3.1.slim.js"></script>
      <script src="https://cdn.staticfile.org/popper.js/1.14.6/umd/popper.js"></
script>
    <script src="bootstrap-4.2.1-dist/js/bootstrap.min.js"></script>
    <!--css文件-->
    <link rel="stylesheet" href="style.css">
    <!--js文件-->
    <script src="js/index.js"></script>
    <!--字体图标文件-->
    <link rel="stylesheet" href="font-awesome-4.7.0/css/font-awesome.css">
</head>
<body>
</body>
</html>
```

21.2　设计首页布局

本案例首页分为三个部分：左侧可切换导航、右侧主体内容和底部隐藏导航栏，如图 21-4 所示。

图 21-4　首页布局效果

左侧可切换导航和右侧主体内容使用 Bootstrap 框架的网格系统进行设计，在大屏设备（≥ 992px）中，左侧可切换导航占网格系统的 3 份，右侧主体内容占 9 份；在中、小屏设备（<992px）中，左侧可切换导航和右侧主体内容各占一行。

底部隐藏导航栏使用无序列表进行设计，添加了 d-block d-sm-none 类，只在小屏设备上显示。

```
<div class="row">
    <!--左侧导航-->
    <div class="col-12 col-lg-3 left "></div>
    <!--右侧主体内容-->
    <div class="col-12 col-lg-9 right"></div>
</div>
<!--隐藏导航栏-->
<div >
    <ul>
```

```
            <li><a href="index.html"></a></li>
        </ul>
</div>
```

还添加了一些自定义样式来调整页面布局，代码如下：

```
@media (max-width: 992px){
    /*在小屏设备中，设置上下外边距为1rem，左右为0*/
    .left{
        margin:1rem 0;
    }
}
@media (min-width: 992px){
    /*在大屏设备中，左侧导航设置固定定位，右侧主体内容设置左边外边距为25%*/
    .left {
        position: fixed;
        top: 0;
        left: 0;
    }
    .right{
        margin-left:25% ;
    }
}
```

21.3 设计可切换导航

本案例左侧导航设计很复杂，在不同宽度的设备上有不同的显示效果。

设计步骤如下。

01 设计可切换导航的布局。可切换导航使用网格系统进行设计，在大屏（>992px）设备上占网格系统的 3 份，如图 21-5 所示；在中、小屏设备（<992px）的设备上占满整行，如图 21-6 所示。

图 21-5 大屏设备布局效果

图 21-6 中、小屏设备布局效果

351

```
<div class="col -12 col-lg-3"></div>
```

02 设计导航展示内容。导航展示内容包括导航条和登录、注册两部分。导航条用网格系统布局，嵌套 Bootstrap 导航组件进行设计，使用 <ul class="nav"> 定义；登录、注册按钮使用 Bootstrap 的按钮组件进行设计，使用 <a href="#" class="btn"> 定义。在小屏上隐藏登录、注册按钮，如图 21-7 所示，包裹在 <div class="d-none d-sm-block"> 容器中。

<div align="center">图 21-7　小屏设备上隐藏登录、注册按钮</div>

```
<div class="col-sm-12 col-lg-3 left ">
<div id="template1">
<div class="row">
    <div class="col-10">
        <!--导航条-->
        <ul class="nav">
            <li class="nav-item">
                <a class="nav-link active" href="index.html">
                                <img width="40" src="images/logo.png" alt=""
class="rounded-circle">
                </a>
            </li>
            <li class="nav-item mt-1">
                <a class="nav-link" href="javascript:void(0);">账户</a>
            </li>
            <li class="nav-item mt-1">
                <a class="nav-link" href="javascript:void(0);">菜单</a>
            </li>
        </ul>
    </div>
    <div class="col-2 mt-2 font-menu text-right">
        <a id="a1" href="javascript:void(0); "><i class="fa fa-bars"></i></a>
    </div>
</div>
<div class="margin1">
    <h5 class="ml-3 my-3 d-none d-sm-block text-lg-center">
        <b>心情惬意，来杯咖啡吧</b>  <i class="fa fa-coffee"></i>
    </h5>
    <div class="ml-3 my-3 d-none d-sm-block text-lg-center">
            <a href="#" class="card-link btn  rounded-pill text-success"><i
class="fa fa-user-circle"></i> 登 录</a>
            <a href="#" class="card-link btn btn-outline-success rounded-pill text-
success">注 册</a>
    </div>
</div>
</div>
</div>
</div>
```

03 设计隐藏导航内容。隐藏导航内容包含在 id 为 #template2 的容器中，在默认情况下是隐藏的，使用 Bootstrap 隐藏样式 d-none 来设置。内容包括导航条、菜单栏和登录注册按钮。

　　导航条用网格系统布局，嵌套 Bootstrap 导航组件进行设计，使用 <ul class="nav"> 定义。菜单栏使用 h6 标签和超链接进行设计，使用 <h6><a href="a.html"> 定义。登录、注册按钮使用按钮组件进行设计，使用 <a href="#" class="btn"> 定义。

```
<div class="col-sm-12 col-lg-3 left ">
<div id="template2" class="d-none">
    <div class="row">
    <div class="col-10">
        <ul class="nav">
                    <li class="nav-item">
                        <a class="nav-link active" href="index.html">
                            <img width="40" src="images/logo.png" alt=""
class="rounded-circle">
                        </a>
                    </li>
                    <li class="nav-item">
                        <a class="nav-link mt-2" href="index.html">
                            咖啡俱乐部
                        </a>
                    </li>
                </ul>
            </div>
            <div class="col-2 mt-2 font-menu text-right">
                    <a id="a2" href="javascript:void(0);"><i class="fa fa-
times"></i></a>
            </div>
        </div>
        <div class="margin2">
            <div class="ml-5 mt-5">
                <h6><a href="a.html">门店</a></h6>
                <h6><a href="b.html">俱乐部</a></h6>
                <h6><a href="c.html">菜单</a></h6>
                <hr/>
                <h6><a href="d.html">移动应用</a></h6>
                <h6><a href="e.html">臻选精品</a></h6>
                <h6><a href="f.html">专星送</a></h6>
                <h6><a href="g.html">咖啡讲堂</a></h6>
                <h6><a href="h.html">烘焙工厂</a></h6>
                <h6><a href="i.html">帮助中心</a></h6>
                <hr/>
                <a href="#" class="card-link btn rounded-pill text-success
pl-0"><i class="fa fa-user-circle"></i> 登 录</a>
                    <a href="#" class="card-link btn btn-outline-success
rounded-pill text-success">注 册</a>
            </div>
        </div>
    </div>
    </div>
```

04 设计自定义样式，使页面更加美观。

```
.left{
    border-right: 2px solid #eeeeee;
}
.left a{
    font-weight: bold;
    color: #000;
}
@media (min-width: 992px){
    /*使用媒体查询定义导航的高度，当屏幕宽度大于992px时，导航高度为100vh*/
```

```
            .left{
                height:100vh;
            }
        }
        @media (max-width: 992px){
            /*使用媒体查询定义字体大小*/
            /*当屏幕尺寸小于768px时，页面的根字体大小为14px*/
            .left{
                margin:1rem 0;
            }
        }
        @media (min-width: 992px){
            /*当屏幕尺寸大于768px时，页面的根字体大小为15px*/
            .left {
                position: fixed;
                top: 0;
                left: 0;
            }
            .margin1{
                margin-top:40vh;
            }
        }
        .margin2 h6{
            margin: 20px 0;
            font-weight:bold;
        }
```

05 添加交互行为。在可切换导航中，为 <i class="fa fa-bars"> 图标和 <i class="fa fa-times"> 图标添加单击事件。在大屏设备中，为了使页面更友好，设计在大屏设备上切换导航时，显示右侧主体内容，当单击 <i class="fa fa-bars"> 图标时，如图 21-8 所示，切换隐藏的导航内容；在隐藏的导航内容中，单击 <i class="fa fa-times"> 图标时，如图 21-9 所示，可切回导航展示内容。在中、小屏（<992px）设备上，隐藏右侧主体内容，单击 <i class="fa fa-bars"> 图标时，如图 21-10、图 21-12 所示，切换隐藏的导航内容；在隐藏的导航内容中，单击 <i class="fa fa-times"> 图标时，如图 21-11、图 21-13 所示，可切回导航展示内容。

实现导航展示内容和隐藏内容交互行为的脚本代码如下：

```
$(function(){
    $("#a1").click(function () {
        $("#template1").addClass("d-none");
        $(".right").addClass("d-none d-lg-block");
        $("#template2").removeClass("d-none");
    })
    $("#a2").click(function () {
        $("#template2").addClass("d-none");
        $(".right").removeClass("d-none");
        $("#template1").removeClass("d-none");
    })
})
```

提示：d-none 和 d-lg-block 类是 Bootstrap 框架中的样式。Bootstrap 框架中的样式，在 JavaScript 脚本中可以直接调用。

图 21-8　大屏设备切换隐藏的导航内容

图 21-9　大屏设备切回导航展示的内容

图 21-10　中屏设备切换隐藏的导航内容

图 21-11　中屏设备切回导航展示的内容

图 21-12　小屏设备切换隐藏的导航内容　　图 21-13　小屏设备切回导航展示的内容

21.4　主体内容

使页面版式具有可读性、可理解性至关重要。排版是为了使内容更好地呈现，应以不会增加用户认知负荷的方式来安排内容。

本案例的主体内容包括轮播广告区、产品推荐区、Logo 展示、特色展示区和产品生产流程 5 个部分，如图 21-14 所示。

图 21-14　主体内容排版设计

21.4.1　设计轮播广告区

Bootstrap 轮播插件结构比较固定，轮播包含框需要指明 ID 值和 carousel、slide 类。框内包含三部分组件：标签框（carousel-indicators）、图文内容框（carousel-inner）和左右导航按钮（carousel-control-prev、carousel-control-next）。通过 data-target="#carousel" 属性启动轮播，使用 data-slide-to="0"、data-slide ="pre"、data-slide ="next" 定义交互按钮的行为。完

整的代码如下：

```
<div id="carousel" class="carousel slide">
    <!-标签框-->
    <ol class="carousel-indicators">
        <li data-target="#carousel" data-slide-to="0" class="active"></li>
    </ol>
     <!-图文内容框-->
    <div class="carousel-inner">
        <div class="carousel-item active">
            <img src="images " class="d-block w-100" alt="...">
            <!-文本说明框-->
            <div class="carousel-caption d-none d-sm-block">
                <h5> </h5>
                <p> </p>
            </div>
        </div>
    </div>
     <!-左右导航按钮-->
    <a class="carousel-control-prev" href="#carousel" data-slide="prev">
        <span class="carousel-control-prev-icon"></span>
    </a>
    <a class="carousel-control-next" href="#carousel" data-slide="next">
        <span class="carousel-control-next-icon"></span>
    </a>
</div>
```

设计本案例轮播广告位结构。本案例没有添加标签框和文本说明框（<div class="carousel-caption">）。代码如下：

```
<div class="col-sm-12 col-lg-9 right p-0 clearfix">
            <div id="carouselExampleControls" class="carousel slide" data-
ride="carousel">
            <div class="carousel-inner max-h">
                <div class="carousel-item active">
                    <img src="images/001.jpg" class="d-block w-100" alt="...">
                </div>
                <div class="carousel-item">
                    <img src="images/002.jpg" class="d-block w-100" alt="...">
                </div>
                <div class="carousel-item">
                    <img src="images/003.jpg" class="d-block w-100" alt="...">
                </div>
            </div>
                <a class="carousel-control-prev" href="#carouselExampleControls"
data-slide="prev">
                    <span class="carousel-control-prev-icon"></span>
                </a>
                <a class="carousel-control-next" href="#carouselExampleControls"
data-slide="next">
                    <span class="carousel-control-next-icon" ></span>
                </a>
        </div>
    </div>
```

为了避免轮播中的图片过大而影响整体页面，这里为轮播区设置一个最大高度max-h类。

```
.max-h{
    max-height:300px;                          /*居中对齐*/
}
```

在 IE 浏览器中运行，轮播效果如图 21-15 所示。

图 21-15　轮播效果

21.4.2　设计产品推荐区

产品推荐区使用 Bootstrap 中的卡片组件进行设计。卡片组件有 3 种排版方式，分别为卡片组、卡片阵列和多列卡片浮动排版。本案例使用多列卡片浮动排版。多列卡片浮动排版使用 <div class="card-columns"> 进行定义。

```
<div class="p-4 list">
<h5 class="text-center my-3">咖啡推荐</h5>
<h5 class="text-center mb-4 text-secondary">
<small>在购物旗舰店可以发现更多咖啡心意</small>
</h5>
<!—多列卡片浮动排版-->
<div class="card-columns">
<div class="my-4 my-sm-0">
<img class="card-img-top" src="images/006.jpg" alt="">
</div>
<div class="my-4 my-sm-0">
<img class="card-img-top" src="images/004.jpg" alt="">
</div>
<div class="my-4 my-sm-0">
<img class="card-img-top" src="images/005.jpg" alt="">
</div>
</div>
</div>
```

为推荐区添加自定义 CSS 样式，包括颜色和圆角效果。

```
.list{
    background: #eeeeee;                        /*定义背景颜色*/
}
.list-border{
    border: 2px solid #DBDBDB;                 /*定义边框*/
    border-top:1px solid #DBDBDB ;             /*定义顶部边框*/
}
```

在 IE 浏览器中运行，产品推荐区效果如图 21-16 所示。

图 21-16　产品推荐区效果

21.4.3　设计登录、注册按钮和 Logo

登录、注册按钮和 Logo 使用网格系统布局，并添加响应式设计。在中、大屏（≥768px）设备中，左侧是登录、注册按钮，右侧是公司 Logo，如图 21-17 所示；在小屏（<768px）设备中，登录、注册按钮和 Logo 将各占一行显示，如图 21-18 所示。

图 21-17　中、大屏设备显示效果

图 21-18　小屏设备显示效果

对于左侧的登录、注册按钮，使用卡片组件进行设计，并且添加了响应式的对齐方式：text-center 和 text-sm-left。在小屏（<768px）设备中，内容居中对齐；在中、大屏（≥768px）设备中，内容居左对齐。代码如下：

```
<div class="row py-5">
    <div class="col-12 col-sm-6 pt-2">
    <div class="card border-0 text-center text-sm-left">
    <div class="card-body ml-5">
    <h4 class="card-title">咖啡俱乐部</h4>
    <p class="card-text">开启您的星享之旅，星星越多、会员等级越高、好礼越丰富。</p>
```

```
<a href="#" class="card-link btn btn-outline-success">注册</a>
<a href="#" class="card-link btn btn-outline-success">登录</a>
</div>
</div>
</div>
<div class="col-12 col-sm-6 text-center mt-5">
<a href=""><img src="images/007.png" alt="" class="img-fluid"></a>
</div>
</div>
```

21.4.4　设计特色展示区

特色展示内容使用网格系统进行设计，并添加响应类。在中、大屏（≥ 768px）设备上显示为一行四列，如图 21-19 所示；在小屏（<768px）设备上显示为一行两列，如图 21-20 所示；在超小屏（<576px）设备上显示为一行一列，如图 21-21 所示。

特色展示区的实现代码如下：

```
<div class="p-4 list">
<h5 class="text-center my-3">咖啡精选</h5>
6<h5 class="text-center mb-4 text-secondary">
<small>在购物旗舰店可以发现更多咖啡心意</small>
</h5>
<div class="row">
    <div class="col-12 col-sm-6 col-md-3 mb-3 mb-md-0">
    <div class="bg-light p-4 list-border rounded">
      <img class="img-fluid" src="images/008.jpg" alt="">
      <h6 class="text-secondary text-center mt-3">套餐一</h6>
    </div>
    </div>
    <div class="col-12 col-sm-6 col-md-3 mb-3 mb-md-0">
        <div class="bg-white p-4 list-border rounded">
        <img class="img-fluid" src="images/009.jpg" alt="">
        <h6 class="text-secondary text-center mt-3">套餐二</h6>
        </div>
    </div>
    <div class="col-12 col-sm-6 col-md-3 mb-3 mb-md-0">
    <div class="bg-light p-4 list-border rounded">
    <img class="img-fluid" src="images/010.jpg" alt="">
    <h6 class="text-secondary text-center mt-3">套餐三</h6>
    </div>
    </div>
    <div class="col-12 col-sm-6 col-md-3 mb-3 mb-md-0">
        <div class="bg-light p-4 list-border rounded">
            <img class="img-fluid" src="images/011.jpg" alt="">
            <h6 class="text-secondary text-center mt-3">套餐四</h6>
        </div>
    </div>
    </div>
</div>
```

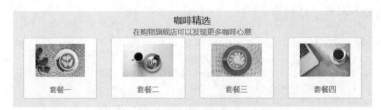

图 21-19　中、大屏设备显示效果

图 21-20　小屏设备显示效果

图 21-21　超小屏设备显示效果

21.4.5　设计产品生产流程区

01 设计结构。生产流程区主要由标题和图片组成。标题使用 h 标签设计，图片使用 ul 标签设计。在图片展示部分还添加了左右两个箭头，使用 font-awesome 字体图标进行设计。代码如下：

```
<div class="p-4">
    <h5 class="text-center my-3">咖啡讲堂</h5>
```

```
              <h5 class="text-center mb-4 text-secondary"><small>了解更多咖啡文化</
small></h5>
              <div class="box">
              <ul id="ulList" class="clearfix">
              <li class="list-border rounded">
              <img src="images/015.jpg" alt="" width="300">
              <h6 class="text-center mt-3">咖啡种植</h6>
              </li>
              <li class="list-border rounded">
              <img src="images/014.jpg" alt="" width="300">
              <h6 class="text-center mt-3">咖啡调制</h6>
              </li>
              <li class="list-border rounded">
              <img src="images/014.jpg" alt="" width="300">
              <h6 class="text-center mt-3">咖啡烘焙</h6>
              </li>
              <li class="list-border rounded">
              <img src="images/012.jpg" alt="" width="300">
              <h6 class="text-center mt-3">手冲咖啡</h6>
              </li>
              </ul>
              <div id="left">
              <i class="fa fa-chevron-circle-left fa-2x text-success"></i>
              </div>
              <div id="right">
              <i class="fa fa-chevron-circle-right fa-2x text-success"></i>
              </div>
              </div>
              </div>
```

02 设计自定义样式。

```
    .box{
        width:100%;                    /*定义宽度*/
        height: 300px;                 /*定义高度*/
        overflow: hidden;              /*超出隐藏*/
        position: relative;            /*相对定位*/
    }
    #ulList{
        list-style: none;              /*去掉无序列表的项目符号*/
        width:1400px;                  /*定义宽度*/
        position: absolute;            /*定义绝对定位*/
    }
    #ulList li{
        float: left;                   /*定义左浮动*/
        margin-left: 15px;             /*定义左边外边距*/
        z-index: 1;                    /*定义堆叠顺序*/
    }
    #left{
        position:absolute;             /*定义绝对定位*/
        left:20px;top: 30%;            /*距离左侧和顶部的距离*/
        z-index: 10;                   /*定义堆叠顺序*/
        cursor:pointer;                /*定义鼠标指针显示形状*/
    }
    #right{
        position:absolute;             /*定义绝对定位*/
        right:20px; top: 30%;          /*距离右侧和顶部的距离*/
        z-index: 10;                   /*定义堆叠顺序*/
        cursor:pointer;                /*定义鼠标指针显示形状*/
```

```
    }
    .font-menu{
        font-size: 1.3rem;                      /*定义字体大小*/
    }
```

03 添加用户行为。

```
<script src="jquery-1.8.3.min.js"></script>
<script>
    $(function(){
        var nowIndex=0;                                     //定义变量nowIndex
        var liNumber=$("#ulList li").length;                //计算li的个数
        function change(index){
            var ulMove=index*300;                           //定义移动距离
            //定义动画,动画时间为0.5秒
            $("#ulList").animate({left:"-"+ulMove+"px"},500);
        }
        $("#left").click(function(){
            //使用三元运算符判断nowIndex
            nowIndex = (nowIndex > 0) ? (--nowIndex) :0;
            change(nowIndex);                               //调用change()方法
        })
        $("#right").click(function(){
        //使用三元运算符判断nowIndex
     nowIndex=(nowIndex<liNumber-1) ? (++nowIndex) :(liNumber-1);
            change(nowIndex);                               //调用change()方法
        });
    })
</script>
```

在 IE 浏览器中运行，效果如图 21-22 所示；单击右侧箭头，图片向左移动，效果如图 21-23 所示。

图 21-22　生产流程区效果

图 21-23　图片滚动效果

21.5 设计底部隐藏导航

设计步骤如下。

01 设计底部隐藏导航布局。首先定义一个容器 `<div id="footer">`，用来包裹导航。在该容器上添加一些 Bootstrap 通用样式，使用 fixed-bottom 固定在页面底部，使用 bg-light 设置高亮背景，使用 border-top 设置上边框，使用 d-block 和 d-sm-none 设置导航只在小屏幕上显示。

```
<!--footer——在sm型设备尺寸下显示-->
<div class="row fixed-bottom d-block d-sm-none bg-light border-top py-1"
id="footer" >
    <ul class="text-center p-0" id="myTab">
        <li><a class="ab" href="index.html"><i class="fa fa-home fa-2x
p-1"></i><br/>主页</a></li>
        <li><a href="javascript:void(0);"><i class="fa fa-calendar-minus-o fa-2x
p-1"></i><br/>门店</a></li>
        <li><a href="javascript:void(0);"><i class="fa fa-user-circle-o fa-2x
p-1"></i><br/>我的账户</a></li>
        <li><a href="javascript:void(0);"><i class="fa fa-bitbucket-square fa-2x
p-1"></i><br/>菜单</a></li>
        <li><a href="javascript:void(0);"><i class="fa fa-table fa-2x p-1"></i><br/>
更多</a></li>
    </ul>
</div>
```

02 设计字体颜色以及每个导航元素的宽度。

```
.ab{
    color:#00A862!important;              /*定义字体颜色*/
}
#myTab li{
    width: 20vw;                         /*定义宽度*/
    min-width: 30px;                     /*定义最小宽度*/
    font-size: 0.8rem;                   /*定义字体大小*/
    color: #919191;                      /*定义字体颜色*/
}
```

03 为导航元素添加单击事件，被单击元素添加 .ab 类，其他元素则删除 .ab 类。

```
$(function(){
    $("#footer ul li").click(function(){
        $(this).find("a").addClass("ab");
        $(this).siblings().find("a").removeClass("ab");
    })
})
```

在 IE 浏览器中运行，底部隐藏导航的效果如图 21-24 所示。

图 21-24

第22章 项目实训2——开发房产企业响应式网站

📖 本章导读

当今是一个信息时代，企业信息可以通过企业网站传达到世界各个角落，以此来宣传自己的产品、服务等。企业网站一般包括一个展示企业形象的首页、几个介绍企业资料的文章页、一个"关于"页面等。本章就来设计一个房产企业响应式网站。

📖 知识导图

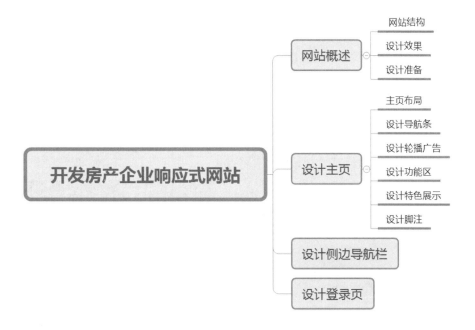

22.1　网站概述

本案例将设计一个复杂的网站，主要设计目标说明如下。

➢ 完成复杂的页头区，包括左侧隐藏的导航以及 Logo 和右上角的实用导航（登录表单）。

➢ 实现企业风格的配色方案。

➢ 实现特色展示区的响应式布局。

➢ 实现特色展示图片的遮罩效果。

➢ 页脚设置多栏布局。

22.1.1　网站结构

本案例目录文件说明如下。

● bootstrap-4.2.1-dist：Bootstrap 框架文件夹。

● font-awesome-4.7.0：图标字体库文件。中文网下载：http://www.fontawesome.com.cn/。

● css：样式表文件夹。

● js：JavaScript 脚本文件夹，包含 index.js 文件和 jQuery 库文件。

● images：图片素材。

● index.html：主页面。

22.1.2　设计效果

本案例将创建企业网站，主要设计主页效果。在桌面等宽屏中浏览主页，上半部分的显示效果如图 22-1 所示，下半部分的显示效果如图 22-2 所示。

图 22-1　上部分的显示效果

图 22-2　下部分的显示效果

页头中设计了隐藏的左侧导航和登录表单，左侧导航栏如图 22-3 所示，登录表单如图 22-4 所示。

图 22-3　左侧导航栏　　　　　　　图 22-4　登录表单

22.1.3　设计准备

应用 Bootstrap 框架的页面建议采用 HTML5 文档类型。同时在页面头部区域导入框架的基本样式文件、脚本文件、jQuery 文件和自定义的 CSS 样式及 JavaScript 文件。

```html
<!DOCTYPE html>
<html>
<head>
    <meta charset="UTF-8">
    <meta name="viewport" content="width=device-width,initial-scale=1, shrink-to-fit=no">
    <title>Title</title>
    <link rel="stylesheet" href="bootstrap-4.2.1-dist/css/bootstrap.css">
    <link rel="stylesheet" href="font-awesome-4.7.0/css/font-awesome.css">
    <link rel="stylesheet" href="css/style.css">
     <script src="js/index.js"></script>
    <script src="jquery-3.3.1.slim.js"></script>
    <script src="https://cdn.staticfile.org/popper.js/1.14.6/umd/popper.js"></script>
    <script src="bootstrap-4.2.1-dist/js/bootstrap.min.js"></script>
</head>
<body>
</body>
</html>
```

22.2　设计主页

在网站开发过程中，主页的设计和制作将会占据整个制作时间的 30%~40%。主页设计是一个网站成功与否的关键，应该让用户看到主页就会对整个网站有一个整体的感觉。

22.2.1　主页布局

本例主页主要包括页头导航条、轮播广告区、功能区、特色推荐和页脚区。就像搭积木一样，每个模块是一个单位积木，如何拼凑出一个漂亮的房子，需要创意和想象力。本案例的布局效果如图 22-5 所示。

图 22-5　主页布局效果

22.2.2　设计导航条

01 构建导航条的 HTML 结构。整个结构包含 4 个图标，图标的布局使用 Bootstrap 网格系统，代码如下：

```
<div class="row">                          <div class="col-4 "></div>
<div class="col-4"></div>                  </div>
<div class="col-4 "></div>                 </div>
<div class="col-4 "></div>
```

02 应用 Bootstrap 的样式，设计导航条的效果。在导航条外添加 <div class="head fixed-top"> 包含容器，自定义的 .head 控制导航条的背景颜色，.fixed-top 将导航栏固定在顶部，为网格系统中的每列添加 Bootstrap 水平对齐样式 .text-center 和 .text-right，为中间两个容器添加 Display 显示属性。

```
<div class="head fixed-top">
<div class="mx-5 row py-3 ">
<!—左侧图标-->
<div class="col-4">
<a class="show" href="javascript:void(0);"><i class="fa fa-bars fa-2x"></i></a>
</div>
<!—中间图标-->
<div class="col-4 text-center d-none d-sm-block">
<a href="javascript:void(0);"><i class="fa fa-television fa-2x"></i></a>
</div>
<div class="col-4 text-center d-block d-sm-none">
<a href="javascript:void(0);"><i class="fa fa-mobile fa-2x"></i></a>
</div>
<!—右侧图标-->
<div class="col-4 text-right">
<a href="javascript:void(0);" class="show1"><i class="fa  fa-user-o fa-2x">
</i></a>
</div>
</div>
</div>
```

自定义的背景色和字体颜色样式如下：

```
.head{
    background: #00aa88;              /*定义背景色*/
    z-index:50;                      /*设置元素的堆叠顺序*/
}
.head a{
    color:white;                     /*定义字体颜色*/
}
```

中间由两个图标构成，每个图标都添加了 d-none d-sm-block 和 d-block d-sm-none 显示样式，控制在页面中只能显示一个图标。在中、大屏（>768px）设备上的显示效果如图 22-6 所示，中间显示电脑图标；在小屏（<768px）设备上的显示效果如图 22-7 所示，中间显示手机图标。

图 22-6　中、大屏设备显示效果

图 22-7　小屏设备显示效果

当拖动滚动条时，滚动条始终固定在顶部，效果如图 22-8 所示。

图 22-8　导航条固定效果

03 为左侧图标添加 click（单击）事件，绑定 show 类。当单击左侧图标时，激活隐藏的侧边导航栏，效果如图 22-9 所示。

04 为右侧图标添加 click 事件，绑定 show1 类。当单击右侧图标时，激活隐藏的登录页，效果如图 22-10 所示。

图 22-9　侧边导航栏激活效果

图 22-10　登录页面激活效果

提示：侧边导航栏和登录页面的设计将在"20.3 设计侧边导航栏""20.4 设计登录页"中具体进行介绍。

22.2.3　设计轮播广告

Bootstrap 框架中的轮播插件结构比较固定：轮播包含框需要指明 ID 值和 carousel、slide 类。框内包含三部分组件：标签框（carousel-indicators）、图文内容框（carousel-inner）和左右导航按钮（carousel-control-prev、carousel-control-next）。通过 data-target="#carousel" 属性启动轮播，使用 data-slide-to="0"、data-slide ="pre"、data-slide ="next" 定义交互按钮的行为。完整的代码如下：

```
<div id="carousel" class="carousel slide">
    <!—标签框-->
    <ol class="carousel-indicators">
        <li data-target="#carousel" data-slide-to="0" class="active"></li>
    </ol>
    <!—图文内容框-->
    <div class="carousel-inner">
        <div class="carousel-item active">
            <img src="images " class="d-block w-100" alt="...">
            <div class="carousel-caption d-none d-sm-block">
                <h5> </h5>
                <p> </p>
            </div>
        </div>
    </div>
    <!—左右导航按钮-->
    <a class="carousel-control-prev" href="#carousel" data-slide="prev">
        <span class="carousel-control-prev-icon"></span>
    </a>
    <a class="carousel-control-next" href="#carousel" data-slide="next">
        <span class="carousel-control-next-icon"></span>
    </a>
</div>
```

在轮播基本结构的基础上，设计本案例轮播广告位结构。在图文内容框（carousel-inner）

中包裹了多层内嵌结构，其中每个图文项目使用 <div class="carousel-item"> 定义，使用 <div class="carousel-caption"> 定义轮播图标签文字框。本案例没有设计标签框。

左右导航按钮分别使用 carousel-control-prev 和 carousel-control-next 来控制，使用 carousel-control-prev-icon 和 carousel-control-next-icon 类来设计左右箭头，使用 href=" #carouselControls" 绑定轮播框，使用 data-slide="prev" 和 data-slide="next" 激活轮播行为。整个轮播图的代码如下：

```
<div id="carouselControls" class="carousel slide" data-ride="carousel">
    <div class="carousel-inner max-h">
        <div class="carousel-item active">
            <img src="images/001.jpg" class="d-block w-100" alt="...">
            <div class="carousel-caption d-none d-sm-block">
                <h5>推荐一</h5>
                <p>说明</p>
            </div>
        </div>
        <div class="carousel-item">
            <img src="images/002.jpg" class="d-block w-100" alt="...">
            <div class="carousel-caption d-none d-sm-block">
                <h5>推荐二</h5>
                <p>说明</p>
            </div>
        </div>
        <div class="carousel-item">
            <img src="images/003.jpg" class="d-block w-100" alt="...">
            <div class="carousel-caption d-none d-sm-block">
                <h5>推荐三</h5>
                <p>说明</p>
            </div>
        </div>
    </div>
    <a class="carousel-control-prev" href="#carouselControls" data-slide="prev">
        <span class="carousel-control-prev-icon" aria-hidden="true"></span>
        <span class="sr-only">Previous</span>
    </a>
    <a class="carousel-control-next" href="#carouselControls" data-slide="next">
        <span class="carousel-control-next-icon" aria-hidden="true"></span>
        <span class="sr-only">Next</span>
    </a>
</div>
```

在 IE 浏览器中运行，轮播的效果如图 22-11 所示。

图 22-11　轮播广告区页面效果

考虑到布局的设计，在图文内容框中添加了自定义的样式 max-h，用来设置图文内容框的最大高度，以免由于图片过大而影响整个页面布局。

```
.max-h{
    max-height:500px;
}
```

22.2.4 设计功能区

功能区包括欢迎区、功能导航区和搜索区三部分。

欢迎区的设计代码如下：

```
<div class="text-center">
<h2 class="color">欢 迎 您 ！</h2>
    <h6  class="my-3">最专业、最权威的技术团队用心做事，为企业客户提供最领先的房产配套系统服务
</h6>
    </div>
```

功能导航区使用了 Bootstrap 的导航组件。导航框使用 <ul class="nav"> 定义，使用 justify-content-center 设置水平居中。导航中的每个项目使用 <li class="nav-item"> 定义，每个项目中的链接添加 nav-link 类。设计代码如下：

```
<ul class="nav justify-content-center nav-head">
    <li class="nav-item">
        <a class="nav-link" href="">
          <i class="fa fa-home"></i>
          <h6 class="size">买房</h6>
        </a>
    </li>
    <li class="nav-item">
        <a class="nav-link" href="#">
          <i class="fa fa-university "></i>
          <h6 class="size">出售</h6>
        </a>
    </li>
    <li class="nav-item">
        <a class="nav-link" href="#">
            <i class="fa fa-hdd-o "></i>
            <h6 class="size">租赁</h6>
        </a>
    </li>
</ul>
```

搜索区使用了表单组件。搜索表单包含在 <div class="container"> 容器中，代码如下：

```
<h5 class="text-center my-3">查找您需要的房子 <i class="fa fa-hand-o-down color1">
</i> </h5>
    <div class="container">
        <form>
            <div class="form-group">
                <input type="search" class="form-control form-control-lg" placeholder=
"您需要房子的编号或者房子的类型">
            </div>
        </form>
        <a href="" class="btn1 border d-block text-center py-2">搜索</a>
    </div>
```

考虑到页面的整体效果，功能区自定义了一些样式代码，具体如下：

```
.nav-head li{
    text-align: center;              /*居中对齐*/
    margin-left: 15px;               /*定义左边外边距*/
}
.nav-head li i{
    display: block;                  /*定义元素为块级元素*/
    width: 50px;                     /*定义宽度*/
    height: 50px;                    /*定义高度*/
    border-radius: 50%;              /*定义圆角边框*/
    padding-top: 10px;               /*定义上边内边距*/
    font-size: 1.5rem;               /*定义字体大小*/
    margin-bottom: 10px;             /*定义底外边距*/
    color:white;                     /*定义字体颜色为白色*/
    background: #00aa88;             /*定义背景颜色*/
}
.size{font-size: 1.3rem;}            /*定义字体大小*/
.btn1{
    width: 200px;                    /*定义宽度*/
    background: #00aa88;             /*定义背景颜色*/
    color: white;                    /*定义字体颜色*/
    margin: auto;                    /*定义外边距自动*/
}
.btn1:hover{
    color:#8B008B;                   /*定义字体颜色*/
}
```

在 IE 浏览器中运行，功能区的效果如图 22-12 所示。

图 22-12　功能区页面效果

22.2.5　设计特色展示

01 使用网格系统设计布局，并添加响应类。在中屏及以上（>768px）设备显示为 3 列，如图 22-13 所示；在小屏（<768px）设备上显示为每行一列，如图 22-14 所示。

```
<div class="row">
    <div class="col-12 col-md-4"></div>
    <div class="col-12 col-md-4 "></div>
    <div class="col-12 col-md-4"></div>
</div>
```

图 22-13　中屏及以上设备显示效果

图 22-14　小屏设备显示效果

02 在每列中添加展示图片以及说明。说明框使用了 Bootstrap 框架的卡片组件，使用 <div class="card"> 定义，主体内容框使用 <div class="card-body"> 定义。代码如下：

```
<div class="box">
    <img src="images/004.jpg" class="img-fluid" alt="">
</div>
<div class="card border-0 pt-0">
<div class="card-body">
<h6>户型: 三层别墅</h6>
<h6>面积: 360平方</h6>
<h6>预售价: 860万</h6>
<h6 class="mt-3"><a href="" class="btn2 border py-1 px-3">详情</a></h6>
</div>
</div>
</div>
```

03 为展示图片设计遮罩效果。默认状态下，隐藏显示 <div class="box-content"> 遮罩层，当鼠标指针经过图片时，渐现遮罩层，并通过绝对定位覆盖在展示图片的上面。HTML 代码如下：

```
<div class="box">
    <img src="images/005.jpg" class="img-fluid" alt="">
    <div class="box-content">
    <h3 class="title">地址</h3>
    <span class="post">北京五环商品房</span>
    <ul class="icon">
        <li><a href="#"><i class="fa fa-search"></i></a></li>
        <li><a href="#"><i class="fa fa-link"></i></a></li>
    </ul>
    </div>
</div>
```

CSS 代码如下：

```
.box{
    text-align: center;                    /*定义水平居中*/
    overflow: hidden;                      /*定义超出隐藏*/
    position: relative;                    /*定义绝对定位*/
}
.box:before{
    content: "";                           /*定义插入的内容*/
    width: 0;                              /*定义宽度*/
    height: 100%;                          /*定义高度*/
    background: #000;                      /*定义背景颜色*/
    position: absolute;                    /*定义绝对定位*/
    top: 0;                               /*定义距离顶部的位置*/
    left: 50%;                            /*定义距离左边50%的位置*/
    opacity: 0;                           /*定义透明度为0*/
    /*cubic-bezier贝塞尔曲线CSS3动画工具*/
    transition: all 500ms cubic-bezier(0.47, 0, 0.745, 0.715) 0s;
}
.box:hover:before{
    width: 100%;                          /*定义宽度为100%*/
    left: 0;                              /*定义距离左侧为0px*/
    opacity: 0.5;                         /*定义透明度为0.5*/
}
.box img{
    width: 100%;                          /*定义宽度为100%*/
    height: auto;                         /*定义高度自动*/
}
.box .box-content{
    width: 100%;                          /*定义宽度*/
    padding: 14px 18px;                   /*定义上下内边距为14px，左右内边距为18px*/
    color: #fff;                          /*定义字体颜色为白色*/
    position: absolute;                   /*定义绝对定位*/
    top: 10%;                             /*定义距离顶部为10% */
    left: 0;                              /*定义距离左侧为0*/
}
.box .title{
    font-size: 25px;                      /* 定义字体大小*/
    font-weight: 600;                     /* 定义字体加粗*/
    line-height: 30px;                    /* 定义行高为30px*/
    opacity: 0;                           /* 定义透明度为0*/
    transition: all 0.5s ease 1s;         /* 定义过渡效果*/
}
.box .post{
    font-size: 15px;                      /* 定义字体大小*/
```

```
    opacity: 0;                               /* 定义透明度为0*/
    transition: all 0.5s ease 0s;            /* 定义过渡效果*/
}
.box:hover .title,
.box:hover .post{
    opacity: 1;                               /* 定义透明度为1*/
    transition-delay: 0.7s;                  /* 定义过渡效果延迟的时间*/
}
.box .icon{
    padding: 0;                               /* 定义内边距为0*/
    margin: 0;                                /* 定义外边距为0*/
    list-style: none;                        /* 去掉无序列表的项目符号*/
    margin-top: 15px;                        /* 定义上边外边距为15px*/
}
.box .icon li{
    display: inline-block;                   /* 定义行内块级元素*/
}
.box .icon li a{
    display: block;                          /* 设置元素为块级元素*/
    width: 40px;                             /* 定义宽度*/
    height: 40px;                            /* 定义高度*/
    line-height: 40px;                       /* 定义行高*/
    border-radius: 50%;                      /* 定义圆角边框*/
    background: #f74e55;                     /* 定义背景颜色*/
    font-size: 20px;                         /* 定义字体大小*/
    font-weight: 700;                        /* 定义字体加粗*/
    color: #fff;                             /* 定义字体颜色*/
    margin-right: 5px;                       /* 定义右边外边距*/
    opacity: 0;                              /* 定义透明度为0*/
    transition: all 0.5s ease 0s;           /* 定义过渡效果*/
}
.box:hover .icon li a{
    opacity: 1;                              /* 定义透明度为1 */
    transition-delay: 0.5s;                 /* 定义过渡延迟时间*/
}
.box:hover .icon li:last-child a{
    transition-delay: 0.8s;                 /*定义过渡延迟时间*/
}
```

在 IE 浏览器中运行，鼠标指针经过特色展示区图片时，遮罩层显示，如图 22-15 所示。

图 22-15　遮罩层效果

22.2.6　设计脚注

脚注部分由 3 行构成，前两行是联系方式和企业信息链接，使用 Bootstrap 4 导航组件来设计，最后一行是版权信息。设计代码如下：

```html
<div class="bg-dark py-5">
    <ul class="nav justify-content-center list pb-3">
        <li class="nav-item">
            <a class="nav-link p-0" href="">
                <i class="fa fa-qq"></i>
            </a>
        </li>
        <li class="nav-item">
            <a class="nav-link p-0" href="#">
                <i class="fa fa-weixin"></i>
            </a>
        </li>
        <li class="nav-item">
            <a class="nav-link p-0" href="#">
                <i class="fa fa-twitter"></i>
            </a>
        </li>
        <li class="nav-item">
            <a class="nav-link p-0" href="#">
                <i class="fa fa-maxcdn"></i>
            </a>
        </li>
    </ul>
    <hr class="border-white my-0 mx-5" style="border:1px dotted red"/>
    <ul class="nav justify-content-center pt-0">
            <li class="nav-item">
                <a class="nav-link text-white" href="#">企业文化</a>
            </li>
            <li class="nav-item">
                <a class="nav-link text-white" href="#">企业特色</a>
            </li>
            <li class="nav-item">
                <a class="nav-link text-white" href="#">企业项目</a>
            </li>
            <li class="nav-item">
                <a class="nav-link text-white" href="#">联系我们</a>
            </li>
    </ul>
    <hr class="border-white my-0 mx-5" style="border:1px dotted red"/>
     <div class="text-center text-white mt-2">Copyright 2020-2-14 圣耀地产 版权所
有</div></div>
```

添加自定义样式代码如下：

```css
.list a{                              border-radius: 50%;
    display: block;                   background: white;
    width: 28px;                      text-align: center;
    height: 28px;                     margin-left: 10px;
    font-size: 1rem;              }
```

在 IE 浏览器中运行，效果如图 22-16 所示。

图 22-16　脚注效果

22.3　设计侧边导航栏

侧边导航栏包含一个关闭按钮、企业 Logo 和菜单栏，效果如图 22-17 所示。

图 22-17　侧边导航栏效果

01 关闭按钮使用 awesome 字体库中的字体图标进行设计，企业 Logo 和名称包含在 <h3> 标签中。代码如下：

```
<a class="del" href="javascript:void(0);"><i class="fa fa-times text-white"></i></a>
<h3 class="mb-0 pb-3  pl-4"><img src="images/logo.jpg" alt="" class="img-fluid mr-2" width="35">圣耀地产</h3>
```

给关闭按钮添加 click 事件，当单击关闭按钮时，侧边栏向左移动并隐藏；当激活时，侧边导航栏向右移动并显示。实现该效果的 JavaScript 脚本文件如下：

```
$('.del').click(function(){                $('.show').click(function(){
    $('.sidebar').animate({                    $('.sidebar').animate({
        "left":"-200px",                           "left":"0px",
    })                                         })
})                                         })
// 弹出侧边栏
```

02 设计左侧导航栏。左侧导航栏并没有使用 Bootstrap 4 中的导航组件，而是使用 Bootstrap 4 框架的其他组件来设计。首先是使用列表组来定义导航项，在导航项中添加折叠组件，在折叠中再嵌套列表组。

HTML 代码如下：

```
<div class="sidebar min-vh-100 text-white">
    <div class="sidebar-header">
        <div class="text-right">
                <a class="del" href="javascript:void(0);"><i class="fa fa-times
```

```
text-white"></i></a>
            </div>
        </div>
        <h3 class="mb-0 pb-3  pl-4"><img src="images/logo.jpg" alt="" class="img-
fluid mr-2" width="35">圣耀地产</h3>
        <ul class="list-group">
            <!--折叠面板-->
            <li class="list-group-item" data-toggle="collapse" href="#collapse">
                    买新房 <i class="fa fa-gratipay ml-2"></i>
                <div class="collapse border-bottom border-top border-white" id=
"collapse">
                    <ul class="list-group ">
                        <li class="list-group-item"><i class="fa fa-rebel mr-2"> </i>
普通住房</li>
                        <li class="list-group-item"><i class="fa fa-rebel mr-2"> </i>
特色别墅</li>
                        <li class="list-group-item"><i class="fa fa-rebel mr-2"> </i>
奢华豪宅</li>
                    </ul>
                </div>
            </li>
            <li class="list-group-item">买二手房</li>
            <li class="list-group-item">出售房屋</li>
            <li class="list-group-item">租赁房屋</li>
        </ul>
    </div>
```

关于侧边栏自定义的样式代码如下：

```
.sidebar{
    width:200px;                        /* 定义宽度*/
    background: #00aa88;                /* 定义背景颜色*/
    position: fixed;                    /* 定义固定定位*/
    left: -200px;                       /* 距离左侧为-200px*/
    top:0;                              /* 距离顶部为0px*/
    z-index: 100;                       /* 定义堆叠顺序*/
}
.sidebar-header{
    background: #066754;                /* 定义背景颜色*/
}
.sidebar ul li{
    border: 0;                          /* 定义边框为0*/
    background: #00aa88;                /* 定义背景颜色*/
}
.sidebar ul li:hover{
    background:#066754;                 /* 定义背景颜色*/
}
.sidebar h3{
    background: #066754;                /* 定义背景颜色*/
    border-bottom: 2px solid white;     /* 定义底边框为2px、实线、白色边框*/
}
```

实现侧边导航栏的 JavaScript 脚本代码如下：

```
$(function(){                                          "left":"-200px",
    // 隐藏侧边栏                                      })
    $('.del').click(function(){                    })
        $('.sidebar').animate({                // 弹出侧边栏
```

```
    $('.show').click(function(){                    })
        $('.sidebar').animate({                  })
            "left":"0px",                     })
```

22.4 设计登录页

登录页通过顶部导航条右侧图标来激活。激活后效果如图 22-18 所示。

本案例设计了一个复杂的登录页，使用 Bootstrap 4 的表单组件进行设计，并添加了 CSS3 动画效果。当表单获取焦点时，label 标签将向上移动到输入框之上，并伴随着输入框颜色和文字的变化。登录页的主要代码如下：

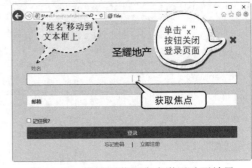

图 22-18　登录页获取焦点激活动画效果

```html
<div class="vh-100 vw-100 reg">
    <div class="container mt-5">
        <div class="text-right">
            <a class="del1" href="javascript:void(0);"><i class="fa fa-times
fa-2x"></i></a>
        </div>
        <h2 class="text-center mb-5">圣耀地产</h2>
        <form>
            <div class="input__block form-group">
                <input type="text" id="name" name="name"required class="input
text-center form-control"/>
                <label for="name" class="label">姓名</label>
            </div>
            <div class="input__block form-group">
                <input type="email" id="email" name="email" required
class="input text-center form-control"/>
                <label for="email" class="label">邮箱</label>
            </div>
            <div class="form-check">
                <input type="checkbox" class="form-check-input"
id="exampleCheck1">
                <label class="form-check-label" for="exampleCheck1">记住我?
</label>
            </div>
        </form>
        <button type="button" class="btn btn-primary btn-block my-2">登录
</button>
        <h6 class="text-center"><a href="">忘记密码</a><span class="mx-4">|
</span><a href="">立即注册</a></h6>
    </div>
</div>
```

为登录页自定义样式，label 标签设置固定定位，当表单获取焦点时，label 的内容向上移动。Bootstrap 4 中的表单组件和按钮组件，在获取焦点时四周会出现闪光的阴影，影响整个网页效果，也可自定义样式覆盖 Bootstrap 4 默认的样式。自定义代码如下：

```css
.reg{
    position: absolute;                          /* 定义绝对定位*/
```

```
    display: none;                                     /* 设置隐藏*/
    top:-100vh;                                        /* 距离顶部为-100vh*/
    left: 0;                                           /* 距离左侧为0*/
    z-index: 500;                                      /* 定义堆叠顺序*/
    background-image:url("../images/bg1.png");         /* 定义背景图片*/
}
.input__block {
    position: relative;                                /* 定义相对定位*/
    margin-bottom: 2rem;                               /* 定义底外边距为2rem*/
}
.label {
    position: absolute;                                /* 定义绝对定位*/
    top: 50%;                                          /* 距离顶部为50%*/
    left:1rem;                                         /* 距离左侧为1rem*/
    width:3rem;                                /* 定义宽度为3rem*/
    transform: translateY(-50%);              /* 定义Y轴方向上的位移为-50%*/
    transition: all 300ms ease;               /* 定义过渡动画*/
}
.input:focus + .label,
.input:focus:required:invalid + .label{
    color: #00aa88;                           /* 定义字体颜色*/
}
.input:focus + .label,
.input:required:valid + .label {
    top: -1rem                                /* 距离顶部的距离为-1rem*/
}
.input {
    line-height: 0.5rem;                      /* 行高为0.5rem*/
    transition: all 300ms ease;               /* 定义过渡效果*/
}
.input:focus:invalid {
    border: 2px solid #00aa88;                /* 定义边框*/
}
/*去掉bootstrap表单获得焦点时四周的闪光阴影*/
.form-control:focus,
.has-success .form-control:focus,
.has-warning .form-control:focus,
.has-error .form-control:focus {
    -webkit-box-shadow: none;                 /* 删除阴影效果（兼容-webkit-内核的浏览器）*/
    box-shadow: none;                         /* 删除阴影效果*/
}
/*去掉bootstrap按钮获得焦点时四周的闪光阴影*/
.btn:focus, .btn.focus {
    -webkit-box-shadow: none;                 /*删除阴影效果*/
    box-shadow: none;                         /*删除阴影效果*/
}
```

给关闭按钮添加 click 事件，当单击关闭按钮时，登录页向上移动并隐藏；当激活时，再向下弹出并显示。JavaScript 脚本文件如下：

```
$('.del1').click(function(){                      // 弹出注册表
    // 隐藏注册表                            $('.show1').click(function(){
    $('.reg').animate({                            $('.reg').animate({
        "top":"-100vh",                                "top":"0px",
    })                                             })
    $('.reg').hide();                              $('.reg').show();
    $('.main').show();                             $('.main').hide();
})                                             })
```

第23章 项目实训3——开发在线购物网站

本章导读

在线购物网站是当前比较流行的一类网站。随着网络购物、互联网交易的普及，如淘宝、阿里巴巴、亚马逊等类型的在线网站在近几年风靡，越来越多的公司、企业着手架设在线购物网站平台。

知识导图

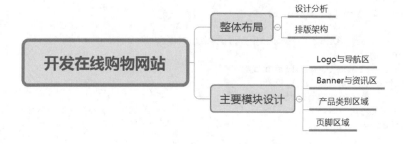

23.1　整体布局

在线购物类网站主要实现网络购物、交易等功能，因此所要体现的组件相对较多，主要包括产品搜索、账户登录、广告推广、产品推荐、产品分类等内容。本实例最终的网站首页效果如图 23-1 所示。

图 23-1　网站首页效果

23.1.1　设计分析

购物网站一个重要的特点就是突出产品，突出购物流程、优惠活动、促销活动等信息。首先要用逼真的产品图片吸引用户，结合各种吸引人的优惠活动、促销活动增强用户的购买欲望，最后在购物流程设计上，要考虑方便快捷，比如对于货款支付，要给用户提供多种选择，让各种情况的用户都能在网上顺利支付。

在线购物类网站的主要特点体现在如下几个方面。

（1）商品检索方便：有商品搜索功能，有详细的商品分类。

（2）有产品推广功能：增加广告活动位，帮助特色产品推广。

（3）热门产品推荐：消费者搜索时带有盲目性，所以可以设置热门产品推荐位。

（4）对于产品要有简单准确的展示信息。

页面整体布局要清晰有条理，让浏览者知道在网页中如何快速地找到自己需要的信息。

23.1.2　排版架构

本实例制作的在线购物网站整体上是上下架构。上部为网页头部、导航栏，中间为网页主要内容，包括 Banner、产品类别区域，下部为页脚信息。网页整体架构如图 23-2 所示。

导航	
Banner	资讯
产品类别1	
...	
产品类别n	
页脚	

图 23-2　网页架构

23.2　主要模块设计

当页面整体架构设计完成后，就可以动手制作不同的模块区域了。其制作流程，采用自上而下、从左到右的顺序。本实例模块主要包括 4 个部分，分别为导航区、Banner 资讯区、产品类别和页脚。

23.2.1　Logo 与导航区

导航采用水平结构，与其他类别网站相比，前边有一个购物车显示情况功能，把购物车功能放到这里可以让用户更能方便快捷地查看购物情况。本实例网页头部的效果如图 23-3 所示。

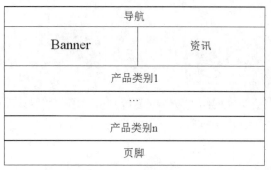

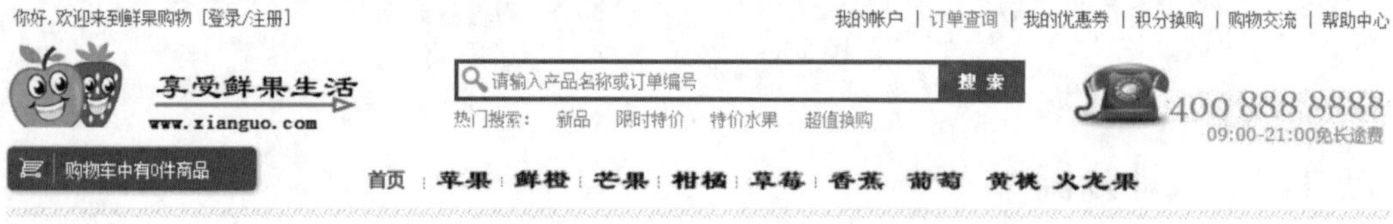

图 23-3　页面 Logo 和导航菜单

其具体的 HTML 框架代码如下：

```html
<!-----------------------------------NAV----------------------------------->
<div id="nav"><span><a href="#">我的帐户</a> | <a href="#"
style="color:#5CA100;">订单查询</a> | <a href="#">我的优惠券</a> | <a href="#">积分换购
</a> | <a href="#">购物交流</a> | <a href="#">帮助中心</a></span> 你好,欢迎来到鲜果购物
[<a href="#">登录</a>/<a href="#">注册</a>] </div>
<!-----------------------------------logo----------------------------------->
<div id="logo">
   <div class="logo_left"><a href="#"><img src="images/logo.gif" border="0" />
</a></div>
   <div class="logo_center">
     <div class="search"><form action="" method="get">
     <div class="search_text">
     <input type="text" value="请输入产品名称或订单编号"  class="input_text"/>
     </div>
     <div class="search_btn"><a href="#"><img src="images/search-btn.jpg"
border="0" /></a></div>
     </form></div>
     <div class="hottext">热门搜索:   <a href="#">新品</a>   <a
```

```
href="#">限时特价</a>   <a href="#">特价水果</a>   <a
href="#">超值换购</a> </div>
      </div>
       <div class="logo_right"><img src="images/telephone.jpg" width="228"
height="70" /></div>
    </div>
    <!---------------------------------MENU-------------------------------->
    <div id="menu">
      <div class="shopingcar"><a href="#">购物车中有0件商品</a></div>
      <div class="menu_box">
        <ul>
        <li><a href="#"><img src="images/menu1.jpg" border="0" /></a></li>
        <li><a href="#"><img src="images/menu2.jpg" border="0" /></a></li>
        <li><a href="#"><img src="images/menu3.jpg" border="0" /></a></li>
        <li><a href="#"><img src="images/menu4.jpg" border="0" /></a></li>
        <li><a href="#"><img src="images/menu5.jpg" border="0" /></a></li>
        <li><a href="#"><img src="images/menu6.jpg" border="0" /></a></li>
         <li style="background:none;"><a href="#"><img src="images/menu7.jpg"
border="0" /></a></li>
         <li style="background:none;"><a href="#"><img src="images/menu8.jpg"
border="0" /></a></li>
         <li style="background:none;"><a href="#"><img src="images/menu9.jpg"
border="0" /></a></li>
         <li style="background:none;"><a href="#"><img src="images/menu10.jpg"
border="0" /></a></li>
        </ul>
      </div>
    </div>
```

上述代码主要包括三个部分，分别是 NAV、Logo、MENU。其中，NAV 区域主要用于定义购物网站中的账户、订单、注册、帮助中心等信息；Logo 部分主要用于定义网站的 Logo、搜索框信息、热门搜索信息以及相关的电话等；MENU 区域主要用于定义网页的导航菜单。

在 CSS 样式文件中，对应上述代码的 CSS 代码如下：

```
#menu{ margin-top:10px; margin:auto; width:980px; height:41px; overflow:hidden;}
    .shopingcar{ float:left; width:140px; height:35px; background:url(../images/
shopingcar.jpg) no-repeat;
    color:#fff; padding:10px 0 0 42px;}
    .shopingcar a{ color:#fff;}
    .menu_box{ float:left; margin-left:60px;}
    .menu_box li{ float:left; width:55px; margin-top:17px; text-align:center;
background:url(../images/menu_fgx.
    jpg) right center no-repeat;}
```

上面代码中，# menu 选择器定义了导航菜单的对齐方式、高度、宽度、背景图片等信息。

23.2.2 Banner 与资讯区

购物网站的 Banner 区域同企业型比较起来差别很大，企业型 Banner 区多是突出企业文化，而购物网站的 Banner 区主要放置主推产品、优惠活动、促销活动等。本实例中网页的 Banner 与资讯区的效果如图 23-4 所示。

图 23-4 页面 Banner 和资讯区

其具体的 HTML 代码如下：

```
<div id="banner">
  <div class="banner_box">
  <div class="banner_pic"><img src="images/banner.jpg" border="0" /></div>
  <div class="banner_right">
     <div class="banner_right_top"><a href="#"><img src="images/event_banner.
jpg" border="0" /></a></div>
   <div class="banner_right_down">
     <div class="moving_title"><img src="images/news_title.jpg" /></div>
     <ul>
       <li><a href="#"><span>国庆大促5宗最，进口车厘子免费换! </span></a></li>
       <li><a href="#">火龙果系列产品满199加1元换购芒果! </a></li>
       <li><a href="#"><span>大青芒九月新起点，价值99元免费送! </span></a></li>
       <li><a href="#">喜迎国庆，鲜果百元红包大派送! </a></li>
     </ul>
   </div>
  </div>
  </div>
</div>
```

在上述代码中，Banner 分为两部分，左边放大尺寸图，右侧放小尺寸图和文字消息。
对应上述代码的 CSS 代码如下：

```
#banner{ background:url(../images/banner_top_bg.jpg) repeat-x; padding-
top:12px;}
  .banner_box{ width:980px; height:369px; margin:auto;}
  .banner_pic{ float:left; width:726px; height:369px; text-align:left;}
  .banner_right{ float:right; width:247px;}
  .banner_right_top{ margin-top:15px;}
  .banner_right_down{ margin-top:12px;}
  .banner_right_down ul{ margin-top:10px; width:243px; height:89px;}
  .banner_right_down li{ margin-left:10px; padding-left:12px; background:url(../
images/icon_green.jpg) left
  no-repeat center; line-height:21px;}
  .banner_right_down li a{ color:#444;}
  .banner_right_down li a span{ color:#A10288;}
```

上面代码中，# banner 选择器定义了背景图片、背景图片的对齐方式、链接样式等
信息。

23.2.3　产品类别区域

产品类别区也是图文混排的效果，购物网站经常大量运用图文混排方式。如图 23-5 所示为"福利轰炸省钱大招"类别区域，如图 23-6 所示为"多吃鲜果属你好看"类别区域。

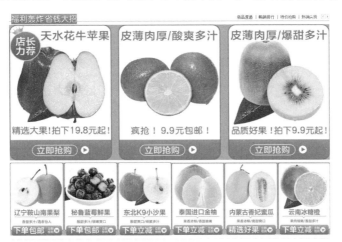

图 23-5　"福利轰炸省钱大招"类别区域

图 23-6　"多吃鲜果属你好看"类别区域

其具体的 HTML 代码如下：

```
<div class="clean"></div>
<div id="content2">
    <div class="con2_title"><b><a href="#"><img src="images/ico_jt.jpg"
border="0" /></a></b><span><a href="#">新品速递</a> | <a href="#">畅销排行</a> | <a
href="#">特价抢购</a> | <a href="#">热销尖货</a>  </span><img src="images/
con2_title.jpg" /></div>
    <div class="line1"></div>
    <div class="con2_content"><a href="#"><img src="images/con2_content.jpg"
width="981" height="405" border="0" /></a></div>
    <div class="scroll_brand"><a href="#"><img src="images/scroll_brand.jpg"
border="0" /></a></div>
    <div class="gray_line"></div>
</div>

<div id="content4">
    <div class="con2_title"><b><a href="#"><img src="images/ico_jt.jpg"
border="0" /></a></b><span><a href="#">新品速递</a> | <a href="#">畅销排行</a> | <a
href="#">特价抢购</a> | <a href="#">人气单品</a>  </span><img src="images/
con4_title.jpg"/></div>
    <div class="line3"></div>
    <div class="con2_content"><a href="#"><img src="images/con4_content.jpg"
width="980" height="207" border="0" /></a></div>
```

```
    <div class="gray_line"></div>
</div>
```

在上述代码中，content2 层用于定义"福利轰炸省钱大招"类别，content4 用于定义"多吃鲜果属你好看"类别区域。

对应上述代码的 CSS 代码如下：

```
#content2{ width:980px; height:680px; margin:22px auto; overflow:hidden;}
  .con2_title{ width:973px; height:22px; padding-left:7px; line-height:22px;}
  .con2_title span{ float:right; font-size:10px;}
  .con2_title a{ color:#444; font-size:12px;}
  .con2_title b img{ margin-top:3px; float:right;}
  .con2_content{ margin-top:10px;}
  .scroll_brand{ margin-top:7px;}
#content4{ width:980px; height:250px; margin:22px auto; overflow:hidden;}
#bottom{ margin:auto; margin-top:15px; background:#F0F0F0; height:236px;}
.bottom_pic{ margin:auto; width:980px;}
```

上述 CSS 代码定义了产品类别的背景图片，以及高度、宽度、对齐方式等。

23.2.4 页脚区域

本例页脚使用一个 div 标签放置一个信息图片，比较简洁，如图 23-7 所示。

 品质保障
品质护航 购物无忧
 七天无理由退换货
为您提供售后无忧保障
 特色服务体验
为您呈现不一样的服务
 帮助中心
您的购物指南

图 23-7 页脚区域

用于定义页脚部分的代码如下：

```
<div id="copyright"><img src="images/copyright.jpg" /></div>
```

对应上述代码的 CSS 代码如下：

```
#copyright{width:980px; height:150px; margin:auto; margin-top:16px;}
```

第24章 项目实训4——开发企业门户网站

📖 **本章导读**

    一般小型企业门户网站的规模不大，通常包含3～5个栏目，例如产品、客户和联系我们等，并且有的栏目甚至只包含一个页面。此类网站通常都是用于展示公司形象，说明公司的业务范围和产品特色等。

📑 **知识导图**

24.1 构思布局

本实例制作一个小型电子科技公司的网站，网站上包括首页、产品信息、客户信息和联系我们等栏目。本实例将结合使用灰色和白色，灰色部分显示导航菜单，白色部分显示文本信息。在浏览器中浏览的效果如图 24-1 所示。

图 24-1　网站首页

24.1.1　设计分析

作为一个电子科技公司网站的首页，页面应简单、明了，给人以清晰有条理的感觉。页头部分主要放置导航菜单和公司 Logo 等，Logo 可以是一张图片或者文本信息。页面主体左侧是新闻、产品等信息，其中产品的链接信息，以列表形式对重要信息进行介绍，也可以通过页面顶部导航菜单进入相应页面介绍。

对于网站的其他子页面，篇幅可以比较短，其重点是介绍软件公司业务、联系方式、产品信息等，页面风格与首页风格相同即可。总之，制作科技类型企业网站的重点就是要突出企业文化、企业服务特点，采用稳重厚实的色彩风格。

24.1.2　排版架构

从上面的效果图可以看出，页面结构并不复杂，采用的是上中下结构，页面主体部分又嵌套了一个上下结构，上面是网站 Banner 条，下面是公司的相关资讯。其效果如图 24-2 所示。

图 24-2　页面总体框架

在 HTML 页面中，通常使用 DIV 层对应上面不同的区域，可以是一个 DIV 层对应一个区域，也可以是多个 DIV 层对应同一个区域。本实例 DIV 的代码如下：

```
<body>
<div id="top"></div>
<div id="banner"></div>
<div id="mainbody"></div>
<div id="bottom"></div>
</body>
```

24.2　主要模块设计

当页面整体架构设计完成后，就可以动手制作不同的模块区域了。其制作流程采用自上而下、从左到右的顺序。最后再对页面样式进行整体调整。

24.2.1　Logo 与导航菜单

一般情况下，Logo 和导航菜单都是放在页面顶部，作为页头。其中 Logo 作为公司标志，通常放在页面的左上角或右上角；导航菜单放在页头部分和页面主体二者之间，用于链接其他的页面。在 IE 浏览器中浏览的效果如图 24-3 所示。

图 24-3　页面 Logo 和导航菜单

在 HTML 文件中，用于实现页头部分的 HTML 代码如下：

```
<div id="top">
<div id="header">
<div id="logo"><a href="index.html"><img src="images/logo.gif" alt="天意科技官网" border="0" /></a></
div>
<div id="search">
<div class="s1 font10"></div>
<div class="s2"> </div>
<div class="s3"> </div>
</div>
</div>
```

```
<div id="menu">
<a href="index.html" onmouseout="MM_swapImgRestore()" onmouseover="MM_
swapImage('Image30','','images/menu1-0.gif',5)"></a>
省略……
</div>
</div>
```

上面的代码中，层 top 用于显示页面 Logo；层 header 用于显示页头的文本信息，例如公司名称；层 menu 用于显示页头导航菜单；层 search 用于显示搜索信息。

在 CSS 样式文件中，对应上面标记的 CSS 代码如下：

```
#top,#banner,#mainbody,#bottom,#sonmainbody{ margin:0 auto;}
#top{ width:960px; height:136px;}
#header{ height:58px; background-image:url(../images/header-bg.jpg)}
#logo{ float:left; padding-top:16px; margin-left:20px; display:inline;}
#search{ float:right; width:444px; height:26px; padding-top:19px; padding-
right:28px;}
.s1{ float:left; height:26px; line-height:26px; padding-right:10px;}
.s2{ float:left; width:204px; height:26px; padding-right:10px;}
.search-text{ width:194px; height:16px; padding-left:10px; line-height:16px;
vertical-
align:middle; padding-top:5px; padding-bottom:5px; background-image:url(../
images/search-bg.jpg);
color:#343434;background-repeat: no-repeat;}
.s3{ float:left; width:20px; height:23px; padding-top:3px;}
.search-btn{ height:20px;}
#menu{ width:948px; height:73px; background-image:url(../images/menu-bg.jpg);
background-repeat:no-
repeat; padding-left:12px; padding-top:5px;}
```

上面的代码中，#top 选择器定义了背景图片和层高度；#header 选择器定义了背景图片和高度；#menu 选择器定义了层定位方式和坐标位置。其他选择器分别定义了上面三个层中元素的显示样式，例如段落显示样式、标题显示样式、超级链接样式等。

24.2.2 Banner 区

Banner 区显示了一张图片，用于展示公司的相关信息，如公司最新活动、新产品信息等。设计 Banner 区的重点在于调节宽度使不同的浏览器显示的效果一致，并且颜色与 Logo 和上面的导航菜单匹配，使整个网站和谐、大气。在 IE 浏览器中浏览的效果如图 24-4 所示。

图 24-4 页面 Banner 区

在 HTML 文件中，创建页面 Banner 区的代码如下：

```
<div id="banner"><img src="images/banner.jpg"/></div>
```

上面的代码中，层 id 是页面的 Banner，该区只包含一张图片。

在 CSS 文件中，对应于上面 HTML 标记的 CSS 代码如下：

```
#banner{ width:960px; height:365px; padding-bottom:15px;}
```

上面代码中，#banner 层定义了 Banner 图片的宽度、高度、对齐方式等。

24.2.3 资讯区

资讯区包括三个小部分，该区域的文本信息不多，但非常重要，是用于链接其他页面的导航链接，例如公司最新的活动消息、新闻信息等。在 IE 浏览器中浏览页面的效果如图 24-5 所示。

图 24-5 页面资讯区

从上面的效果图可以看出，需要包含几个无序列表和标题，其中列表选项为超级链接。HTML 文件中用于创建页面资讯区版式的代码如下：

```
<div id="mainbody">
<div id="actions">
<div class="actions-title">
<ul class="actions">
<li id="one1" onmouseover="setTab('one',1,3)"class="hover green" >活动</li>
省略….
</ul>
</div>
<div class="action-content">
<div id="con_one_1" >
<dl class="text1">
<dt><img src="images/CUDA.gif" /></dt>
<dd></dd>
</dl>
</div>
<div id="con_one_2" style="display:none">
<div id="index-news">
<ul class="list">
<li></li>
省略…
</ul>
</div>
</div>
<div id="con_one_3" style="display:none">
<dl class="text1">
<dt><img src="images/cool.gif" /></dt>
<dd></dd>
```

```
    </dl>
    </div>
    </div>
    <div class="mainbottom"> </div>
    </div>
    <div id="idea">
    <div class="idea-title green">创造</div>
    <div class="action-content">
    <dl class="text1">
    <dt><img src="images/chuangzao.gif" /></dt>
    <dd></dd>
    </dl>
    </div>
    <div class="mainbottom"><img src="images/action-bottom.gif" /></div>
    </div>
    <div id="quicklink">
    <div class="btn1"><a href="#">立刻采用三剑平台的PC</a></div>
    <div class="btn1"><a href="#">computex最佳产品奖</a></div>
    </div>
    <div class="clear"></div>
    </div>
```

在 CSS 文件中，用于修饰上面 HTML 标记的 CSS 代码如下：

```
    #mainbody{ width:960px; margin-bottom:25px;}
    #actions,#idea{ height:173px;width:355px; float:left; margin-right:15px;
display:inline;}
    .actions-title{ color:#FFFFFF; height:34px; width:355px; background-
image:url(../images/action-titleBG.gif);}
    .actions li{float:left;display:block;cursor:pointer;text-align:center;font-
weight:bold;width: 66px;height: 34px
    ;line-height: 34px; padding-right:1px;}
    .hover{padding:0px; width:66px; color:#76B900; font-weight:bold; height:34px;
line-height:34px;background-image: url(../images/action-titleBGhover.gif);}
    .action-content{ height:135px; width:353px; border-left:1px solid #cecece;
border-right:1px solid #cecece;}
    .text1{height:121px; width:345px; padding-left:8px; padding-top:14px;}
    .text1 dt,.text1 dd{ float:left;}
    .text1 dd{ margin-left:18px; display:inline;}
    .text1 dd p{ line-height:22px; padding-top:5px; padding-bottom:5px;}
    h1{ font-size:12px;}
    .list{ height:121px; padding-left:8px; padding-top:14px; padding-right:8px;
width:337px;}
    .list li{ background: url(../images/line.gif) repeat-x bottom; /*列表底部的虚线*/
width: 100%; }
    .list li a{display: block; padding: 6px 0px 4px 15px; background: url(../
images/oicn-news.gif) no-repeat 0 8px; /*列表左边的箭头图片*/ overflow:hidden; }
    .list li span{ float: right;/*使span元素浮动到右面*/ text-align: right;/*日期右对齐
*/ padding-top:6px;}
    /*注意:span一定要放在前面,反之会产生换行*/
    .idea-title{ font-weight:bold; color:##76B900; height:24px; width:345px;
background-image:url(../images/idea-titleBG.gif); padding-left:10px; padding-
top:10px;}
    #quicklink{ height:173px; width:220px; float:right; background:url(../images/
linkBG.gif);}
    .btn1{ height:24px; line-height:24px; margin-left:10px; margin-top:62px;}
```

上面的代码中，#mainbody 定义了宽度信息，其他选择器定义了其他元素的显示样式，例如无序列表样式、列表选项样式和超级链接样式等。

24.2.4 版权信息

版权信息一般放置在页面底部，用于介绍页面的作者、地址信息等，是页脚的一部分。页脚部分和其他网页部分一样，需要设计为简单、清晰的风格。在 IE 浏览器中浏览的效果如图 24-6 所示。

图 24-6 页脚部分

从图 24-6 中可以看出，此页脚部分分为两行，第一行存放次要导航信息，第二行存放版权所有等信息，其代码如下：

```
<div id="bottom">
  <div id="rss">
   <div id="rss-left"><img src="images/link1.gif" /></div>
   <div class="white" id="rss-center">
 <a href="#" class="white">公司信息</a> | <a href="#" class="white"> 投资者关系
</a>  |<a href="#" class="white"> 人才招聘 </a>|  <a href="#" class="white">开发者
</a>|  <a href="#" class="white">购买渠道 </a>|  <a href="#" class="white">天意科技通
讯</a>
  </div>
   <div id="rss-right"><img src="images/link2.gif" /></div>
  </div>
   <div id="contacts">版权&copy; 2021 天意科技公司 | <a href="#">法律事宜</a> | <a
href="#">隐私声明</a> | <a href="#">天意科技Widget</a> | <a href="#">订阅RSS</a> | 京
ICP备<a href="#">01234567</a>号</div>
 </div>
```

在 CSS 文件中，用于修饰上面 HTML 标记的样式代码如下：

```
#bottom{ width:960px;}
#rss{ height:30px; width:960px; line-height:30px; background-image:url(../
images/link3.gif);}
#rss-left{ float:left; height:30px; width:2px;}
#rss-right{ float:right; height:30px; width:2px;}
#rss-center{ height:30px; line-height:30px; padding-left:18px; width:920px;
float:left;}
#contacts{ height:36px; line-height:36px;}
```

上面的代码中，#bottom 选择器定义了页脚部分的宽度，其他选择器定义了页脚部分文本信息的对齐方式、背景图片的样式等。